扫码看视频·轻松玩园艺

家庭养花小百科

新锐园艺工作室◎组编

中国农业出版社
北京

目录 Contents

PART1 养花知识必备

PART2 花卉的生长条件

温度

光照

水分

土壤

肥料

PART3 栽培与管理

挑选花卉

养花工具

上盆、换盆

整形修剪

繁殖

无土栽培

花期调控

PART4 花卉病虫害

PART5 常见花卉养护

一、二年生花卉

宿根花卉

球根花卉

观叶植物

观果植物

多肉植物

木本花卉

PART I

养花知识必备

YangHua Zhishi Bibei

什么是花？

花是被子植物繁衍后代的生殖器官。可通过授粉和受精，形成果实和种子，以繁衍后代延续种族。典型的花由花梗（花柄）、花托、花被、花蕊四部分组成。花被又由花萼和花冠组成。花蕊又分为雄蕊和雌蕊。

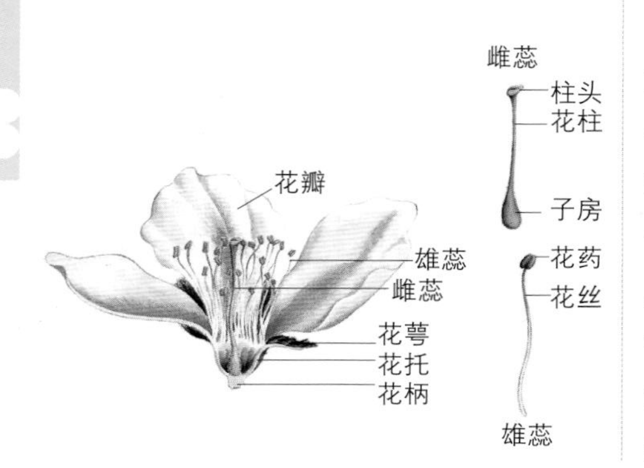

被子植物的花，有的是单独一朵生在茎枝顶上或叶腋部位，称单顶花或单生花，如玉兰、牡丹、芍药、莲花等。但大多数植物的花，密集或稀疏地按一定排列顺序，着生在特殊的总花柄上。

什么是花卉？

《辞海》称花卉为“可供观赏的花、草”。从植物学的角度讲，花是被子植物的生殖器官，而卉则是草的总称。狭义的花卉主要是指具有观赏价值的草本植物，如仙客来、大丽花等。广义的花卉是指具有观赏价值的所有植物的总称，包括草本植物、乔木、灌木、藤本植物、地被植物以及树桩盆景等。

花有哪些种类？

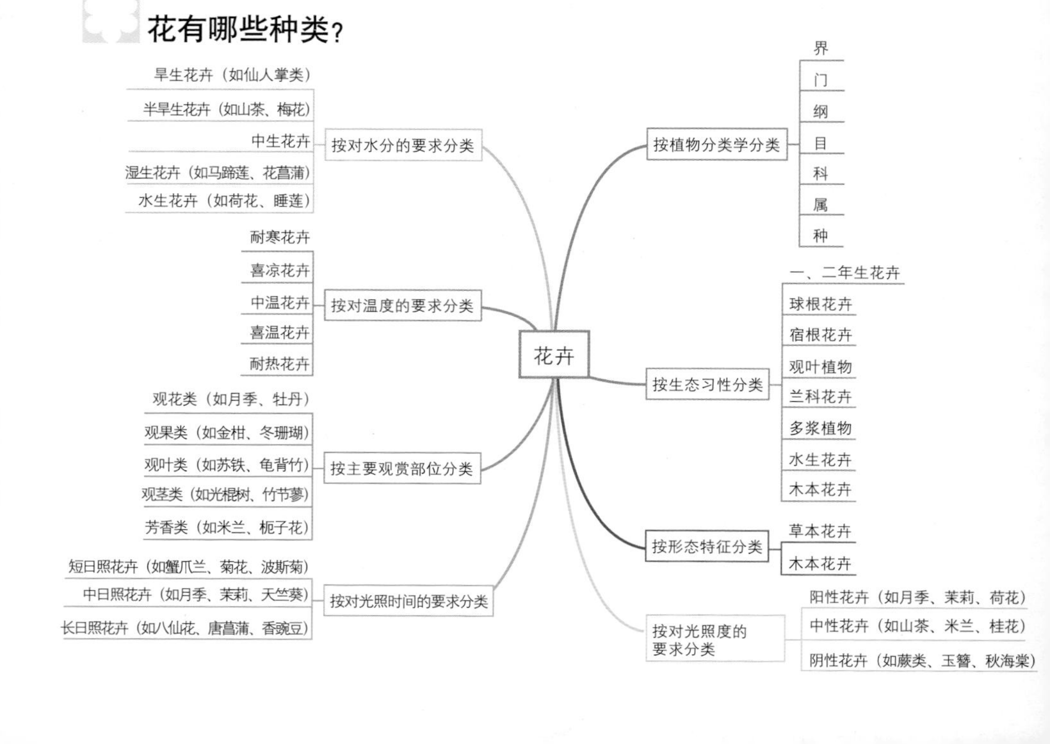

什么是一、二年生花卉？

一、二年生花卉是花坛主要材料，还适于盆栽和用作切花。一、二年生花卉多由种子繁殖，具有繁殖系数大、自播种到开花所需时间短、经营周转快等优点，但也有花期短、管理烦琐、用工多等缺点。

类型	定义	种类
一年生花卉	指生命周期经营养生长至开花结实最终死亡在一个生长季节内完成的花卉。一般春季播种，夏秋开花结实，入冬前死亡。根据其对温度的要求分为耐寒、半耐寒和不耐寒型	矢车菊、鸡冠花、百日草、半支莲、凤仙花、牵牛花等 有些花卉虽非自然死亡，但为霜害致死的也看作一年生花卉，更有将播种后当年开花结实不论其死亡与否均作一年生花卉的，如藿香蓟、矮牵牛、金鱼草、美女樱、紫茉莉等
二年生花卉	指生活周期经两年或两个生长季节才能完成的花卉。播种后第一年仅形成营养器官，次年开花结实而后死亡。典型的二年生花卉第一年进行大量生长，并形成贮藏器官。耐寒力强，苗期要求短日照，在0～10℃低温下通过春化阶段，成长过程则要求长日照，并随即在长日照下开花	羽衣甘蓝、蛾蝶花、高雪轮、风铃草、毛蕊花、须苞石竹 二年生花卉中有些本为多年生，但作二年生花卉栽培，如桂竹香、蜀葵、三色堇、四季报春等

什么是宿根花卉？

宿根花卉是多年生草本花卉的一部分，指那些与一、二年生花卉相似，但又能生活多年的花卉。常见的宿根花卉有芍药、菊花、香石竹、荷兰菊、非洲菊、红秋葵、蜀葵、天竺葵、蜘蛛抱蛋、文竹等。

什么是球根花卉？

球根花卉是指具有膨大的根或地下茎的多年生草本花卉。在不良环境条件下，于地上部茎叶枯死之前，植株地下部的茎或根发生变态，膨大形成球状或块状的贮藏器官，并以地下球根的形式渡过其休眠期，至环境条件适宜时，再度生长并开花。可以利用地下球根蘖生的子球或其地下膨大部分进行无性繁殖。广泛应用于园林布置、商品切花、盆花。根据球根的形态和变态部位，球根花卉可分为六大类。

类别	特点	品种
鳞茎类	鳞茎是变态的枝叶，其地下茎短缩呈圆盘状的鳞茎盘，其上着生多数肉质膨大的变态叶——鳞片，整体呈球形	如郁金香、风信子、水仙、石蒜、朱顶红、文殊兰、百合、贝母
球茎类	地下茎短缩膨大呈实心球状或扁球形，其上着生环状的节，节上着生叶鞘和叶的变态体，呈膜质包被于球体上	如唐菖蒲、番红花、小苍兰、秋水仙、观音兰、虎眼万年青等

（续）

类别	特点	品种
块茎类	地下茎变态膨大呈不规则的块状或球状，但块茎外无皮膜包被	花叶芋
块状茎类	地下茎由种子下胚轴和少部分上胚轴及主根基部膨大而成，其芽着生于块状茎的顶部，须根则着生于块状茎的下部或中部，能连续多年生长并膨大，但不能分生小块状茎，需用播种或人工方法繁殖	如仙客来、大岩桐、球根秋海棠等
根茎类	地下茎呈根状肥大，具明显的节与节间，节上有芽并能发生不定根，根茎往往水平横向生长，地下分布较浅，又称为根状茎	如美人蕉、姜花、红花酢浆草、铃兰等
块根类	块根为根的变态，由侧根或不定根膨大而成，其功能是贮藏养分和水分，块根一般不直接用作繁殖材料	如大丽花、欧洲银莲花、花毛茛等

什么是多肉植物？

多肉植物因其具有旱生喜热的生态生理特点，植物体含水分多，茎或叶特别肥厚，呈肉质多浆的形态而归为一类。在植物分类系统中，有40多科均含多浆植物。常见栽培的有仙人掌科、景天科、番杏科、萝藦科、菊科、百合科、龙舌兰科、大戟科的许多属、种，其中以仙人掌科的种类最多。

中国十大名花是什么？

1986年，上海有关部门主办了“中国传统十大名花评选”活动。经过广大民众的推选和全国百余位园林花卉专家、各界知名人士的评定，中国十大传统名花依次为：梅花、牡丹、菊花、兰花、月季、杜鹃、山茶、荷花、桂花、水仙。

花香来自哪里？

花的香味来源于花瓣或花被（花冠与花萼总称），它们释放了多种挥发性香味成分。这些成分是分子量小、低水溶性、高脂溶性的挥发物。目前已有2 000多种花香物质被鉴定出来，主要分为萜烯类化合物、苯环型化合物和脂肪族化合物三大类。

为什么有的花香而有的花不香？

在花的发育过程中，花的芳香气味在花瓣展开的时候才会显现出来。人感受气味的原理是气味分子与气味受体细胞的气味受体结合后产生信号传递至大脑产生反馈。人能分辨约10 000种气味，但这并不一定包含自然界中所有花的挥发性成分，因此人可能有一些花香闻不到。不同品种的花香挥发物种类和浓度都有很大差异，如月季的芳香品种较非芳香品种的花香物质浓度要高，因此可以闻到月季的香味。受到光的影响，矮牵牛只在夜间释放花香挥发物质，那么在白天是闻不到其花香的。另外，温度也会影响鲜花花香物质的产生和释放。

花为什么呈现出不同的色彩？

这是因为在花的细胞内分别含有花青素、胡萝卜素、叶黄素和黄酮化合物。凡是不含有上述色素只含白色体的花瓣，都呈白色。凡是含有大量花青素的花瓣，它们的颜色都在红、紫、蓝三色之间变化着。含有大量叶黄素的花瓣呈黄色或淡黄色。深黄和橘红色的花瓣是由胡萝卜素显示出来的。其他颜色则是由各种黄酮化合物显示出来的。如菊花的上千个品种中，花瓣颜色可以找出几十种之多。这些深浅不一的色彩，主要是由于花瓣内所含的色源物质和白色体之间的含量比例大小不同所造成的。除此之外，由初花期到末花期，花瓣的颜色还在发生变化，有的由浅变深，有的由深变浅，但以由浅变深者居多。这是由于白色体在阳光的长期照射下逐渐转化成有色体的缘故，是由细胞内的质体变化所引起的。

怎样改变花的颜色？

根据花儿色彩变化的原理，就可以改变开花的色彩，如茶花、杜鹃、蟹爪兰、菊花、绣球等都可以改变颜色。

（1）让花变蓝。绣球品种无尽夏一般为粉色，要想让无尽夏蓝色的话，就需要进行人工调色。通常是使用硫酸铝的100 倍溶液，待叶子长出，花蕾开始出现的时候进行浇灌，大约浇灌4 次。网上有些绣球专卖店也开始出售专用的绣球调色剂，更方便使用。但是在家庭栽培时因为各种条件的复杂性，有可能调色不能达到满意的效果，例如会开出蓝粉之间的淡紫色花。

粉色无尽夏　蓝粉色无尽夏　蓝色无尽夏

（2）让花变红。将杜鹃（粉牡丹）和茶花（深桃宝珠）栽在pH 4.0 ～ 4.2的酸性土壤中，花色加深变成浅红或橙红色、玫瑰红色；或在花前喷布350 ～ 400倍的食醋液，即在9月、10月、12月、1月（下年）、2月各喷1次，就能使花青素起变化，粉色的花变成红色、大红色、橘红色、玫瑰红色；或在开花前喷洒400倍磷酸二氢钾，一般于8月、9月、1月（下年）和2月下旬各喷1次，亦可使粉色杜鹃、茶花变成玫瑰色或浅红色。

（3）让花变紫。将白色的茶花或菊花、粉色的杜鹃等，栽在中性土壤中，花色就会出现紫色；或把白色的菊花放在阳光下，每天光照8 ～ 10小时，白色可变为紫色或白中串紫或红紫色。白色的大丽花在阳光下，也能出现红色或紫色。

（4）让花变黄。粉色的茶花、杜鹃，通过处理可以出现橙黄色或橘黄色。即将煮熟的胡萝卜，放在水中沤制20 ～ 30天，充分腐熟，加水25 ～ 30倍，浇在花盆里，每月浇1次，连续浇5 ～ 6次，花就能变成橘黄色、橘红色。

为什么有些花的叶片是彩色的?

在植物的叶片中，分别含有叶绿素A、叶绿素B、胡萝卜素和叶黄素等。前两种是植物叶片呈现绿色的色源，其中叶绿素A呈蓝绿色，叶绿素B呈黄绿色，由于它们在不同植物的叶绿体内含量不同，所以有的呈深绿色，有的呈淡绿色或草绿色。胡萝卜素是叶片呈现橙色的色源，叶黄素是叶片呈现黄色的色源，花青素是叶片呈现红色的色源，在一些观叶类花卉的叶肉细胞内，常含有大量的胡萝卜素、叶黄素和花青素，或者在叶片的某一部分含量很大，因而形成了彩叶。如彩叶草、红桑、南天竹的叶片，弱光下叶绿素合成得多，在强光下胡萝卜素合成得多，因此在荫棚下养护时发绿，在阳光下养护时发橙。而在金边吊兰、金心大叶黄杨、金边龙舌兰、金边虎皮兰叶片的不同部位，细

紫叶酢浆草

彩叶草

矾根

黄金万年草

胞内分别含有不同含量的叶绿素，因而使叶片呈现出黄绿相间的两种色彩。在高温和烈日暴晒下，叶黄素转化成叶绿素，使黄色的斑块、条纹或镶边消失，因此应放在树荫下养护。

家庭养花有哪些好处？

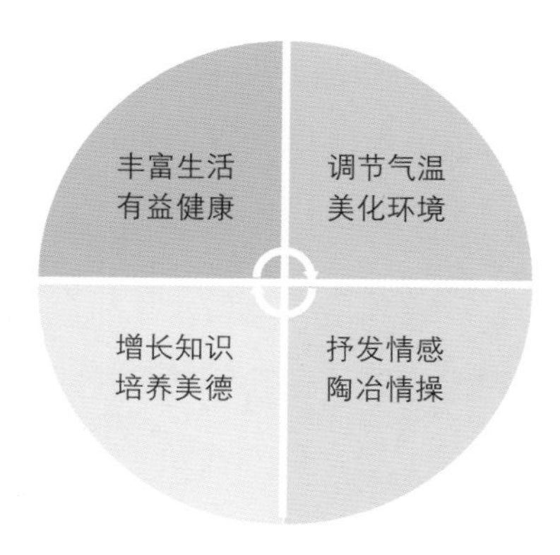

室内长期养花对健康有影响吗？

室内长期摆放植物并不会影响人体健康。因为植物白天进行光合作用释放的氧气远远多于本身呼吸所需，夜晚虽然停止光合作用，但它的呼吸是极微弱的，特别是观叶植物所需的氧气量更少。由此看来，室内植物对于人的健康并没有什么影响。反之有不少室内观赏植物对人还有益处。比如，秋海棠、文竹、天门冬等，除了能吸收二氧化碳气体，还能分泌出杀菌物质，有预防感冒、伤寒、喉炎等疾病的作用。另外，植物还可以减少室内的灰尘，清洁空气，增加负氧离子，使人们生活在清新健康的环境中。

虽然居室内养花好处多，但花卉在光合作用下，白天是放出氧气，吸收二氧化碳，但在夜间，则吸收氧气，放出二氧化碳。因此，室内特别是卧室不易多摆放花卉。

另外有些花卉香气过于浓郁，如风信子、月季、丁香等，会使人产生郁闷、憋气等不适症状，在卧室不宜摆放。

哪些花卉可以抵抗有害气体？

在新装修的室内及工矿地带，空气中含有许多有害气体，主要有二氧化硫、硫化氢、氯化氢、甲醛、汞、乙烯、氯气、氮的氧化物及重金属的氧化物等，如果浓度达到一定程度，会使植物受损或死亡。但有些花卉对有害气体抗性很强，下面列出几种常见对有害气体抗性及吸收能力较强的花卉：

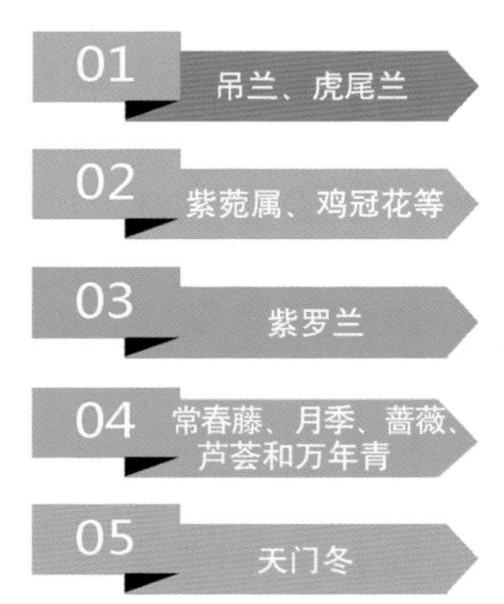

可吸收室内一氧化碳及甲醛等有害气体，并将它们分解成无害物质，作为养料吸收

可吸收部分放射性元素

能分泌出一种植物杀菌素，可把空气中有害病菌杀死

可有效清除室内的三氯乙烯、苯、氟化氢、硫化氢、苯酚和乙醚等

可吸附重金属微粒

食用花卉有哪些？

花朵是植物的精华，尤其是花粉，科学家证实其含有96种物质，包括22种氨基酸、14种维生素和丰富的微量元素，因而被认为是“地球上最完美的食物”。可食的种类很多，既有野生花卉，又有栽培的观赏花卉，如菊花、玫瑰、百合、芙蓉花、石斛、桂花、月季、荷花、晚香玉、凤仙花、玉簪等。在我国许多地方名菜食材中有花，如粤菜菊花凤骨、大红菊，鲁菜桂花丸子，京菜芙蓉鸡片，沪菜茉莉汤、菊花鲈鱼、荷花栗子等，一些地方还推出留兰香花拌平菇、兰花鸡丝等。早在16世纪，欧洲就有食用番红花的习俗，西班牙人用番红花调理什锦饭，法国人用来做火锅，日本人用做咖喱饭的调色剂。英国人在20世纪40年代就有用玫瑰花果酱提取维生素C治疗坏血病的历史，澳大利亚人用新鲜金莲花拌色拉食用，墨西哥人早有食用仙人掌的习惯，美国人用紫罗兰、矮牵牛、菊花、金莲花做花食，日本人喜用茶花做泡菜，亦将樱花、玉兰、桂花等搬上餐桌。这些花卉是菜肴的色香装饰，有丰富的饮食文化内涵。

药用花卉有哪些？

花卉除供观赏外，有些还是治病良药和滋补佳品。兰花可清肺解毒、化痰止咳，菊花可养肝明目，荷花治

荷花

失眠、吐血，茶花治烫伤、血痢，梅花可收敛止痢、解热镇咳，水仙可消肿解毒，芦荟治咳嗽、清热解毒，鸡冠花治血痔，刺槐花可凉血止血，桂花可去痰化瘀，杜鹃花治疗哮喘、风湿病、闭经等。

哪些花卉可以制茶？

传统的花茶主要有茉莉花茶、桂花花茶，此外，还有玉兰花茶、珠兰茶等。近年来，直接泡茶的干花还有玫瑰花蕾、千日红花序、栀子花蕾、柚子花等。

什么是食虫植物？

多肉植物的热潮带动消费者对小品种的关注，食虫植物也是因此受益的一类。食虫植物是一种会捕获并消化动物而获得营养的自养型植物。食虫植物的大部分猎物为昆虫和节肢动物。其生长于土壤贫瘠，特别是缺少氮素的地区，例如酸性的沼泽和石漠化地区。食虫植物分布很广，几乎遍布全世界，主要分布在热带和亚热带地区，全球已知的食虫植物有600多

瓶子草

种。主要的科有瓶子草科、猪笼草科、茅膏菜科和狸藻科。市场上常见的有猪笼草和瓶子草、捕蝇草、捕虫堇、茅膏菜、狸藻等。

食虫植物怎样捕食虫子？

01 具有含消化酶或细菌消化液的笼状或瓶状捕虫器

02 周身布满黏稠液滴的黏液捕虫器

03 能产生真空而吸入猎物的囊状捕虫器

04 快速关闭的夹状捕虫器

05 具有向内延伸的毛须而将猎物逼入消化器官的笼状捕虫器

哪些花卉能抗有害气体？

某些花卉对有害气体有一定的抗性。如常绿的夹竹桃、大叶黄杨、海桐、蚊母、女贞、丝兰、栀子花等植物，具有抗二氧化硫等有害气体的能力，其中夹竹桃、大叶黄杨等的叶，具有抗氯、氟化氢等十几种有害气体的能力。

什么花卉开得最早？

迎春花

以春节为一年之始，迎春花开得最早。迎春具有四棱的碧绿垂枝，向四散披挂，长达数米，花期长，是美化阳台的理想花木。种在阳台围栏花箱中，任其枝条凭栏下垂，有似黄绿色屏幕，随风摇曳，别具风味。迎春为落叶灌木，先花后叶，开花时没有绿叶扶持。而同属的云南素馨，为常绿灌木，枝叶甚似迎春，花亦黄色，但开花较迎春晚，植株和枝叶均较迎春为大，但不及迎春耐寒，在江南栽于避风向阳处，也可以露地越冬

迎春适应性强，易于栽培管理。其性喜光、耐寒、耐旱、耐瘠又耐碱，但怕水涝。对肥料要求不严，在冬季开花前和春季开花后，各施追肥1 ～ 2次，就会花繁色艳。秋后把当年生枝条适当剪短，以利来年开花。

怎样延长插花花期？

插花宜用清水，瓶水应每天更换。插桃花、芍药、鸡冠花等，因为剪口带有黏液，可用火烧焦剪口后剪去伤口，然后插进花瓶。室内温度低时，插梅花可再加入少许食盐。插荷花需要深瓶，入水深度占枝长的70%。插菊花一类的草本花卉，就要摘除插在水里的叶子，以免腐烂发臭。插花不宜在阳光下摆放。插花前要清洗花瓶，可投入半片阿司匹林。如将花枝放在水里去剪，可避免剪口接触外界空气，受到污染。剪取花枝以花朵未完全开放的为佳，剪花应在清晨露水未干时进行，剪取后应立即插于盛有清水的花瓶中。

中国插花有哪些类型？

中国插花的类型按插花器皿及组合方式可分为瓶式插花、盆式插花、盆景式插花、盆艺插花、筒式插花、小品式插花，以及特殊的插花艺术形式如花篮、悬吊式插花、浮花、盛花等。但在中国插花发展史上，出现过的具有自身表现形式和技法的艺术式样，主要有唐代以前的宗教花（追求清静恬淡，庄严肃穆，以莲花或睡莲为主，以素雅为上）、古理念花；唐宋的古典隆盛院体花（花材以牡丹、芍药为主，花枝繁盛，色彩富丽，结构严谨，装饰味浓，充满宫廷煊赫堂皇的气势）和宴会装饰花；五代的禅式自由花（以瓶花为多，或解说教义，或阐述教理，或影射人格）；元代的心象花；明代的隆盛新理念花和文人人格花（文人插花不重排场，不为祈福，主要讲求情趣）；清代的写景花和造型花，以及流行于民间的民间插花等。

中国插花的关键是什么？

很多人把各种各样花插在一起后，非但不是美的累加，却反而变得如万花筒似的杂乱无章！中国插花的关键，主要在于立意取材、构图取势和色彩设计三个方面。

中国传统的插花艺术从构思立意到取材造型，均十分讲究内容与形式的统一。插花时，常依据预先构想的主题，可选择具有相应象征寓意的花材。如常以松、竹、梅代表“岁寒三友”，以芭蕉、柳枝表现“夜雨芭蕉”和“芦汀柳岸”等主题。选用不同月令的花材进行插花，就可以显示季节的变化，如在华东地区，代表十二个月的花卉依次为梅花、玉兰、桃花、芍药、石榴、荷花、栀子花、桂花、菊花、木芙蓉、茶花、蜡梅。插花构图要获得完美的艺术效果，还是有赖一定经验与智慧的累积。即便如此，只要遵循形式美的原则，分清主次，调度疏密，掌握比例，求得均衡，既变化，又统一，还是能够创作出令人满意的作品。中国传统的插花艺术虽不太讲究五彩缤纷，但因为色彩是最令人注目的审美要素，因此仍要十分重视色彩的设计。

插花的构图有哪些形式？

插花的构图形式多种多样，作品的图形千变万化。主要有以下几种基本构图形式：依主要花材（三大主枝）在容器中的位置和姿态，分为直立型、倾斜型、下垂型和水平型四种类型；依作品外形轮廓区分，有对称式与不对称式构图。

对称式构图

作品外形轮廓整齐而对称，插成各种规则的几何图形，如球形、半球形、塔形、柱形、扇圆形、倒梯形、等腰三角形等

要求花材多、花形整齐、大小适中、结构紧凑而丰满，表现出雍容华丽、端庄典雅的风格，具有热烈奔放和喜悦的气氛

不对称式构图

作品外形轮廓不规整、不对称，不拘泥于一定形式，可以随意造型。常见的有L形、S形、月牙形、弧线形、各种曲线和各种不等边三角形等

用花量相对较少，花材面广、花形不求整齐，但体态不宜过粗过大；构图可以高低错落，疏密有致，以表现植物自然生长的线条美、色彩美和姿态美。具有秀丽别致、生动活泼的风格

月季

知识拓展

花序的类型

总状花序

头状花序

伞房花序

穗状花序

伞形花序

肉穗花序

柔荑花序

隐头花序

PART2

花卉的生长条件

Huahui de Shengzhang Tiaojian

花卉生长与哪些环境条件有关系？

影响花卉生长发育的环境条件主要有温度、光照、水分、空气、肥料，任何一个出现问题，都将对花卉的生长发育带来不利影响 。

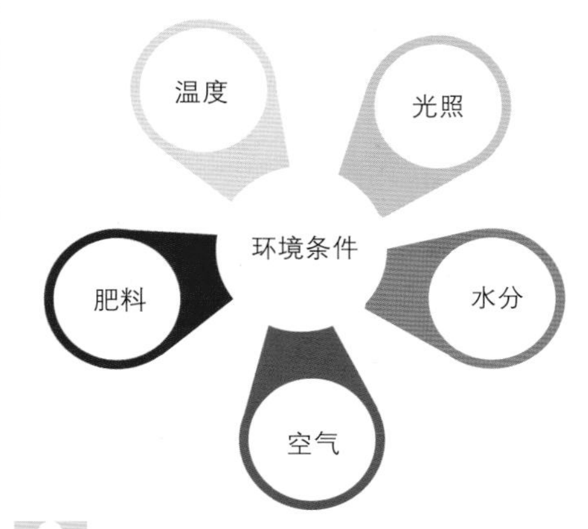

怎样判断花卉栽培条件是否合适？

判断花卉的栽培条件是否合适，可以用各种物理的或化学的方法进行测试。还可以通过视觉、听觉、嗅觉、触觉，观察了解花卉各个器官的正常长势与反常变化，从而判断出栽培条件是否合适。可通过搬动一下花盆如已变轻，或是用木棒敲盆边声音清脆等，判断盆土需要灌水了。从嗅觉闻到的气味浓淡，辨别培养土的生熟、含肥量大小以及各类有机肥料的腐熟程度。

根系生长正常的植株，顶心丰满，茎节均匀生长，大部分花卉盆孔常伸出白根，表明盆土调配得当。喜光花卉的茎节短粗，叶色正常，为光照适度；若茎节长伸，叶片浅薄，为水大、高温或光照不足。叶片的长势，对土、水、肥、光、温度、湿度、通风换气等栽培条件好坏以及病虫侵害，表现最明显。正常生长的叶片，光润舒展、质厚丰满、手摸有筋骨，指弹声响有坚实感；反常的叶片，质薄色暗淡，常常呈现蔫、黄、扭、卷、凹凸不舒展。对花卉病害的表象研判，应结合各类花卉的习性，才能从中正确判断哪一项或几项栽培条件不合适，及时采取措施。

温度

花卉对温度有哪些要求？

大多数花卉的生长，以17 ～ 28℃为适宜，低于5℃要进行防寒。各种花卉的生长发育和休眠都要求一定温度，温度过高或过低都可能受害。通常按花卉对温度的要求可分5类。

花卉的耐寒能力与耐热能力是息息相关，一般来说，两者是呈反比关系，即耐寒能力强的花卉一般都不耐热。就种类而言，水生花卉的耐热能力最强，其次是一年生草本花卉及仙人掌类，再次是扶桑、夹竹桃、紫薇、橡皮树、苏铁等木本花卉。而牡丹、芍药、菊花、石榴等耐热性较差，却相当耐寒。耐热能力最差的是秋植球根花卉，此外还有秋海棠、倒挂金钟等，这类花卉的栽培养护关键环节是降温越夏，注意通风。有些花卉既不耐寒，又不耐热，如君子兰等。

类型	品种	温度要求
耐寒花卉	榆叶梅、珍珠梅、黄刺玫、芍药、荷兰菊等	冬季能忍受-10℃或更低的气温而不受害，在我国西北、华北及东北南部能露地安全越冬。白天室温20～22℃，夜间不低于10℃
喜凉花卉	桃花、蜡梅、三色堇、雏菊、紫罗兰等	在冷凉气候下生长良好，稍耐寒而不耐严寒，但也不耐高温，一般在-5℃左右不受冻害。在我国江淮流域及北方的偏南地区能露地越冬
中温花卉	木本花卉苏铁、山茶、云南山茶、桂花、栀子花、夹竹桃、含笑、杜鹃花，草本花卉矢车菊、金鱼草、报春花、我国产兰属的许多种等	一般耐轻微短期霜冻，在我国长江流域以南大部地区露地能安全越冬。北方种植冬季室内温度应不低于10℃，经常保持在18℃左右最好
喜温花卉	茉莉、叶子花、白兰花、瓜叶菊、非洲菊、蒲包花和大多数一年生花卉	喜温暖而绝不耐霜冻，一经霜冻，轻则枝叶坏死，重则全株死亡。一般在5℃以上能安全越冬，我国长江流域以南部分地区及华南能安全越冬
耐热花卉	米兰、扶桑、红桑、变叶木及许多竹芋科、凤梨科、芭蕉科、仙人掌科、天南星科、胡椒科热带花卉	多原产于热带或亚热带，喜温暖，能耐40℃或以上的高温，但极不耐寒，在10℃甚至15℃以下便不能适应。在福建、广东、广西、海南、台湾大部分地区及西南少数地区能露地安全越冬

怎样通过调整温度来调节开花期？

只有当温度的量和持续的时间在最适宜的情况下，花卉才能健壮生长。调节温度使其适合花卉生长，首先需弄清楚花卉对温度的要求，然后再根据条件，尽可能地创造适于花卉生长发育的环境温度。可通过调温的办法控制花期，如桂花花芽一般于6～8月形成，当从盛夏转入秋凉后，花芽就开始膨大，但只有当夜间气温降到17℃以下，桂花才会开放。因此，若想提早桂花开花，可把它放入冷室；若想推迟开花，就必须提高温度，抑制花的膨大。

怎样调节阳台养花的温度？

阳台养花在夏季要做好降温工作，喜阴花卉一定要遮阴，喜阳花卉要做好通风工作，中性花卉在中午也要适当荫蔽。更重要的是要做好阳台环境喷水，根据温度高低，一天要进行多次。由于空气湿度增加了，相对降低了阳台气温。这样阳台墙面和地面白天吸热就少，夜间放出辐射热也就少，对阳台上盆花生长大有好处。到冬季，阳台风大，较地面寒冷，除了一些较耐寒的花卉，可在阳台上越冬外，一般花卉要及时移入室内越冬。

盆花如何越夏？

为了使盆花能够安全度夏，主要从以下几个方面进行管理：

（1）光照。月季、桂花、茉莉、一品红、石榴等，应放置在阳光强、日照长的地方；菊花、大丽花、白兰、扶桑、倒挂金钟等则应放半阴处（荫蔽度50%的地方）；而兰花、山茶、杜鹃、栀子花、秋海棠、含笑、君子兰、马蹄莲、文竹、万年青、吊兰、玉簪等怕高温、日晒的花卉，可置于荫蔽度80%、稍见阳光或散射光的地方。

（2）温度。一般在30℃以上的高温下，花卉生长就会受到抑制。如秋海棠的适温是16～21℃，超过时会发生茎叶枯萎，甚至块茎腐烂；仙客来喜凉爽，适温是15～20℃，超过时会导致落叶休眠，延迟开花，因此必须置于阴凉处。

（3）湿度。夏季一般花卉由于蒸腾度大，要求湿度高，需水多，但植株大小、生理特性、气候变化等均影响需水程度。在炎夏处于休眠或半休眠、不发叶、不开花的花卉，如郁金香、倒挂金钟、仙客来、天竺葵、四季秋海棠、水仙等要少浇水；对一些喜阴湿的花卉，如兰花、君子兰、山茶、马蹄莲等除浇水外，还可向枝叶喷水，地面洒水，形成湿润的小气候。总的来说，草本花卉需水多，木本花卉需水少；大叶、软叶片、光洁无毛的花卉需水量多，小叶、草质、蜡层叶片的花卉需水量少；夏季生长旺盛的花卉需水量大，休眠或半休眠的需水量小。浇水的时间最好在清晨，这时的水温接近土温，不会对植株根系造成伤害，所以在生产上切忌中午浇水。在防旱的同时必须注意防涝，雨水虽有利于花卉的生长，但过多成涝就会烂根。

（4）施肥。夏季是花卉生长旺盛期，需要的营养物质较多，所以要给花卉进行施肥，满足其生长的需要。在施肥时，应遵循“薄肥勤施”的原则，在傍晚施肥，施前先松土，施后在次晨浇水。切勿在中午烈日下或大雨天及盆土过湿的情况下施肥，忌施生肥，肥液勿污染茎叶。休眠或根系不好、生长不良的盆花，不宜施肥；一般花卉施用氮肥不能过量，可用淘米水、臭鸡蛋、动物残渣等混合沤制腐熟肥液，以补充磷、钾肥之不足。

（5）修枝整形。夏季花卉容易徒长，在生长过程中应对病枯枝叶和过多的枝叶、花蕾、果实及时修剪摘除。以一个结果枝只留一个果为宜，可使果实丰硕，提高观赏价值。恰如其分地修枝整形，有利于新芽新叶的形成、植株养料的积累、通风透光等，并可减少病虫害滋生；还要适当摘心，控制枝条长度，促进分枝，增加花蕾。

（6）夏眠花卉的养护。君子兰、郁金香、天竺葵、水仙、倒挂金钟、小苍兰、马蹄莲、仙客来等属于夏季休眠的花卉，休眠期间生长活动微弱，代谢作用低，消耗能量少，其主要原因是由于30℃以上的高温对花卉生长抑制所引起的，应采取的措施是将这类花卉置于荫棚下，停止使用速效肥，少浇水或不浇水，要防日晒或雨淋。一些球根花卉如仙客来、水仙、小苍兰等，可在地上茎叶枯萎、进入夏眠后，将球根挖起置于通风、干燥凉爽、无直射阳光处，以微湿粗沙覆盖贮存。

盆花如何越冬？

冬季气候寒冷，日照短，应采取相应保护措施，以免造成冻害。

（1）光照。冬季应将阳性花卉如扶桑、白兰花、茉莉、米兰、叶子花等置于室内朝南、阳光充足的地方；阴性花卉如杜鹃、君子兰、龟背竹、文竹、茶花、栀子花等置于室内有散射光的地方；室温在10℃左右、抗寒能力较强的如梅花、月季、五针松、迎春、海棠等品种，放在不结冰的低温场所，或在室外选择背风向阳处，将花盆埋入土中，亦可安全越冬。

（2）通风、加湿。冬季常因通气不畅，浇水过多或过少而引起花卉叶片脱落、根系腐烂、枯萎死亡。因此，晴天常开窗透气，使空气对流，每次约40分钟，喜湿的花卉如杜鹃、龟背竹、兰花、棕竹等需要经常用与室温相近的清水喷洒叶面或向花盆四周洒水，增加空气湿度。

（3）浇水、施肥。冬季大多数花卉都处于休眠或半休眠状态，新陈代谢缓慢，不必过多浇水。冬季生长和开花的花卉，如仙客来、瓜叶菊、一品红、天竺葵等，为保持花叶茂盛，应酌情浇水和施肥。盆土表面发白后再浇水，水温应与室温相近。为避免灼伤根系，冬季应停止施肥。而冬季开花的一些花卉，由于养分消耗很大，应及时施肥，否则会使花的数量、质量、叶数、叶的生长等受到影响。为保持盆花卫生干净，最好用化肥或特定的专用颗粒肥，如花卉不慎受到冻害，要逐步提高室温，使之慢慢恢复，不可骤然加温，否则容易造成植株死亡。

（4）花卉整形修剪。除剪去病弱枝、重叠枝外，还需要依花木的不同特性及造型要求，进行短截、轻剪，以使株型美观齐整、层次分明。开春后，气温渐暖，但仍有冷空气回流，不能急于将盆花搬出室外，应视天气变化情况及花卉品种，渐次出室。一般气温20℃左右时，出室比较安全。

秋后越冬前阳台盆花如何养护？

阳台盆花经过炎热的夏季，9月天气开始转凉时，要加强这阶段的盆花养护，对今后生长、孕蕾、挂果都有很大关系。秋后浇水量要相应减少，由每天早、晚各浇1次，到每天浇1次；再由2天浇1次，直至盆土不干不浇。施肥也要根据种类、习性、生长势等情况区别对待。观叶的松柏类、罗汉松、苏铁、吊兰等追施氮肥。开花的茉莉、紫薇、米兰；孕蕾的蜡梅、杜鹃、茶花、君子兰；挂果的金柑、石榴、冬珊瑚、万年青等追施以磷肥为主的混合肥。一般每年施追肥1～2次，浓度要小。除杜鹃、山茶、蜡梅、迎春等在年底或翌年春开花的种类外，其他盆花在霜冻前都要停肥，免使枝条徒长受冻害。喜阴湿的盆花，仍要继续遮阴喷水，到10月中、下旬，可早、晚揭帘，中午盖帘，直到11月中、下旬才能去帘。其他防治病虫害和松土工作照常进行，不能疏忽。

哪些花卉需要防冻保暖？

类型	品　种	温度要求
观花植物	米兰、茉莉花、白兰花、珠兰、九里香、金边瑞香、夜丁香、君子兰、剑兰、扶桑、小叶栀子花、石蜡红、一品红、四季秋海棠、仙客来、水仙花、百枝莲、大丽花、美人蕉以及瓜叶菊等	冬天保暖温度多数需要在5℃以上
观叶植物	苏铁、文竹、水竹、棕竹、龟背竹、福建茶、冷水花、蒲葵、武竹、野鸡毛山草、吊兰和各种鸭跖草等	只要保持室内不结冰，就能安全越冬
多肉植物	蟹爪兰、令箭荷花、昙花、虎皮兰以及各种仙人球等	习性畏寒，需要防冻保暖。特别是嫁接在“三棱箭”上面的蟹爪兰等，更应增加保暖温度，一般应在10℃左右
其他	盆栽茶花、西洋杜鹃花等	花卉可放置在室外三面密封、一面通风又向阳的塑料棚内。但切忌久放卧室内，因为冬天卧室通风不良，环境又干燥，会引起落叶枯蕾，影响生长和开花

暖气会影响观叶植物的生长吗？

昼夜温差大，对植物的生长很不利。因此，冬季有暖气设施的室内，种植观叶植物要注意通风换气，严防干燥，勤往植株上喷水，以此来增加空气湿度。也可以把花盆置于盛满水的浅槽上，靠蒸发的水分来保湿。

植株还要与暖气保持一定距离，以防温度升高时叶片干尖。另外，放一盆水在暖气上，水分的不断蒸发，也能提高室内的空气湿度。

哪些观叶植物冬季可放在室内玻璃窗前？

冬季室内玻璃窗前的气温会比其他地方更低，如果植株不得不放在窗前，也要放在南窗附近，而且还要选用耐寒的品种，如铁线蕨、鸟巢蕨、波士顿蕨、袖珍椰子、芦荟、彩叶草、旱伞草、仙人掌、橡皮树、龟背竹等，但这些种类只是相对于其他观叶植物而言，比较能忍耐短时期的低温。金鱼藤、广东万年青、星点万年青、白鹤芋、豆瓣绿等观叶植物，如果气温低于5℃，在短期内就会枯死。

铁线蕨

哪些观叶植物能适应低温环境？

观叶植物大都喜温暖，所以能适应低温环境的种类只是相对而言。能耐低温的观叶植物有：西洋杉、橡皮树、棕竹、日本卫矛、海桐（冬季可置于冷凉而不冻的室内）、芦荟（能在5℃下正常生长，可以忍受寒冷干燥的环境）、蜘蛛抱蛋（冬季温度降至0℃，植株也不受到伤害）、玉石景天、燕子掌、百叶丝兰、绿萝等。

哪些观叶植物最忌低温？

观叶植物多原产于热带和亚热带地区，很多只能生活在中温或高温环境里，在低温时容易产生冻害，甚至死亡。竹芋属植物最忌低温，一旦环境温度低于15℃以下，叶子就会萎缩、卷曲，直至脱落。娄氏海芋最适生长温度为20～30℃，冬季室温不能低于18℃；变叶木遇冷会落叶；蕨类植物也忌低温；合果芋、黄金葛等短期内温度在10℃以下会发生冻害，叶子上常会出现斑点。因此，选购观叶植物时冬季室内的温度最好不低于15℃。

观叶植物如何越冬？

室温保持20～25℃，昼夜温差小，大部分观叶植物都能安全越冬。另外，光照和植株周围的空气湿度也是重要因素。植物越冬要保证有充足的阳光，注意保持室内湿度。如果冬季室内空气湿度低于50%，不仅影响植株的生长及叶子的美观，还可能引发病虫害。

入室越冬盆花什么时候出房培养？

一般当最末一次晚霜过后，即可开始出房。因盆花种类不同，对气温的适应性也不同，所以出房时间也有差异。耐寒花木如茶花、杜鹃、月季、金柑、桂花等，可在3月上、中旬出房培养。耐低温花木如茉莉、白兰、棕竹、扶桑、吊兰、兰花、九里香等，可在4月上、中旬出房培养。易受冻害的米兰、一品红、仙客来、倒挂金钟等应在4月底5月初出房培养。出房过早，会使花盆受冻而死亡。

什么是春化作用？

许多越冬性花卉和多年生木本花卉，冬季低温是必需的，只有经历必需的低温才能完成花芽分化和开花的现象，称春化作用。其实，春化作用的出现和休眠一样，也是植物应付恶劣环境的一种策略，植物在开花期是最脆弱的时候，如果遇上低温，则很容易无法抵抗而导致不开花或死亡。所以经过长久的演化，植物本身便进化形成一个适应的策略，那就是等待寒冬过去后再开花结实（即春化作用），以确保繁衍后代的目的。有时可以利用人工的低温处理，来满足植物分化花芽所需要的低温，而取得过冬的效果，这种处理方式叫做春化处理。经过春化处理，即使是春天，也会像秋天播种时一样地开花。相反，未经过低温处理（人工或自然），即使叶片繁茂也不会开花。

温度的高低会改变花的颜色吗？

温度的高低会影响花色。如蓝白复色的矮牵牛，蓝色和白色部分的多少受温度的影响，在30 ～ 35℃高温下，花呈蓝色或紫色，而在15℃以下呈白色，在15 ～ 30℃时，则呈蓝和白的复色花。此外，还有月季、大丽花、菊花等在较低温下花色浓艳，而在高温下则花色暗淡。喜高温的花卉在高温下花朵色彩艳丽，如荷花、半支莲、矮牵牛等；而喜冷凉的花卉，如遇30℃以上的高温则花朵变小，花色黯淡，如虞美人、三色堇、金鱼草、菊花等。

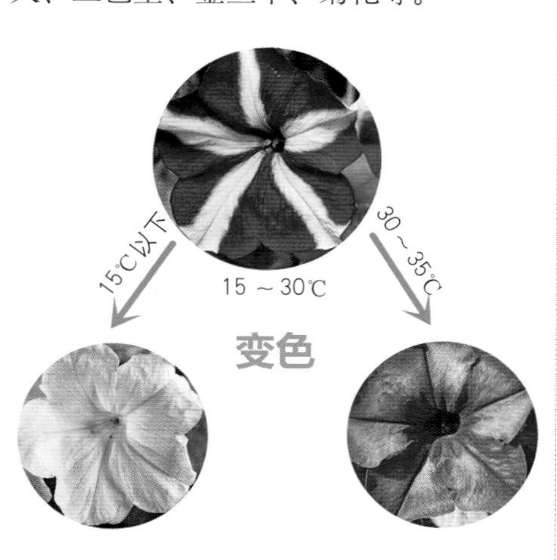

温度会影响花的香味吗？

多数花卉开花时如遇天气晴朗、气温较高的条件时，花瓣中芳香油挥发得比较快，飘得也比较远，所以香味会比较浓一些。不耐高温的花卉遇高温时香味变淡。这是由于参与各种芳香油形成的酶类的活性与温度有关。花期气温高于适温时，花朵提早脱落，同时，高温干旱条件下，花朵香味持续时间也缩短。

冬季养花保温防寒有哪些小窍门？

①利用套盆保温。用一只稍大的花盆，在盆内填上一些保温材料或放上土，将栽有花卉的盆嵌在大花盆内即可。②制作保温罩。在盆沿用铁丝扎成比花的冠幅略大的拱形圈支架，再用塑料薄膜将植株连盆罩上，不要让叶子贴在薄膜壁上。然后，在塑料薄膜罩上扎几个小洞，以利通风和换气。如天气特别冷，可用双层薄膜罩保温，保温效果显著。米兰、白兰花、茉莉都适用。

夏季养花防暑降温有哪些小窍门？

①经常向盆花的叶、茎喷水雾，向盆花周围地面洒水。据测定，洒水后能立即降低地表温度1 ～ 5℃，叶

面喷水几分钟后叶面温度即可下降1～2℃。②在盛有凉水的水池上面放一块木板，把花放在木板上面，每天向池内添足凉水，以利增湿、降温。③摆在室内的花卉，也可用加湿器降温、增湿。

光照

花卉对光照有哪些要求？

花卉通常分喜阳和喜阴两类。一般的盆栽花卉，在花期，为了延长开花时间，可以适当减少强光照，如月季、菊花等。但也有些花卉只有在强光照下才能开好花，如睡莲、半支莲等。也有一些花卉，夏季不喜欢强光照，冬季没有光照又不能开花，如天竺葵、四季秋海棠、八仙花、倒挂金钟等。

类型	品　种	特　点
喜阳	月季、石榴、菊花、水仙、半支莲、酢浆草、荷花等	在阳光下栽培生长良好的，如月季、石榴、菊花、水仙、半支莲、酢浆草、荷花等，为喜阳花卉。这些花卉如果光照强度不够，常常呈现枝条纤细，节间伸长，叶片变薄，叶色不正，还容易受病虫害的侵袭
喜阴	四季秋海棠、铁线蕨、玻璃翠、文竹、倒挂金钟、兰花、君子兰、杜鹃花、龟背竹、万年青等	大多不喜欢强光直射，尤其在高温季节需要给予不同程度的遮阴，并注意适当增加空气湿度

阳台的光照与养花有何关系？

阳台由于形状、结构的不同，接受光照的程度也不同。在凹入型的阳台上只能养少量耐阴的花卉、观叶花卉和短日照花卉。凸出型阳台较有利于养花。但由于方向不同，接受光照的程度也有所不同。朝南的阳台，阳光非常充足，通风又好，是养花的好场所。

阳台朝向	适宜栽植品种
南	紫薇、梅花、柑橘、石榴、月季等阳性花卉，都适合在朝南的阳台上盆栽。朝南阳台如装上挡风玻璃窗，可成为花木越冬的理想场所
东	朝东的阳台，只在上午有3～4小时接受阳光照射，到了下午便成荫蔽之所，适合栽植短日照的稍耐阴的花卉，如蟹爪兰、君子兰、茶花、杜鹃等
西	朝西的阳台，只在下午有4～6小时受较强的阳光照射，可搭架栽葡萄、紫藤、金银花、茑萝、牵牛花等攀缘植物，在荫棚下栽植喜阴花卉。在冬季，朝西阳台由于有充足的阳光，是冬季养盆花的好地方
北	朝北的阳台，在适宜花卉生长的温暖季节里，很少有阳光照射，不适宜培育盆花。但如能做好通风、喷水和地面洒水等工作，那些喜阴的观叶花卉，如文竹、棕竹、龟背竹、苏铁、橡皮树等，是同样能够培育好的

光照对花芽分化有什么影响？

按照花卉对光照时间的长短要求可分为三类：

类型	特　点	品　种
长日照花卉	每天日照时间需要在12小时以上才能形成花芽的花卉。在春、夏季开花的花卉，多属于长日照花卉	如鸢尾翠菊、凤仙花等
短日照花卉	每天日照时间少于12小时的条件下才能形成花芽。夏季长日照的环境下只能生长，不能进行花芽分化。入秋后，当日照减少到10～11小时后才开始进行花芽分化	如一品红、菊花等
中日照花卉	花芽形成对白天日照长短要求不严格的花卉。对光照时间的长短没有明显的反应，只要温度合适，一年四季均可开花	如马蹄莲、香石竹、百日草、月季、扶桑等

怎样调节光照？

（1）合理安排盆花的摆放位置。高大的喜阳花卉，如橡皮树、夹竹桃、苏铁、桂花、石榴、无花果等，可放在敞亮的地方，接受较强阳光。喜阳的小盆栽如月季、小石榴、茉莉、米兰、梅花等，可以放在高大花卉的前面。

（2）遮阴。盛夏将喜阴花卉放在荫棚下或树荫下，避免强光直射。有些喜阴又不抗干旱的植物，如秋海棠类、大岩桐、倒挂金钟等，栽培中除适当遮阴外，还应选择背风避雨、空气湿度较高的环境。

（3）调节光周期。也就是调节光照时间长短。主要有两种方法：一是加光，二是遮光。加光主要是利用灯光。遮光主要是用黑塑料布或其他黑色物将花卉遮罩起来。根据每种植物的需要，调节每天遮光的时数，不可中断。

怎样调节喜阴盆花的光照时间？

以人对阳光的需求为准。不论在室内还是室外，当你喜欢晒太阳的时候，喜阴花卉就需直接光照；当人站在树荫下感到舒适的时候，这些花卉也需要放在半遮阴或漫射光处；当你走路要找浓荫时，这些花卉也需要在遮阴条件下养护。

栽培观叶植物时室内光线不足怎么办？

摆放在室内的植物，如果白天的光照时间太短，晚上可以用日光灯或白炽灯增加光照几小时。由于灯光的强度有限，所以，必须把日光灯或白炽灯放在距植株30～40厘米处，比如非洲紫罗兰需要充足的阳光，每晚摆在室内的台灯下，就能花繁叶茂。

大部分观叶植物为何不能摆在室外或阳台上？

观叶植物如果放在户外水泥阳台或窗台上，就会受到强烈直射阳光的伤害。而且阳光的反射热会在水泥阳台上聚集，将植株下部的叶片烧焦变黄、脱落。另外，根部也会由于盆土的升温而被“烤熟”。如果观叶植物非要放在室外，也要用木板或竹帘遮光，水泥地上也要铺层木板隔热，并且经常在植株周围喷水，以提高湿度。

暗处的植株移到阳光充足处会有何变化？

缺乏光照的观叶植物，往往发育不良，生长势弱，叶肉变薄变软，叶尖枯黄，有些枝条还会徒长。因此，摆放在暗处的植株，如果突然把它移到阳光充足的位置，植株会被强烈的光照灼伤。主要表现：最初叶片稍变白，不久就会发黑，呈现脱水干燥的状态。经过1个月左右，整个叶片会发黄，直至萎缩枯干，如果此时没有及时给水，植株就会枯死。

经常转动花盆方向有什么好处？

因为一年四季太阳的光照角度和强弱总是不断变化的。花盆长期固定位置，植株总是有一面得不到适当的光照，久而久之，盆栽便因阳光照射不均而生长不一。因此，在生长季节应每隔3天把花盆旋转45°角。这样植株的各个角度和方向长势才会均匀，主干周围的侧枝也会整齐一致，植株的株型、姿态就能丰满美观。

哪些观叶植物能在阴暗条件下生长？

一般来说，原产阴湿地带的观叶植物很耐阴，可放在阴暗的走廊、室内拐角处以及浴室等处。要在室内的阴暗角落里摆放观叶植物，最好从这些种类中挑选，如白鹤芋、鹅掌柴、八角金盘、铁线蕨、波士顿蕨、鸟巢蕨、袖珍椰子、白粉藤、孔雀木、蜘蛛抱蛋（一叶兰）、红果万年青（别称中国万年青）等。

白鹤芋

哪些观叶植物可在半阴条件下生长良好？

大部分观叶植物都能在半阴环境下生长良好。因为室内环境就相当于半阴条件，所以大部分观叶植物被用于室内装饰，如肾蕨、波士顿蕨、鸟巢蕨、橡皮树、垂叶榕、花叶芋、蟹爪兰、仙人掌、燕子掌、绿萝、黄金葛、龟背竹、常春藤、球兰、网纹草、金鱼藤、朱蕉、竹芋、棕竹、旱伞草、花叶万年青、千年木等。

水分

盆花常用的浇水方法有哪些？

盆花常用的浇水方法为浸盆法、洒水法、喷雾法。

（1）浸盆法。多用于播种育苗与移栽上盆期。先将盆坐入水中，让水从盆底孔慢慢地由下而上渗入，直到盆土表面见湿时，再将盆由水中取出。这种方法既能使土壤吸收充足水分，又能防止盆土表层发生板结，也不会因直接浇水而将种子、幼苗冲出。此法可视天气或土壤情况每隔2～3天进行1次。

（2）喷水法。洒水均匀，容易控制水量，能按花卉的实际需要有计划给水。用喷壶洒水第一次要浇足，看到盆底孔有水渗出为止。喷水不仅可以降低温度，提高空气相对湿度，还可清洗叶面上的尘埃，提高植株光合效率。

（3）喷雾法。是利用细孔喷壶使水滴变成雾状喷洒在叶面上的方法。这种方法有利于空气湿度的提高，又可清洗叶面上的粉尘，还能防暑降温，对一些扦插苗、新上盆的植物或树桩盆景都是行之有效的浇水方法。

盆栽花卉还可以施行一些特殊的水分管理方式，如找水、扣水、压清水、放水等。找水是补充浇水，即对个别缺水的植株单独补浇，不受正常浇水时间和次数的限制。放水是指生长旺季结合追肥加大浇水量，以满足枝叶生长的需要。扣水即在植物生育某一阶段暂停浇水，进行干旱锻炼或适当减少浇水次数和浇水量，如苗期的“蹲苗”，在根系修剪伤口尚未愈合、花芽分化阶段及入温室前后常采用。压清水是在盆栽植物施肥后的浇水，要求水量大且必须浇透，因为只有量大浇透才能使局部过浓的土壤溶液得到稀释，肥分才能够均匀地分布在土壤中，不会因局部肥料过浓而出现“烧根”现象。

怎样才能科学地给盆花浇水？

盆栽花卉浇水时首先要了解不同品种花卉的自然需水习性；浇水时，还要看天气阴晴、温度和湿度高低、花盆种类、植株大小和盆土质地等。

盆花水分管理有什么要注意的？

（1）扣水。新苗上盆、大苗倒盆、换盆时，都会使根系受到损伤，宜用潮土栽好蹲实，4～48小时内不要浇透水。这样可以加快根系伤口愈合，促进植株复壮，防止烂根、黄化脱叶和植株萎缩变形。

（2）过路水。使用釉缸、瓷盆、紫砂盆、塑料盆栽花时，为防止积涝，应在盆底垫碎盆片和培养土粗渣做排水层，使多余的水随时排出。在高温季节，每2～3天应放一次大水自底孔排出，既防积涝烂根，又防渍碱黄化。

（3）旱蔫处置。因一时盆土过干，致使盆花嫩枝低垂，叶片萎缩。常绿植物叶子亮而不润时不可立即浇大水，应先把花盆放半阴处，稍浇些水，并向叶面喷少许水，等茎叶挺起后，再浇透水，可防止伤根和叶片黄化脱落。

（4）水涝处置。盆花未经强光照射或高温影响而萎蔫或色暗的，多为涝害。这时可把盆花整块取出，放在阴凉通风避雨处，迅速透气散发水分，并向叶面喷少量水，等植株复原后，再重新上盆养护。

浇水过多为什么会导致花卉死亡？

盆花浇水过多，水分填满了土壤间隙，土中空气被水代替，这时外部空气也不能进入，因而造成土壤缺氧，根的呼吸作用受到阻碍，生理功能降低，根系吸水、吸肥能力受阻。

同时由于土壤缺乏氧气，土中厌气菌大量繁殖和活动，增加了土壤酸度。由于厌气菌的大肆活动，产生了硫化氢、氨等一系列有毒物质，直接毒害根系。与此同时，由于缺氧植株大量地消耗了体内可溶性糖而过多地积累了酒精等物，导光合作用大大降低，最后使花卉因饥饿而死亡。

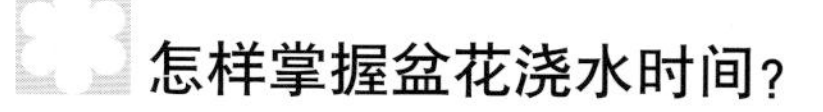

怎样掌握盆花浇水时间？

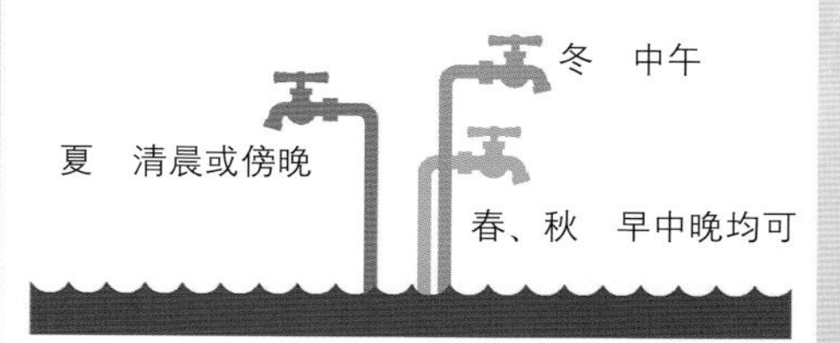

如图安排浇水时间，主要是缩小水和土的温差，使根系不因温差受损伤，而影响根系的吸水能力。

怎样给阳台盆花浇水？

①雨水最好，自来水最好要放置几天后才用。②水温与盆土温度不能相差太大，夏季不能浇凉水，冬季要注意水温不可太低或太高。③浇水时要根据气温高低、植株习性、盆土干湿、花木生长状况等具体情况，区别对待。喜湿花卉多浇，喜旱花卉少浇；叶大质软的多浇，叶小有蜡质的少浇；生长旺盛期多浇，休眠期和生长缓慢时少浇；苗大盆小的多浇，苗小盆大的少浇；草本多浇，木本少浇；干旱天多浇，阴沉天少浇；孕蕾时多浇，盛花期少浇；泥盆、瓦盆多浇，瓷盆、釉盆少浇。

花卉浇水的原则是什么？

浇水的原则应为不干不浇，干是指盆土含水量到达再不加水植物就濒临萎蔫的程度。浇水要浇透，如遇土壤过干应间隔10分钟分数次灌水，或以浸盆法灌水。为了救活极端缺水的花卉，常将盆花移至阴凉处，先灌少量水，后逐渐增加，待其恢复生机后再行大量灌水，有时为了抑制花卉的生长，当出现萎蔫时再灌水，这样反复处理数次，破坏其生长点，以促其形成枝矮花繁的观赏效果。

(1) 盆土表里全部都干了，再浇水。如蜡梅、大丽花、天竺葵等喜干怕涝的盆花，就要等盆土表里全部都干了，才能浇水。浇不透则根的尖端吸不到水分，影响生长。

(2) 只要盆土表层发白时就需浇水，浇至湿润即可。杜鹃花、山茶花、月季、栀子花、米兰、南天竹、万年青等喜湿润而又不耐大水的花卉，要做到盆土有干有湿，既不可长期干旱，也不可经常湿透。

(3) 宁湿勿干、宁干勿湿。蜈蚣草、马蹄莲、龟背竹、旱伞草等喜大水的盆花，就要按“宁湿勿干”的原则浇水，盆土要经常保持潮湿，不能脱水。松科和多浆多肉类植物，为喜干耐旱的花木，就要按“宁干勿湿”的原则浇水，要干透了才浇水，绝不能渍水。

盆花浇水不容易下渗是什么原因?

盆花多年未换盆，根须布满盆内，以致水分难以下渗。花盆底孔上的瓦片，铺垫不当，堵塞了洞孔，以致渗水不畅。新上的盆土为黏性土，不含有机质或细沙，就很难渗水。遇以上情况，应选用富含有机质的土壤，如系黏土要适当加些细沙或煤球灰，剪去过多的须根，重新换盆。

盆花过冬时土壤为什么应偏干一些?

多数花木在冬天都处于休眠期，内部组织细胞运动减慢，再加上温度低，叶片水分蒸发少，因此盆土就应该偏干。如果盆土过湿，由于根系吸收不了，就会引起根系呼吸困难，最后导致窒息、烂根而死。

盆花浇水每次都要浇足浇透吗?

盆花浇水要视季节变化、花木生长情况以及盆的质地不同而区别对待，不能千篇一律而浇足浇透。一般来说，冬季气温低，盆土干得慢，浇水不可过多，只要保持盆土滋润即可。但在盛夏高温季节，水分蒸发快，盆土易干，就需浇足浇透，有的上午浇了，傍晚见盆土干了，还要再浇一次。对泥盆与紫砂盆、釉盆之间的浇水量也要有所区别。泥盆盆土易干，紫砂盆和釉盆的盆土干得慢，在相同情况下，后者应少浇一些水。凡是盆栽的花木，盆土一定要疏松，排水一定要畅通。如果盆土排水不畅通，积水后就会造成花木烂根而死去，这一点需特别注意。

哪些花卉不能向植株上洒水?

有些花卉对水温特别敏感，浇水时如果不慎将水淋洒在植株上，就会影响生长和开花，甚至还会造成死亡。例如，大岩桐、荷苞花、秋海棠、仙人球、倒挂金钟等。如果经常喷水，叶片和肉质茎都会腐烂。仙客来洒水后则长不出新芽，老叶脱落后往往只剩下光秃秃的扁球；非洲菊则因花芽腐烂而不能抽葶开花；如果水滴流入君子兰假鳞茎内就会烂心。因此在浇水时一定要小心，室外养护时要放在屋檐下或搭设防雨荫棚。

盆花浇水对水质有什么要求？

盆栽花卉的根系生长局限在一定的空间，因此对水质的要求比露地花卉高。灌水最好是天然降水，其次是江、河、湖水。以井水浇花应特别注意水质，如含盐分较高，尤其是给喜酸性土花卉灌水时，应先将水软化处理。无论是井水或含氯的自来水，均应放置24小时之后再用。灌水之前，有条件的应该测定水分pH和EC值，根据花卉的需求特性分别进行调整。

自来水能浇花吗？

自来水能不能浇花的问题，有人说可以浇，也有人说因水中含有氯气，对花木有害，应该放置一两天，待氯气散发后再浇。但多年来，不论是家庭养花，还是专业养花的苗圃，也不论是地栽或盆栽，对多数花木都是随手用自来水浇花。到目前为止还没有科学证据，证实用自来水浇花对花木生长有害或无害，以及危害程度是多少。

温水能浇花吗？

常用温水浇灌盆花，可促进花卉早吐芽、早返绿、早孕蕾、早开花结果。这是因为植株上部的叶、茎的平均温度总是高于根部的温度。叶、茎进行光合作用、呼吸作用、蒸腾作用时，细胞活动较快，需要根部供给充足的水分和养分。一般花卉植物生长的适宜温度为20～25℃，如采用20～25℃的温水浇水，可加速土壤里有机物的分解，促进根部细胞的吸收，增强根部的输送能力，供给枝、叶充足的养分，促进花卉早发芽、早孕蕾、早开花。但要注意在冬季花卉休眠时，只能用接近室温的温水浇灌，温度过高会促使植株萌发。

用茶叶水、淘米水、洗碗水浇花好吗？

茶叶中含有许多生物碱，如茶碱、咖啡碱等，它们会影响植物对土壤中有机养分的吸收，并且本身对植物的生长没有多大作用。另外，茶叶覆盖在盆土表面，影响土壤的渗水和透气，还会腐烂发霉和招致虫害。

淘米水、洗碗水以及蛋清等，虽然含有养分，但只有经过腐熟、发酵后才能被植物吸收，它们渗入土中发酵会产生热量，从而灼伤植株的根系。同时，发酵以后还会产生难闻的臭味，容易招引害虫。如果想要利用这些废水，只能待腐熟后再用。

出差时盆花无人浇水怎么办？

如果出差担心盆花无人浇水，可采取如下方法保湿：出差时间短的可将盆花浇足水后，放置在背阴无风处，以减少蒸发。还可在盆土表层铺一层湿青苔或盖上塑料薄膜，则保湿时间较长。出差时间较长时，可将盆花放在大浅瓷盘中，然后在盘中填满湿细沙，并估计归来时间，适当地在细沙中浇些水。也可在花盆旁放一水盆，水盆略低于花盆。将一条厚布带，一端浸在水盆中，另一端压在花盆孔底下，滋润盆土。或采用深盆蒸发法，尤其适用于那些需要高湿环境的观叶植物，如白网纹草、竹芋类以及观叶海棠类。即找一个高于植株高度的深槽，放一浅层水，把植株置于其中即可。有条件的可采用市面上的自动浇水花盆。

自动浇水花盆

为什么浇水不能一次过量？

浇水既能湿润盆土，又能冲掉根部周围的二氧化碳和盆土中的废物，而使土壤孔隙中充满新鲜空气，这样才利于根的吸收和呼吸。因此如一次浇水过量，盆土被水浸泡，根部就会呼吸受阻，如长期浇水过量，盆花就会烂根、死亡。

浇水为什么不能少而频？

浇水量过少，只能湿润表土，而根系却吸收不到水分，久而久之，盆土下部土壤由于长期干旱缺水而体积收缩，变成小土球，导致盆壁与土球之间产生空隙，浇的水就会顺着盆壁边缘的空隙，从盆底直接流出。因此，浇水切不可少而频，一般要看到盆底渗出水为止。

怎样判断盆土已经变干了？

第一种方法是根据重量来判断。如果重量轻了就表示水分少了。另外，用木棒轻敲花盆，如果发出的声音清脆悦耳，说明盆土已经变干了；如果声音低沉发闷，就表示盆土内还有较多的水分。还可根据颜色来判断。如果表土的颜色发白，比下面土层颜色浅，用手摸起来也有发干的感觉，就要及时浇水了。再者可查看植株本身。如果缺水，则叶片萎蔫下垂，甚至枯萎焦黄，从色彩上看也不及平时鲜艳和富于光泽，如果正值花期，花也会凋谢甚至脱落。

给盆栽植物浇水以前，最好先进行一些直观的查看，再决定是否给水以及给水的多少。

空气湿度对观叶植物的生长有何影响？

观叶植物大都原产于热带雨林中，要求空气的湿度至少在60%左右。所以空气湿度是保持植株青枝绿叶的重要因素。

如果观叶植物长期处在干燥环境中，不仅叶子失去光泽，整个植株的生长势也会变弱，生长缓慢或停滞，直至枯萎死亡。应该经常喷水，或加盖塑料薄膜罩，或施行深盆蒸发法等措施，以提高空气湿度。居室内的观叶植物生长不良，大多数是由于不适应室内干燥的空气。所以，控制好湿度是养护管理观叶植物的关键。

空气湿度对花卉生长有何影响？

空气湿度过大，易使枝叶徒长，花瓣霉烂、落花，并引起病虫蔓延。开花期湿度过大则会影响花卉开花、结实。空气湿度过低，花期缩短，花色变淡，一些喜湿润的花卉，还会出现叶色淡黄、叶子边缘干枯等现象。可采取喷水或罩塑料薄膜等方法增加空气湿度，创造适合花卉生长的湿度条件。

哪些观叶植物能忍受较为干燥的环境？

能耐受较干燥环境的种类有：巴西木、三色细叶龙血树、八角金盘、日本卫矛、海桐、鹅掌柴、百叶丝兰、巨丝兰、彩叶凤梨、莲花掌、波叶亮丝草、芦荟、三角芦荟、蜘蛛抱蛋、玉石景天、燕子掌、紫绒三七、银边沿阶草、冷水花、文竹、斑纹鸭跖草、紫鸭跖草、吊金钱、项链掌、枪刀药、龙舌兰、豆瓣绿类植物。特别是西瓜皮椒草，更能忍受干燥的环境。

凤梨

高湿环境对哪些观叶植物生长有利？

首先，蕨类植物的生长离不开高湿环境。另外，竹芋类、观叶秋海棠、铁十字秋海棠、虎耳草、三色虎耳草、凤梨类、白网纹草、合果芋、喜林芋、银王亮丝草、娄氏海芋等，都要求空气相对湿度保持在70% ~ 80%。

只能在高湿环境下生长良好的观叶植物，在北方干燥的气候下不宜养好。只能用加湿器提高居室内的空气湿度，其他加湿的方法要根据不同情况而定。

空气湿度对花卉有什么影响？

类 型	特 点	品 种
喜阴湿花卉	要求空气相对湿度经常保持在60% ~ 80%	秋海棠、玉兰、兰花、蕨类、龟背竹、杜鹃花等
耐干旱花卉	一般室内的空气湿度即可	仙人球、仙人掌、龙舌兰等
中性花卉	对空气湿度的要求介于前两者之间	白兰花、米兰、茉莉花、含笑、扶桑、九重葛、柑橘类、棕榈、桂花等

怎样提高植株周围的空气湿度？

（1）喷壶喷水。最简单、最直接的方法就是用喷壶经常向植株和周围地面喷水，如果有条件的话每天喷2 ~ 3次。

（2）使用加湿器。用加湿器效果最好，雾状水能像雾一样把植物包围，形成高湿度的小环境。

（3）坐盆。花盆放在储水的浅盘中，盘中铺满碎石，把花盆垫起，使花盆底部接触不到盘中的水。随着水分的不断蒸发，也就加大了花盆周围的湿度。

（4）套盆。把花盆放入一个直径稍大一些的套盆中，在两盆之间的空隙里放入吸水材料，如碎纸、碎布、泥炭土或锯末等。这些材料会逐渐释放出水蒸气，而把植物包围起来。当植物因缺水或是空气干燥已导致萎焉时，可采用此种方法。

（5）塑料袋覆盖法。浇透水，向植物叶面喷水，之后用塑料袋将整个花盆和植物都包裹起来，形成一个保温的小环境。使用此种方法时，要记得每隔半天打开塑料袋给植物透透气。

适合叶面喷水的花卉有哪些？

松、柏、橡皮树、棕榈、棕竹、杜鹃花、茶花、文竹、珠兰、兰花、万年青、广东万年青、马蹄莲、龟背竹、蕨类及多种原产热带、亚热带、暖温带的花木和森林下层或峡谷内喜阴湿的花卉适合叶面喷水。石榴、紫薇、榆、枫、桃、梅等落叶花木，如常叶面喷水，会导致植株徒长，有损美观，开花也会大量减少。

马蹄莲

盆花要受露水才能生长良好吗？

露水是花卉生长发育的环境条件之一，但露水不像空气、光照、温度、雨水那样一年四季都存在于自然界，仅仅出现于夏、秋季的夜晚，露水也可说是一种很微细的雨水，实质就是水分，不过数量比雨水少多了。“养花不受露水，是养不好花的。”这的确也是事实，不过这是对长期在室内培植的盆花而言的。室内温差小，甚至没有温差，不能满足盆花对昼夜温差的需求，长期下去生长不良。白天室内栽培，夜晚搬到室外受露水，可生长良好。

怎样给微型盆景浇水？

微型盆景又称掌上盆景，因其盆微、树小，所持水、肥、土都十分有限，所以在养护中要求更加精细、认真，平时要注意保持盆土湿润和注意薄肥勤施，及时做好修剪、复整等工作。微型盆景由于盆小，上盆的栽培土多高出盆沿，不留水口，如用淋浇，很难浇水，只能淋湿表土，即浇半截水，致使树桩水分供应不足，造成干枯死亡。微型盆景应采用浸润法浇水，即将微型盆景放在贮水盆中浸泡数分钟，到盆土吸足水（一般待水中看不见气泡后，再浸1分钟即可）为止。平时每日早、晚各一次，炎夏季节，每天增加1 ～ 2次，并用细眼喷壶或喷雾器向枝叶喷水，以减少植株水分的蒸腾量。

炎热的夏季为什么不能用冷水浇花？

冷水刺激会使植株根部吸水能力下降，跟不上地上部分蒸腾的速度，从而使植株失水过多而死，但如果水的温度和土温差不多的话就没问题了。

土壤

养花常用哪些土？

园土：指菜园、果园、花圃或种过豆科植物的苗圃表层的沙壤土。园土具有一定的肥力，是配制营养土的主要原料之一，但易板结，透水性较差。园土的pH因地区而异，一般北方园土pH 7.0 ～ 7.5，南方园土pH 5.5 ～ 6.5。

腐叶土：由树叶、杂草、稻秸等与一定比例的泥土、厩肥堆积发酵而成。腐叶土质地疏松，有机质丰富，保水保肥性能良好，呈酸性反应，pH 5.5 ～ 6.0，是配制营养土的优良原料。

泥炭：低湿地带植物残体在多水少气的条件下，经过长期堆积、分解形成的松软堆积物。泥炭质地疏松，孔隙度在85%以上，密度小，透气、透水，保水性能良好，是配制营养土的优良原料。

椰糠：椰子外壳纤维粉末，是加工后的椰子副产物或废弃物，是一种纯天然有机质介质。经加工处理后的椰糠非常适合于培植植物。

珍珠岩：硅质火山岩加热至1 000℃

时膨胀形成的具有封闭的泡状结构的轻团聚体。珍珠岩透气性、排水性良好，质轻，宜与蛭石、泥炭混合实用。

蛭石：由云母矿石在1 000℃高温炉中加热，其中的结晶水变蒸汽散失，体积膨胀而形成疏松多孔体。蛭石透气性、保水性良好，pH6.2 左右，是常用的营养土原料之一。

苔藓：一种白色、粗长、耐拉力强的植物性材料，具有较强的透气性和保水性。

园土 腐叶土 泥炭 椰糠

珍珠岩 蛭石 苔藓 河沙

河沙：不含任何养分，通透性良好，pH6.5 ~ 7.0，在营养土中主要起通气排水的作用。

铺面石有什么作用？

铺面石是一种用于铺在土上面的介质。铺面最大的好处就是干净。许多大型花园也是用树皮、枯草、石子等花园资材大面积铺面的。这样也显得更加整洁和美观。铺面还真有不少好处，除了干净，透气性也提高了，还可以起到稳固作用，防止植物歪倒，还可以减少叶片被土壤中的病菌感染的机会。

常见的铺面石有哪些种类？

铺面石的选择也很重要，根据材质、重量的不同，分别具有不同的用处和弊端。这里例举一些常见的铺面石。

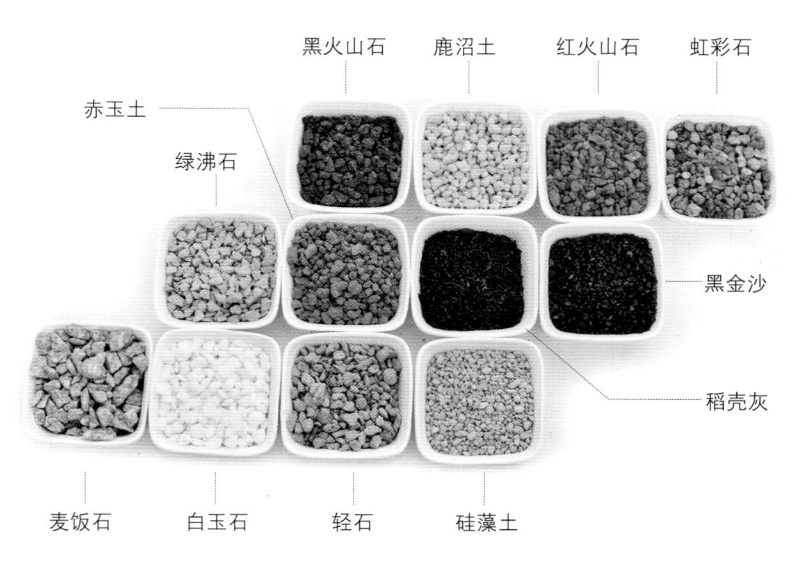

类型	优点	缺点
麦饭石	一种天然的硅酸盐矿物，能够稳定、提高和平衡土壤的物理机能，能够活化和净化水并清除水中的有害物质，并含有很多有益的微量元素和矿物质，并含有很多有益的微量元素和矿物质	硬度高，重量大，成本比较高
赤玉土	一种高通透性的火山泥，暗红色圆状颗粒，没有有害细菌，pH呈微酸，其形状有利于蓄水又利于排水，含一定的营养，它看起来像是小肉肉的水库	使用1～2年后容易粉化，不太合适发根
火山石	火山爆发后形成的一种多孔石头，富含各种矿物元素，不易粉化，透气排水性佳，包括黑火山石、红火山石等	一般较少，成本比较高
绿沸石	铝硅酸盐类矿物，和麦饭石一样可用来改良土壤，具有很强的吸附性，提高土壤的保水、保肥能力，防止有效成分的流失。含多种有益微生物及代谢活性物质，可以净化土壤，有效抑制土壤中有害菌繁殖，提高植物抗病、抗旱、抗逆能力	比较坚硬，有棱有角，有可能伤害到成长中的植物
鹿沼土	较轻，吸水性好，但容易粉化，一般用来铺面美观，可以通过颜色深浅判断盆土是否干燥	质地柔软，易粉化，最好不作为扦插和发根使用
虹彩石	轻石、绿沸石、火山石（熔岩石）等混合土。硬度高，不会粉化，吸水透气	尖锐且较重
黄金沙	硬度大，颗粒小，有助于改善土壤的透水性	营养成分含量低，起不到肥力作用
黑金沙	有助于改善土壤的透水性	营养成分含量低，起不到肥力作用
硅藻土	一种生物成因的硅质沉积岩，它主要由古代硅藻的遗骸所组成。pH中性、无毒，悬浮性能好，吸附性能强，在土壤中能起到保湿、疏松土质、延长药效肥效时间	松散，质轻，易粉化
轻石	一种多孔、轻质的玻璃质酸性火山喷出岩，其成分相当于流纹岩。轻石在园艺种植中主要作为透气保水材料，以及土壤疏松剂	质轻、吹气就能飞走，粉化慢
稻壳灰	排水通气，碱性，通常用来调配土壤酸碱度。便宜好用，并且富含钾肥，少量钙和镁，质地柔和有利发根	喜欢酸性土壤的多肉植物不可使用
白玉石	呈白色、灰白色，色泽圆润，洁白无瑕，质感细腻，通体透彻	没有任何肥力作用，只有美观
陶粒	硬度高，透气性好，内部呈细孔结构，间隙大，非常适合排水	大小不统一，美观性稍差

何谓沙土、沙壤土、壤土和黏土？

沙土：以沙粒为主，含沙量可达85% ~ 100%。沙土通气透水，春季土温上升快，宜于发芽出苗，但保肥力差，易受干旱。可掺黏土改良，平时可施用黏粪、塘泥等，化肥不宜多施用。在沙土上使用磷肥及微量元素效果很好。

沙壤土：含沙粒多，含细土少的土壤。含沙量可达55% ~ 85%。这种土壤土质松散，通气透水，不黏不硬，宜于耕作，但保肥保水力差，发小苗，不发老苗，后劲差。施肥时应多施黏粪，施化肥应以"少吃多餐"为原则，勤施、少施，以防肥料流失。

壤土：特性是松而不散，黏而不硬，既通气透水，又保水保肥，且肥力较高，宜于种植各种植物。人工配制壤土，可用20%的黏土、30% ~ 40%的淤泥、30% ~ 40%的沙，充分混合。

黏土：黏粒含量达45% ~ 100%，其中粒径为0.02 ~ 2毫米的沙粒仅占0 ~ 35%。黏土有较高的保水、保肥能力，含植物所需养分较多，但透水性差，土块大，不易耕作。应适当掺沙，多施有机肥料改良。

怎样区分河沙与海沙？

河沙是从淡水湖或山区浅沟中挖取的，一般不带盐碱性，可拌入土中种植花卉，或作为花木扦插的介质。海沙是从海滩上挖取的，略带盐碱性，经自来水冲洗后，也可拌入土中种植花卉。河沙与海沙两者之间的区别，具体很难分清。为了利于花木生长，使用时，只要先用自来水冲洗并晒干，即可作为花卉栽培的介质。

什么是酸性土和碱性土？

土壤pH小于7的为酸性土，土壤pH大于7的为碱性土。各种花卉适应土壤酸碱情况如下：

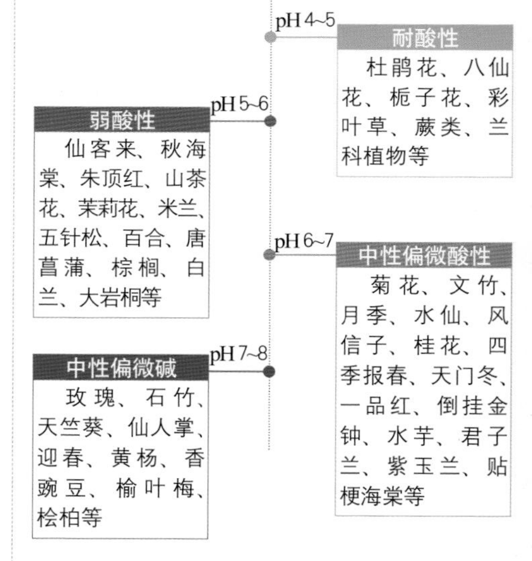

怎样用简易的办法测定盆土的酸碱度？

测定pH最简易的方法是采用pH试纸、石蕊试纸和标准比色卡来测定。测定时，取盆土一小匙，放在清洁的碗内，加少量蒸馏水至刚盖过土为止，切勿过多。然后搅匀澄清，即为土壤浸出液。用竹签蘸一点土壤浸出液于小块试纸上，呈红色为酸性，呈蓝色为碱性，并可与标准比色卡对照，确定所测定盆土的pH。

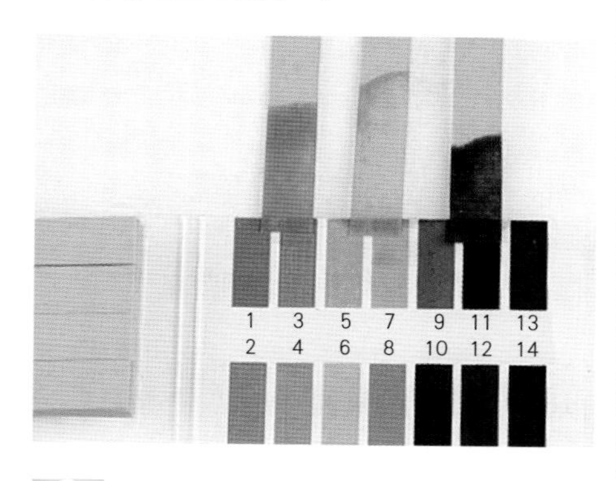

怎样改变土壤的酸碱度？

对于酸碱度不适宜的培养土，可采用以下措施加以调整。如酸性过高，可在盆土中加少量的石灰粉等；碱性过高，可在盆土中加少量的硫黄粉等。

什么是腐殖质？

腐殖质是完全腐烂经微生物分解了的动植物残体，具有适度的黏结性，能使黏土疏松，沙土黏结。含有多种养分，又有较强的吸收性，能提高土壤保肥、保水性能，也能缓冲土壤酸碱性变化，有利于微生物活动和植物生长。

怎样改良花池里的土壤？

在修筑花池时，如果瓦砾层较厚，可以挖60厘米深的坑，将灰渣土取出，用30%的锯末或树叶与黏土混合，垫在坑底，厚度20厘米，然后踏实，再铺上40厘米厚的疏松肥沃的田园土。被有害物质污染过的土地，也应挖60厘米深，将被污染土壤换成纯净的田园土。

构筑花坛时，坛壁高约45厘米，填满田园土，并踏平，底部必须与土地相通。如花坛底部为水泥地，必须垫15厘米厚的碎石瓦片做排水层，再铺上沙性田园土，坛壁靠地面处开4～6个排水孔。

怎样自制培养土？

家庭盆栽花卉来自不同的原产地，所以对土壤条件要求差异较大，应根据其特性，科学调配各种培养土配比。各种培养土使用前，需要用筛子筛成团粒状态，还要掺入适量杀虫杀菌农药。

种类	培养土配方
喜酸性花卉培养土	针叶土4份或石楠腐叶土4份，河沙4份，园土1份，腐熟有机肥1份，并加入少量骨粉或过磷酸钙制成；或腐叶土5份，沙质山泥2份，焦泥灰1份，河沙2份；或腐叶土6份，沙质山泥3份，河沙1份；或腐叶土5份，黏土3份，焦泥灰2份，并掺入少量腐熟饼肥进行配制
喜中性花卉培养土	腐叶土（或泥炭）5份和河沙5份；或腐叶土（或泥炭）4份，园土2份，河沙3份，腐熟有机肥1份及少量骨粉或过磷酸钙；或腐叶土（或泥炭）4份，园土1.5份，河沙3份，有机肥料1.5份配制而成

（续）

种类	培养土配方
多肉培养土	腐叶土3份，园土2份，粗沙3份，碎石片颗粒1份及石灰石料1份；或腐叶土4份，泥炭土2份，粗沙3份，腐熟有机肥1份；或腐叶土5份，沙土5份；或腐叶土3份，园土2份，粗沙4份，腐熟有机肥1份及少量骨粉或过磷酸钙进行配制
播种用培养土	用腐叶土5份，园土3份，河沙2份；或土壤5份，泥炭2.5份，河沙2.5份肥料：每立方米加过磷酸钙1.2千克，碳酸钙0.6千克
假植和定植用培养土	腐叶土4份，园土4～5份，河沙1～2份
番杏科植物营养土	园土：河沙（粗）：椰糠=1：1：1，再加少许稻壳灰

腐叶土是不是肥料？

腐叶土是植物枝叶在土壤中经过微生物分解发酵后形成的营养土。腐叶土松软，具有通气好、排水好、重量轻的特点，一般把它混合于其他土壤里，可改良土质，使土壤膨松，有利于植物的生长。但腐叶土不是肥料，用腐叶土上盆后仍要添加肥料，植株才能保持旺盛的活力。

怎样防止盆土碱化？

避免盆土碱化要从以下几方面着手。

避免在建筑工地处取土，避免在荒凉、不长植物的地方取土，这些地方的土壤大都有很高的碱性

一般盐碱容易聚焦在盆土表层，如果定期去掉表土，添上新土，就会降低碱性

用无钙水或微酸性水浇灌最好，在生长季节，可尽量多浇些水，但花盆的排水要好，这样大量的水从盆底孔渗出，起到冲刷作用

翻盆换土是土壤的新陈代谢，换掉碱化的老土，加入新鲜基质，也能进一步防止土壤盐碱化

定期放入少量硫酸亚铁500倍的稀释液，能改善盆土的碱性，使盆土偏酸

旧盆土可继续种花吗？

如果旧的盆土花卉有病虫害发生，建议换新土。一般来说，这些旧土中的营养基本上都被花木吸收而消耗了，如果再种花，是不太适宜的。如要种花也要进行加工处理，其方法：在旧土中掺入1/2左右的新土，因新土中有一定营养，这样既可继续种花，也可在旧土中拌入一定量的腐熟有机肥料。

土壤为什么会板结？

凡是黏性较重的土，干燥时易出现龟裂和板结，这主要是土中缺乏有机质。另外，浇花用的水硬度较大，即含钙、镁离子较多，这些不溶于水的化合物在盆土中聚集，使盆土发硬、板结。而且使用化肥不当，例

如含钙质较多的土壤，施用硫酸铵就会使盆土板结。此外，还有人喜欢用豆浆、牛奶、鸡蛋清浇花，这种未经发酵的蛋白质，不仅不能被植物吸收，也是造成土壤板结的原因。盆土板结一般应换土或在盆土中掺入一些沙土和含有腐殖质的土壤成分，此外平时浇花用的水，最好晾晒几天再用。

盆土中加入木屑行吗？

种花时加入极少量的木屑，是可以的，但比例一定要低。木屑在土中通过发酵腐熟，可以改变土壤成分或分解成肥料。但要注意，未经发酵腐熟的木屑，如加入过多，在盆土内由于发酵产生热量，就会灼伤根系，对花木生长反而不利。

盆土表层长满苔藓好不好？

上盆种植时间长了，盆土表层常常长满苔藓植物。这对多数盆花生长是没有多大影响的，因为花木根系在表土层下面，不会因苔藓生长而夺去养分。同时，还能起到美观和保湿防干的作用。但要注意：因为苔藓把整个花盆表面覆盖住，所以无法看到下面的土壤状况，此时若有其他植物一起养殖，则非常的不利。如果养护不当，过于潮湿，植物则会烂根及发生其他病害。过于干燥时，植物也有可以会被干枯死。所以，在浇水时，最好用手指掀一下表土，以识别盆土是干还是湿的。

现在人们常常把苔藓作为盆景的装饰来种植，对于透气要求高的植物则不建议盆中有苔藓出现；对于不喜欢潮湿的植物来说，也不建议盆中有苔藓出现。

肥料

花卉生长发育的营养元素有哪些？

目前已确定16种元素为植物生长发育所必需，称为必需元素。包括9种大量元素和7种微量元素。大量元素：碳(C)、氢(H)、氧(O)、氮(N)、磷(P)、钾(K)、硫(S)、钙(Ca)、镁(Mg)；微量元素：铁(Fe)、硼(B)、铜(Cu)、锌(Zn)、锰(Mn)、氯(Cl)、钼(Mo)。

还有一些元素对某些植物生长有

利，并能部分代替某些必要元素的作用，减缓其缺乏症，称为有利元素，如钴(Co)、钠(Na)、硒(Se)、硅(Si)、镓(Ga)、钒(V)。

植物养分的吸收形式

大量元素	微量元素
碳(C)：CO_2	铁(Fe)：Fe^{2+}、Fe^{3+}
氢(H)：H_2O	硼(B)：BO_3^{3-}
氧(O)：O_2、H_2O	铜(Cu)：Cu^{2+}、Cu^{+}
氮(N)：NO_3^-、NH_4^+	锌(Zn)：Zn^{2+}
磷(P)：$H_2PO_4^-$	锰(Mn)：Mn^{2+}
钾(K)：K^+	氯(Cl)：Cl^-
硫(S)：SO_4^{2-}	钼(Mo)：MoO_4^{2-}
钙(Ca)：Ca^{2+}	
镁(Mg)：Mg^{2+}	

肥料三要素对盆栽花卉起什么作用？

氮：叶肥。能使植株生长迅速，枝叶繁茂，叶色浓绿

磷：果肥。促进花芽分化和孕蕾，使花朵色艳香浓，果大质好，还能促进植株生长健壮

钾：根肥。能使茎干、根系生长茁壮，不易倒伏，增强抗病虫害和耐寒能力

营养元素在花卉生长发育中有什么作用？

必需元素中，碳、氢、氧来自空气中的二氧化碳和水，其余13种都是从土壤中吸收的。每种元素都有其特殊的生理作用，缺一不可，而且也不能相互代替。如碳、氢、氧、氮、硫、磷等元素是糖类、脂类、蛋白质和核酸等合成成分；镁是叶绿素中的成分；钙是构成细胞的成分；铁、铜和锌是许多重要酶的成分；铁还是叶绿素形成的催化剂；镁、锰、钾、铜及硼是酶的催化剂或抑制剂，因此当花卉体内缺少某一种元素时就会表现出不同的症状。缺少氮、镁、硫、锰、铁、铜等任何一种元素都会使叶片变黄，缺氮、镁时老叶先发黄，缺铁、硫、锰、铜时则新叶先发黄。缺磷和硼影响开花。缺钾老叶叶尖和叶缘枯焦。缺锌节间缩短，有时还有小叶病。发生营养缺素症后可采用根外施肥加以解决。

怎样施用微量元素？

微量元素在植物发育过程中需用量较少，一般情况下土壤中含有的微量元素足够花卉植物生长的需要，但有些植物在生长过程中因缺乏微量元素而表现失绿、斑叶等现象。如花卉缺铁表现为失绿；缺硼表现为顶芽停止生长，植株矮化，叶变小；缺锌表现为失绿及小叶病等。

微量元素在使用时多用喷施法，常用的硼肥为硼砂，叶面喷施浓度为0.1% ~ 0.25%。常用的锌肥有硫酸锌和氯化锌，喷施浓度为0.05% ~ 0.2%。常用的钼肥为钼酸铵，喷施浓度为0.02% ~ 0.05%。常用的铜肥为硫酸铜，喷施浓度为0.02% ~ 0.04%。常用的铁肥为硫酸亚铁，喷施浓度为0.2% ~ 0.3%。常用的锰肥为硫酸锰，喷施的浓度为0.05% ~ 0.1%。

土壤与施肥有什么关系？

施肥必须考虑土壤，这是因为：

第一，只有在土壤对某一养分供应不足的时候，才需要施肥，但并不需要把作物的所有必须元素以肥料的形式施入土壤，否则会造成浪费，甚至造成作物中毒和环境污染。

第二，肥料施入土壤后会发生一系列变化，会在不同程度上影响肥料的施用效果，不考虑土壤，也就谈不上真正的合理施肥。

花卉施肥过多如何挽救？

在花卉施肥时，由于掌握不好施肥量，有时会导致植株萎蔫或死亡，如果发现过早，还有挽救的可能，可采用下列方法处理：

（1）把花木移到阴凉处，以减少水分的蒸发，向叶面喷水。

（2）多向盆内浇水冲淋，以稀释肥液的浓度。

（3）立即换盆，把原盆土清除，换上新土后放在阴凉处养护。在换盆时要对花木进行适当修剪，以减少水分蒸发。

盆土缺肥，植株生长有何不良现象？

植株缺乏不同的肥料元素，生长不良现象也是不同的：盆土缺氮，叶片小，叶色淡黄，然后逐渐扩展到整株失去绿色；盆土缺磷，叶片卷曲，叶色暗绿，下部叶的叶脉间黄化，呈古铜色，着花量少，根系不发达，幼芽萌发迟缓；盆土缺钾，先下部叶片边缘呈褐色，并从叶尖向下出现坏死斑点，茎干柔软，易弯曲倒伏；盆土缺镁，由下部叶到上部叶的叶片边缘和中部失绿变白，叶脉之间出现各种色斑；盆土缺铁，叶脉两侧和叶缘内并叶尖出现焦褐斑干枯，有时扩展形成大面积干枯，仅有较大叶脉保持绿色。

什么是有机肥、无机肥？

有机肥是动植物的残体经腐烂发酵后制成的。其不仅含有氮、磷、钾，而且还含有其他微量元素等。其中的腐殖质能改良土壤结构，增加土壤的保水、保肥和通透性能，还有肥效长等优点。

无机肥主要是指商品化学肥料。无机肥具有肥分单纯，肥效快，不持久，易流失等特点。

盆花常用的有机肥有哪些？

有机肥来自动植物遗体或排泄物，如堆肥、厩肥、饼肥、鱼粉、骨粉、屠宰场废弃物以及制糖残渣等。有机肥一般由于肥效慢，多作基肥使用，但以腐熟为宜，有效成分作用的时间长，其无效成分也有改良土壤理化性质的作用，如提高土壤的疏松度，加速土与肥的融合，改善土壤中的水、肥、气、热状况等。堆肥还用于覆盖地面。基肥的施用量应视土质、土壤肥力状况和植物种类而定，一般厩肥、堆肥应多施，饼肥、骨粉、粪干宜少施。所施基肥应充分腐熟，否则易烧坏根系。有的无机肥如过磷酸钙、氯化钾等与枯枝落叶和粪肥、土杂肥混合施用效果更好。有机肥施用量因肥源不同，种类间差异大，施用时应因地因花卉种类制宜。

盆花常用的化肥有哪些？

常用的化肥主要是氮、磷、钾肥。氮肥：尿素、硫酸铵、氯化铵、硝酸铵等。磷肥：过磷酸钙、磷矿粉等。钾肥：氯化钾、硫酸钾等。磷酸二氢钾为高效磷钾肥。

化肥的肥分单纯，肥效快，除过磷酸钙、磷矿粉适于掺入土中做基肥外，一般化肥都做追肥施用，但长期单独使用化肥容易使盆土板结，应与有机肥配合施用。

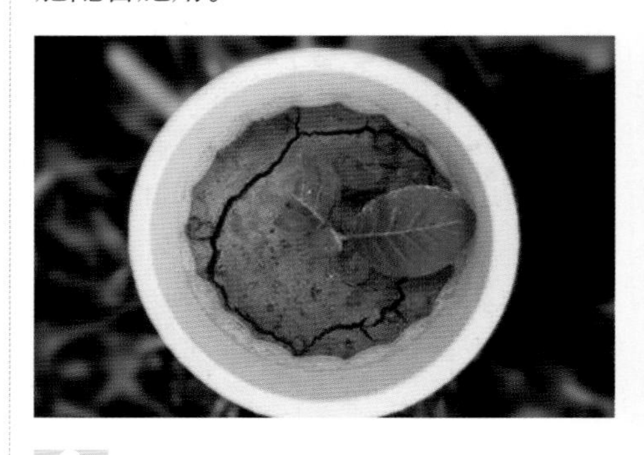

根外追肥有哪些好处？

用量少，肥效显著而又迅速，不会被土壤固定以及不受根系吸收功能的影响。其主要作用是：促使花卉叶色浓绿，生长健壮，花大色艳，提前开放。另外，可促进植株根系的形成，球根花卉的球根则大而充实。发生黄化病的花卉，叶片黄化现象会迅速好转。

什么情况下需要根外施肥？

一是植物生长旺盛需要大量肥料的时期，此期光靠土壤中的肥料可能供应不足；二是植物根系受伤如移植或移栽时根系吸收困难，可通过叶片吸收供给植物生长的需要；三是出现缺素症状时，通过根外施肥叶片可快速转为正常；四是植株生长瘦弱时，与追施同步可使植物快速吸收利用；

五是植物生长后期吸收能力较弱时采用，可以有效地补充植物所需的营养；六是土壤理化性质较差时，根外施肥有利于缓解植物缺素症状。

根外追肥应注意什么？

如果根外施肥是在室外进行时，最好在晨露消失及傍晚结露前进行，室内则在早晚均可，不论室内室外都不要在中午施用，以免降低使用效果。使用浓度不可过高，过高则会灼伤叶片，喷雾要均匀，叶面及叶背都要喷到，特别是叶背，植物叶片的下方有海绵组织，可提高吸收效率，喷液量以不使叶片上的溶液流下为宜。

怎样配制根外追肥的肥水？

可用磷酸二氢钾、硫酸铵、硼酸等配制。如果单纯喷磷酸二氢钾，可配成1 500 ～ 3 000倍溶液，如向盆中浇灌，要配成500倍溶液。如果要供应全素营养，可在3升水中加入1克磷酸二氢钾、1克硫酸铵和0.2克硼酸。这个浓度略高于1 500倍溶液。配制时，一定要等前一种肥料全部溶解后，再加入第二种肥料。

怎样给盆花施肥？

应该根据不同花卉需肥的习性和不同生长与发育阶段的需要，温度、光照和季节变化，以及盆土的原有肥力和质地，做到适时、适量。

（1）施基肥很重要，基肥充足可少施追肥。充分发酵后制成的有机肥适于作盆花的基肥。用法是将肥一至三成掺在培养土中，保持湿润，使肥与土充分融合，经过冬季或高温季节2 ～ 3个月后使用。可根据不同成分，分别作不同花卉的上盆、倒盆或换盆用土。蹄角类和禽毛作基肥，可在花卉上盆时直接放在盆底。豆饼等油粕肥和骨粉作基肥与粪肥用法相同，掺入培养土中用量为3% ～ 5%。当年不换盆的花木，也可在花木休眠时，沿盆边开环形沟，施放一些发酵后的有机肥，然后盖上新的培养土，也可代替施基肥。无机肥如磷肥可用过磷酸钙和磷矿粉0.5%，氮肥可用硫酸铵0.2%、尿素0.1%，钾肥可用硫酸钾和氯化钾0.1%，2周前掺入培养土中作基肥。

（2）施追肥。在花木生长季节中，施以稀薄液肥，以补基肥之不足叫施追肥。凡经发酵后的小便、豆饼水、鱼肠水、淘米水等1份原液，配以10 ～ 20倍水，或用尿素或磷酸二氢钾配成0.1% ～ 0.2%的水溶液，每周施1 ～ 2次，立秋后每半月施1次。施追肥要掌握：营养生长期多施氮、钾肥，花芽形成期多施磷肥，施肥前一天要松土，施肥后的翌晨要浇水；开春后施，秋分后不施；雨前、晴天可施，雨后不施；气候干旱时施，梅雨季节不施；盆土干时施，盆土湿时不施；气候适宜生长旺盛多施，气候炎热生长停滞时不施，新栽、徒长、休眠时也不施；薄肥勤施，浓肥勿施；喜肥的菊花、茉莉，由淡到浓可多施，耐瘠薄的五针松等松柏类，宁淡勿要多施；花前花后施，盛花期不施；早晚可施，中午不施；壮苗可多施，弱苗要少施；不可过饥，不可过饱，不腐熟、不稀释不施。

（3）根外追肥用。化肥溶液喷雾于叶片上下，以补根系施肥之不足叫根外追肥。由于肥分吸收增多，植株生长健壮，枝多叶绿，花繁艳丽，抗病力也增强，但不能代替土壤施肥。只能用易溶于水的尿素、硫酸铵、氯化钾、过磷酸钙、磷酸二氢钾等无机肥，在气温低、湿度大的天气，早晚进行。气温高容易干，吸收不了。深度以0.1% ～ 0.2%为适宜，太淡肥效低，过浓难吸收。

盆花施肥需要注意哪些问题？

（1）应根据不同种类、观赏目的、不同的生长发育时期灵活掌握。苗期主要是营养生长，需要氮肥较多；花芽分化和孕蕾阶段需要较多的磷肥和钾肥。观叶植物不能缺氮，观茎植物不能缺钾，观花和观果植物不能缺磷。

（2）肥料应多种配合施用，避免发生缺素症。

（3）有机肥应充分腐熟，以免产生热和有害气体伤苗。

（4）肥料浓度不能太高，以少量多次为原则，积肥与培养土的比例不要超过1 ：4。

（5）无机肥料的酸碱度和EC值要适合花卉的要求。EC值是用来测量溶液中可溶性盐浓度的，也可以用来测量液体肥料或种植介质中的可溶性离子浓度。高浓度的可溶性盐类会使植物受到损伤或造成植株根系的死亡。

（6）施肥前要松土，还要注意勿使肥水落在叶、芽上。人粪尿、过磷酸钙、碳酸铵等酸性肥料，不能与草木灰、氨水等碱性肥料混合施用。碱性盆土要选用酸性肥料，酸性盆土要选用碱性肥料。施肥切忌单一，氮肥与磷、钾肥配合施用，可提高肥效；无机肥与有机肥配合施用，可延长肥效，还能防止盆土板结，改善通气、渗水、保水、保肥等性能。

（7）根外追肥不要在低温时进行。叶子的气孔是背面多于正面，背面吸肥力强，所以应多喷于在叶片背面。同时应注意液肥的浓度要控制在较低的范围内。

盆花施肥有什么禁忌？

（1）忌休眠期施肥。花卉在休眠期新陈代谢慢，光合作用差，若追施肥料，会打破花卉休眠状态，引起植株继续生长，这样会影响来年的开花。

（2）忌开花期施肥。家庭盆花，如山茶、玫瑰、月季、康乃馨及兰花等，应在花蕾开包显色前停止施肥，磷、钾肥也不可连续施用。因花期施肥，特别是用氮肥，会刺激营养生长，增加新生叶片的呼吸代谢作用，花器得到的养料减少，生长发育受到抑制，使开花期推后，还会引起焦花，促使花朵早谢，缩短花期。

（3）忌阴雨天与晚上施肥。早春或晚秋的阴雨天及夜晚，气温低，叶片蒸腾与根系吸收力降低，肥料利用率低，积存在土壤中，加之渍水闭气影响，容易伤根。因此，阴雨低温及大雨滂沱之日，要延迟在晴天施肥。

（4）忌新栽植株施肥。新栽的植株伤口多，若受到外界的刺激，会引起烂根。

（5）忌高温烈日施肥。夏、秋中午高温烈日，空气干燥，蒸腾作用强烈，施肥后，容易引起植株体内生理代谢失调，造成枝叶黄化、萎调，花朵衰败。因此，花卉要在早上或下午高温后，结合浇水施肥。高温烈日的中午不宜施肥。

（6）忌生肥。如果施用未经腐熟的肥料，不但易生虫、生蛆，还会散发出臭气而污染环境，而且遇到水后会发酵，伤害植株的根系。

（7）忌浓肥。盆花施肥，浓度不可过高或用量太大，否则会造成花卉枯死。要遵循“薄肥勤施”原则，以三分肥七分水为宜。

（8）忌偏施氮肥。花卉施肥应将氮、磷、钾配合使用，最好以饼肥、厩肥、堆肥、鸡鸭鸽粪、骨粉、树叶、草木灰等农家肥为主，如偏施氮素化肥，容易造成枝叶延长生长期，推迟开花或不开花，或花小色淡。

为什么要在土壤中施入微量元素硼？

硼能促进植物开花、受精和结果，如果植物缺硼，就会落花落果。可用1 000微克/克（即0.1%）的硼酸（H_3BO_3）或硼砂（$Na_2B_4O_7 \cdot 10H_2O$）水溶液，直接浇于土壤中2 ～ 3次，也可用500 ～ 1 000倍的硼酸水溶液，开花前喷于叶片上2 ～ 3次。

为什么喜酸性土花木不能施用草木灰？

草木灰含有大量的碳酸钾，是一种碱性很强的肥料。经常施用草木灰，会中和盆土的酸性，违反了喜酸性土花木的习性，从而导致生长不良，会出现叶片发黄，花蕾易落等不良现象，严重则会死亡。同样喜微碱性土壤的花木，如天竺葵、迎春、仙人掌类等花木，不能用酸性很强的硫酸亚铁、矾肥水、硫酸铵等肥料，否则也会造成栽培失败。

怎样自制家庭养花的肥料？

类型	配制方法
骨粉肥料	收集餐桌上吃剩的肉骨头及鸡、鸭、鱼骨，放在水里24小时，洗去盐分，再在高压锅里蒸煮20分钟，然后取出捣碎成粉。将骨粉腐熟后，掺入50%的沙质园土，拌和后作基肥使用。该肥是以磷为主的完全肥料
自制绿肥	取少量的骨粉和草本灰放入缸或钵内，用2.5千克水浸泡后，加入1千克菜叶（也可用树叶、青草），经过1个月左右的沤制，待腐熟后捞出即可使用，可使花卉枝青叶绿，花朵美丽
豆腐渣肥	将菜场购来的豆腐渣放在缸内，盛水使之沤制。待其发酵后，就可按6（水）：4（肥）拌和作追肥用。施用于家庭盆花效果迅速
药渣肥料	将中药渣拌进园土放入钵里或装在罐内，掺入淘米水后沤制。待药渣发酵成腐殖质后，加一层土覆盖，用时随时取出即可。这种花肥具有促生长、壮茎叶等特点

（续）

类型	配制方法
鸡粪肥料	腐熟的鸡粪含有很多氮、磷、钾及有机质，还有较多的微量元素。用充分腐熟的鸡粪作基肥，一年肥力不衰；用作追肥，有效期也能达2个月之久。施用于盆栽花卉，能使植株生长旺盛、分枝多、叶片肥大、花期长

怎样除去在阳台沤制有机肥的臭味？

家庭养花多用厨房垃圾，如畜骨、鱼刺、烂豆子、肉皮等浸泡沤制液肥。但这些有机物在沤制发酵过程中，经常散发难闻的臭味，且经久不散，严重影响着阳台和居室的环境卫生。要除去沤制有机肥的臭味，可将几片橘子皮放入肥液中，不论干湿橘子皮均可，如时间长了，可再放一些。由于橘子皮里含有大量香精油，可除臭味，而且橘子皮发酵后，也是一种很好的肥料。

什么是砻糠灰？

砻糠灰是由稻壳燃烧后而成的，是一种钾肥，对促使花卉根系发育，枝秆粗壮，以及提升排水性能等都有作用。盆土中如果拌入1/5的砻糠灰，对花木生长有许多好处。但应注意：砻糠灰与草木灰是不同的，草木灰含碱量较重，对喜偏酸性土壤的花木不宜使用。

怎样使用硫酸亚铁？

硫酸亚铁一般适用于喜酸性土壤的花木，特别是盆栽的茶花、杜鹃和栀子花等。由于盆土内酸性减弱而造成的花木叶片泛黄无力，甚至变焦，可用1%的硫酸亚铁放入稀薄的肥料内，拌和后（俗称矾肥水）施入2 ～ 3次。在生长期，10天左右施入1次，叶片就会很快返青变绿。

种植球根类植物为什么要施足基肥？

球根类植物具有块茎，在生长期既需要新生枝条，又要新长许多叶子，还要孕蕾开花，所以需要的养分比其他花卉要多。如果肥料不足，就会枝叶不茂，也更难孕蕾和开花。因此，球根类植物要施足基肥，此外在生长期还要继续施入追肥。

盆花施肥后，遇下雨是否要补施肥?

一般说来，如果追肥后，过了一夜再下雨，那么一部分肥料已被花卉吸收，不再补施肥也无妨。如果施后当天就下雨，但雨量不大，或只是毛毛小雨，也不需补施；而如果施肥后雨量较大，盆内一度出现积水，为了补偿被冲洗去的肥料，可以在天晴后再补施一次追肥。

为什么用蛋壳和茶叶渣做肥料对花卉有害?

这是因为蛋壳中残存的蛋清会流入盆土表层，发酵产生热量，直接烧伤植株根部，而且还会产生臭味，招引蝇虫，咬食根部，引发其他病虫害发生。而茶叶渣中含有茶碱、咖啡碱等，对土壤有机养分具有破坏作用，同时茶叶渣覆盖于盆土表面会霉烂，阻碍盆土透气，直接影响根部的呼吸作用，所以用蛋壳和茶叶渣做肥料对花卉是有害的。

牛奶能浇花吗?

鲜牛奶内含有多种肥料元素，作为花肥，效果很好，但要掺水稀释后方可使用，一般是掺水10倍左右后浇入。如果牛奶浇的次数多了，土壤表层略有板结，可通过松土改良。变质牛奶用来浇花时，要视情况而定。如果未腐熟透的话，会散发浓烈臭味，影响卫生，而且酸性太高，还会刺激嫩根，造成生长不良。应待发酵完全掺水稀释后方可用于浇花。

变质的奶粉可否做花肥?

变了质的奶粉，可以用水调稀后，像牛奶瓶内残汁一样掺水浇入花盆内。也可把干奶粉捏碎后拌入土壤中，可作为基肥，效果也很好。但在加入土中时比例不宜太高，一般以1 ： 50的比例为宜。

豆浆发酵后可否浇花?

刚发酵时的豆浆（包括其他植物体），酸性较大，如过量地放入盆花内，会刺伤花木根系，对花木生长不利。因此应发酵1周以上，并掺入较多的水，这对喜酸性的花卉如茉莉、栀子花等，是很好的肥料。如把吃剩的豆浆残汁，掺水几十倍，作为氮肥来使用，这对多数花卉的生长均是有利而无害的。

茉莉

知识拓展

怎样看叶分辨花卉喜阴喜阳？

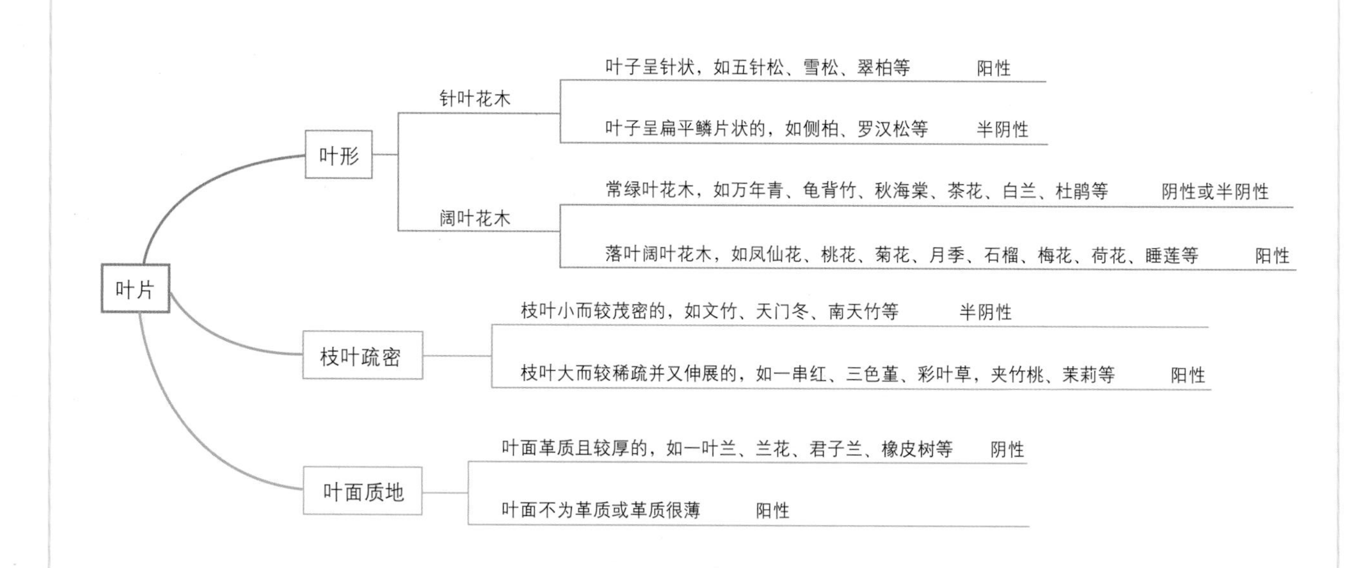

PART3

栽培与管理

Zaipei yu Guanli

挑选花卉

如何选购盆花？

看土壤

整体外观看上去新鲜、生长健壮、没有徒长、没有萎蔫和枯死的痕迹，植株的大小和盆的大小相称

看局部

观看每个部位确保没有病虫害导致的病斑、虫卵等。观花植物可买有花苞但没有开放的，这样就可以保证有一定的观赏时间；观叶植物要挑选叶色明亮，富于光泽，没有黄叶和病斑的植株；还要翻看一下盆底孔，挑选盆底孔无须根穿出的为好

看整体

从土壤新旧判断上盆时间，选择老盆为好。如果是新土，轻轻碰一下茎干就会松动，这种刚上盆的花卉一般都还没有长出新芽，根还没长定，成活率较差。另外土壤板结，如果不会处理，极可能积水，造成烂根

买花时应注意什么？

没经验的人不要买小苗

警惕商贩用断枝或刚嫁接的苗木冒充好苗

注意识别真假品种

初学者养什么花？

首次养花应选择喜湿花卉来栽培，如水竹、竹节万年青、龟背竹和蕨类植物等，它们是不会被浇死的。其次可栽一年生草花，如百日草、凤仙花、一串红、半支莲、翠菊、观赏辣椒等。这些品种也较为耐湿。除了栽种喜湿的花卉外，还可栽种一些既耐湿又耐旱的花卉种类，如夹竹桃、罗汉松、丝棉木、美人蕉等。

待有了一定经验后，就栽一些易栽易管的花卉，如紫鸭跖草、冬珊瑚、夜丁香、吊兰、石榴、迎春、天竺葵、四季秋海棠等。

总之，初学养花者，由于没有经验，一开始就养那些高级花卉，如杜鹃、山茶、兰花、五针松和温室花卉如米兰、白兰、倒挂金钟等，比较容易养死。这不仅造成物质上的浪费，更主要的是使个人兴趣受到打击。

在花市购买花苗如何辨真伪？

有些不法小商贩常常将假冒伪劣植物当作“名花”出售，并配有漂亮诱人的彩色照片，致使一些花卉爱好者上当受骗，造成不必要的经济损失。大致有以下几种以伪品冒称名花出售，其区别是：

（1）用九里香冒充米兰出售。米兰小叶对生，九里香小叶互生。米兰叶轴有翅，九里香叶轴无翅。

米兰

九里香

（2）用油茶或茶树小苗冒充山茶出售。茶树叶片锯齿稀而粗，山茶锯齿细小，某些品种无锯齿。山茶多系扦插繁殖苗，无主根；油茶系播种繁殖苗，有主根。山茶叶片卵圆形至椭圆形，叶基部阔楔形至圆形，叶尖短钝渐尖，叶面向上拱起，叶缘叶端常有向下反曲状，仅主脉隆起。茶树叶片较薄，为长椭圆形或卵椭圆形，叶端急尖或钝，叶侧脉明显，叶片有小圆点，手摸有感觉。

山茶

（3）用麦冬冒充兰花出售。兰花根肥厚肉质，圆柱形，白色，叶片边缘具细锯齿，用手摸有粗糙感，叶脉明显，中央主脉隆起。麦冬的须根端或中部有膨大成纺锤状肉质块根。叶片主脉不隆起，甚至看不到，叶背脉间发白。

（4）用桃美人冒充桃蛋出售。最根本的区别就是桃美人的叶片顶端有红尖，而桃蛋是圆滑的。还有，桃美人是厚叶草属，虽然叶片形状在状态不是太好的时候有些相似，但叶片的分布明显是均匀的，并不是像桃蛋一样，呈螺旋状生长。

桃美人

桃蛋

（5）用朱顶红小苗冒充君子兰幼苗出售。两者叶片外形相似，但朱顶红叶片狭而长，君子兰叶片宽而短；朱顶红基部为球根，君子兰基部无球根，而为肥大的白根。

长途旅行怎样携带花苗？

长途旅行最安全的办法是将栽种花草连花盆一起带回。可是路途遥远，带着花盆非常笨重。那么怎样才能既使路途轻松，又能让带回的花苗容易成活呢？下面这几个步骤就能帮助你解决这个棘手的问题。

第一步，将要携带的花苗根部多保留些泥土，注意取苗时不要使根部的土壤松散开来。

第二步，用一些吸水性较好的餐巾纸包住花苗的根部并扎紧，然后将纸巾浸湿。

第三步，用塑料袋套住浸湿的纸巾部位扎紧，注意要露出花苗的枝叶。

路途中还需注意不要让花苗晒太阳、吹风，尽量放到阴凉的地方。另外，途中要记得适时松开包扎的塑料袋，让根部透透气。还可以适当地在纸巾上洒些水，保持湿润。

如果是多肉植物，可将泥土全部抖掉，无须包裹，置纸盒即可，经10 ～ 20天后上盆也无妨。

哪些花卉不适合家庭阳台盆栽？

一品红

大丽花

仙客来

牡丹

菊花

牡丹、菊花、大丽花、仙客来、一品红等，这些花卉观赏价值都很高，但由于家庭阳台气温高，面积小以及不易防寒等原因，都不适合在家庭阳台盆栽。

牡丹是深根性花卉，要用深缸培植，且阳台环境燥热，也不适合牡丹喜凉爽气温的习性。菊花栽培时间长达8个月之久，只赏花1个月，花工费时太多。可培植微型盆菊。大丽花在江南地区栽培，受不了夏季炎热气候，因而花型逐年变小，观赏价值大大降低。仙客来、一品红系温室花卉，在居室难以越冬，更开不了花。以上花卉虽好，但建议家庭阳台养花者不要栽培这些品种。

哪些香花适合阳台盆栽？

家庭阳台培植喜阳的香花较为简便，如栀子花、米兰、晚香玉、洋甘菊、薰衣草等。栀子花开花的时候，香味淡雅，整个房间内几乎都能闻得到它的香气，放在客厅、阳台简直是再合适不过了。米兰开花时香气弥漫在空气中，但是凑近了却又闻不到。每天需要充足的光照，才能够使枝叶翠绿，最好放在南阳台或者是南窗台上，接受至少8个小时以上的光照。

养花工具

种花你需要准备哪些工具？

水壶

可以用专用的水壶，也可以用矿泉水瓶或软塑料瓶来代替

喷壶

用来给植物喷药或清洗叶子的喷壶，有各种尺寸，选择自己适合的就可以了

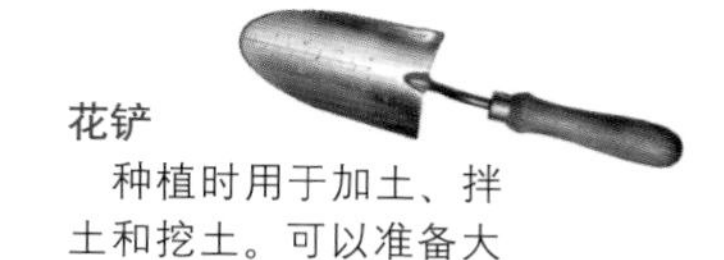

花铲

种植时用于加土、拌土和挖土。可以准备大小各一把

花剪

修剪植物残花用的剪刀。还可以准备一把修剪用的修枝剪

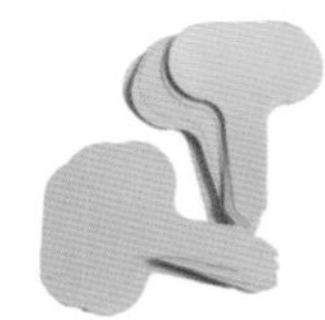

标签

写上植物活品种的名字，免得事后遗忘

常见花盆的优缺点是什么？

素烧盆

陶瓷盆

木盆

紫砂盆

塑料盆

创意花盆

常见花盆种类	优点	缺点
素烧盆	用黏土烧制而成，透气性好，价格低廉，适用范围广	做工粗糙，色泽欠佳，易生青苔，且易破碎
陶瓷盆	由高岭土制成，上釉的为瓷盆，不上釉的为陶盆。外形美观，适用于室内装饰及展览用	瓷盆上釉，透气性不良，一般作套盆或短期观赏用
木盆	由红松、杉木、柏木等木材制成，形状丰富，坚韧耐用且不易腐烂，盆底留有出水孔，排水便利	易滋生霉变
紫砂盆	质地有紫砂、红砂、乌砂、春砂、梨皮砂等，外形多样，造型美观，透气性适中	较吸热，容易干燥盆土
塑料盆	质地轻盈，价格低廉，便于购买	透水、透气性差，废弃物污染环境
创意花盆	个性突出，美观大方	要求专业操作

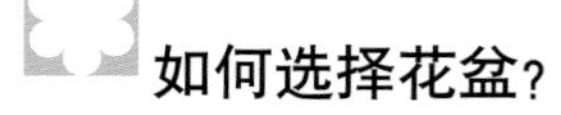

如何选择花盆？

（1）根据植株大小。选盆要大小适中，要与植株相称，既不要头重脚轻，也不要头轻脚重。有人认为选盆越大越好，以为盆土越多，养分越充足，但实际效果并不好，原因是盆大苗小，耗水少，盆土不易干，常会导致根系周围土壤过湿，透气不良而烂根。当然，盆太小，根系不能充分舒展，也不可取。

（2）根据植株生长习性。一般花盆的深度和宽度呈1 ∶ 1的比例，也有些花盆深度是宽度的1/3以下，这样的花盆多用于栽培浅根或矮生植物。花盆的深度是宽度的1倍以上则属于高身花盆，可用于栽种深根植物或者如国兰等长叶弯垂的植物。丛生状花木如杜鹃、米兰、海棠、瓜叶菊等，其枝叶伸展面积比较大，适合用大口花盆种植；喜湿花卉如龟背竹、旱伞草、吊兰、蕨类、绿萝、散尾葵等可用塑料花盆种植；兰花、梅花、树桩盆景等对透气性、排水性有较高要求，可选用瓦盆种植。

（3）根据美学搭配。可以用枝叶色彩较淡的花卉搭配深色花盆，深色花卉搭配淡色花盆，深浅映衬。要配合空间，盆栽要和家具、物件的质感、颜色协调，用来提升居室内部的美感和舒适。

水培植物一定要用透明的容器吗？

透明容器一方面便于欣赏水培植物美丽根系，另一方面便于观察水位和水质。但是透明容器光太强时候容易伤根，引起老化，更重要的是容易滋生绿藻。所以不是一定要用透明的容器。

上盆、换盆

怎样给花苗上盆?

上盆是指将新买来的花木或幼苗移植于花盆中的过程。幼苗上盆时根际周围应尽量多带些土，以减少对根系的伤害。如使用旧盆，无论上盆或是换盆都应预行浸洗，除去泥土和苔藓，干后再用，如为新盆，应先行浸泡，以溶淋盐类。上盆时首先在盆底排水孔处垫置破盆瓦片或用窗纱以防盆土漏出并方便排水，再加少量盆土，将花卉根部向四周展开轻置土上，加土将根部完全埋没至根颈部，使盆土至盆缘保留3 ~ 5cm的距离，以便日后灌水施肥。

上盆盆土应干湿适度，以捏之成团、触之即散为宜。上足盆土后，沿盆边按实，以防灌水后下漏。

从集市上购买的花木怎样上盆?

买回不带土的花木不要急于上盆。先在叶面喷水，把根部浸在清水中，置室内无阳光处浸泡一夜，使植株充分吸收水分，再剪除腐烂、枯萎、发黑的根系和过密枝、病枝、伤裂枝。然后用萘乙酸600 ~ 1 000微克/克的溶液浸泡根部片刻，待药液稍干，就可上盆。上盆后用喷壶浇透水，放在半阴处，几天后可逐渐转入正常养护。

从网上购买的花木怎样上盆?

最近很多花友喜欢在网上淘宝，在网店里可以买到比花市里更丰富的品种，但是需要注意的是网购的花卉经过打包和长途运输，到达我们手里的时候通常状态会有些不佳，在网购花苗养护时需要更加及时和小心。

缓苗是将移栽、修剪或生病处理后的花苗放在阴凉的地方修养，等待植物恢复生机。缓苗期间要仔细观察，耐心守护，除非叶子打落得严重，通常不用特别去喷水。

1 ←网购花苗收到后要及时开包

2 ↑因为长途运输，植物会有些脱水，严重的可以用水桶浸泡1 ~ 2小时

3 ↓准备一个合适的花盆

4 在花盆里加入底石和土→

← 整理花苗，放到花盆中央

↑加入营养土

↑ 营养土加至距离盆子边缘1 ～ 2厘米处

补充清水，因为叶子有些打蔫，可以用喷壶喷水 ↓

盆花为什么要换盆？

多年生花卉长期生长于盆钵内有限土壤中，常感营养不足，加以冗根盈盆，因此随植株长大，需逐渐更换大的花盆，扩大其营养面积，利于植株继续健壮生长；还有一种情况是原来盆中的土壤物理性质变劣，养分丧失或严重板结，必须进行换盆，而这种换盆仅是为了修整根系和更换新的培养土，用盆大小可以不变，故也可称为翻盆。

怎样倒盆和换盆？

倒盆一般不受季节限制。倒盆时，原盆土不可过湿过干。植株脱盆时，用一手食指和中指夹住植株的基部，手掌紧贴土面；另一手托起盆底翻转过来，用手掌轻磕盆边，即可整坨脱出，随即将土坨底部排水层扒去，外围须根稍加梳理后栽入新盆内。

换盆时一只手托住盆将盆倒置，另一只手以拇指通过排水孔下按，土球即可脱落。如花卉生长不良，还可检查原因。遇盆缚现象，用竹签将根散开，同时修剪根系，除去老残冗根，刺激其多发新根。生长快、开花多的盆花，应每年换盆，生长缓慢的盆花，可2～3年换盆1次。换盆前几天不要浇水，以便盆土与盆壁脱离。可原株换原盆，一般使用大一号的盆，换盆后要将网结的须根、烂根剪掉，去掉部分原土，换上培养土。有些花卉结合换盆还可分株。盆土应干湿适度，以捏之成团、触之即散为宜。上足盆土后，沿盆边按实，以防灌水后下漏。

换盆有哪些注意事项？

①应按植株的大小逐渐换到较大的盆中，不可直接换入过大的盆内，因为盆过大给管理带来不便，浇水量不易掌握，常会造成缺水或积水现象，不利花卉生长。②根据花卉种类确定换盆的时间和次数，过早、过迟对花卉生长发育均不利。当发现有根自排水孔伸出或自边缘向上生长时，说明需要换盆了。多年生盆栽花卉换盆于休眠期进行，生长期最好不换盆，一般每年换1次。一、二年生草花随时均可进行，并依生长情况进行多次，每次花盆加大一号。③换盆后应立即浇水，第一次必须浇透，以后浇水不宜过多，尤其是根部修剪较多时，吸水能力减弱，水分过多易使根系腐烂，待新根长出后再逐渐增加灌水量。

植株根系在盆中长满了怎么办？

植株根系在盆中长满了应及时翻盆换土，否则植株就会由于营养不良或不透气等原因造成衰弱。如果只想换换土，并不改变花盆大小，应把根系上的旧土抖掉1/3，还要剪去1/3的老叶，这样才能使根部吸收的水分和叶子蒸发的水分维持平衡。

为什么有的草花不适宜移栽？

不适宜移栽的草花多是直根性的花卉，主根直伸，侧根极少，移栽时切断主根后，侧根生长不旺，吸收养分的能力降低，所以移栽多不易成活或生长发育不良。像牵牛花、虞美人、花菱草等。

花菱草

有些花卉为什么要多次移苗？

有些草本花卉，易拔高倒伏，在栽培时要经过多次移苗蹲棵，才能培育矮壮、整齐、抗旱、耐涝的花苗。从播种到花坛定植，经过2～3次移苗的草花，生长茁壮，定植不倒蔫，整齐一致。家庭里养的草花栽植也不可过密，幼苗生长阶段也要有个蹲苗过程，并应经常松土、施肥，才能生长茁壮。扦插繁殖的一串红、菊花等，也要如法栽培才能养出理想的花苗来。

整形修剪

花木为什么需要整形修剪？

修剪与整形是花卉植物栽培管理中的一项重要技术措施。简单地讲，“整形”是指修整花木的外形，“修剪”是指剪截枝条。通过修剪整形，可以剪除病枝、弱枝、过密枝叶，使株形整齐，层次分明，错落有致，高低适中，形态优美，提高观赏价值，而且，及时剪掉不必要的枝条，可以节省养分，调整树势，改善透光条件，借以调剂与控制花木生长发育，促使生长健壮，花多果硕，减少病虫害。

花木整形包括哪几项工作？

(1) 整枝。总体分为两种：①自然式。着重保持植物自然姿态，仅对交叉、重叠、丛生、徒长枝稍加控制，使其更加完美；②人工式。依人们的

喜爱和情趣，利用植物的生长习性，经修剪整形做成各种形姿，达到寓于自然、高于自然的艺术境界。在确定整枝形式前，必须对植物的特性有充分地了解，枝条纤细且柔韧性较好者，可整成镜面形、牌坊形、圆盘形或S形等，如常春藤、叶子花、藤本天竺葵、文竹、令箭荷花、结香等。枝条较硬者，宜做成云片形或各种动物造型，如蜡梅、一品红等。整形的植物应随时修剪，以保持其优美的姿态。在实际操作中，两种整枝方式很难截然分开，大部分盆栽花卉的整枝方式是两者结合。

(2) 绑扎与支架。盆栽花卉中有的茎枝纤细柔长，有的为攀缘植物，有的为了整齐美观，有的为了做成扎景，常设支架或支柱，同时进行绑扎。花枝细长的如小苍兰、香石竹等常设

支柱或支撑网；攀缘性植物如香豌豆、球兰等常扎成屏风形或圆球形支架，使枝条盘曲其上，以利通风透光和便于观赏；我国传统名花菊花，盆栽中常设支架或制成扎景，形式多样，引人入胜。支架常用的材料有竹类、芦苇及紫穗槐等。绑扎在长江流域及其以南各地常用棕线、棕丝或其他具韧性又耐腐烂的材料。

花木整形应掌握哪些原则？

整形是通过修剪来制作合理完美的树形。整形时一方面应符合花木的自然生长趋势，还应充分发挥它们各自的特点，通过造型手法来进行艺术加工，使自然美和人工美相结合，从而提高它们的观赏价值。整形初期阶段还应作长远打算，一棵株形完美的多年生木本盆花，有时需要通过好几年甚至十几年的精心培养才能实现。因此每年进行整形修剪时，对留枝的长短、疏枝的部位等都要做到心中有数，不可贸然下剪，否则一剪之误将会造成不可弥补的损失。

花木修剪包括哪几项工作？

（1）剪枝。包括疏剪和短截两种类型。疏剪指将枝条自基部完全剪除，主要是一些病虫枝、枯枝、重叠枝、细弱枝等。短截指将枝条先端剪去一部分，剪时要充分了解植物的开花习性，注意留芽的方向。在当年生枝条上开花的花卉种类，如扶桑、倒挂金钟、叶子花等，应在春季修剪；而一些在二年生枝条上开花的花卉种类，如山茶、杜鹃花等，宜在花后短截枝条，使其形成更多的侧枝。留芽的方向要根据生出枝条的方向来确定，要其向上生长时，留内侧芽；要其向外倾斜生长时，留外侧芽。修剪时应使剪口呈一斜面，芽在剪口的对面，距剪口斜面顶部1 ～ 2厘米为宜。

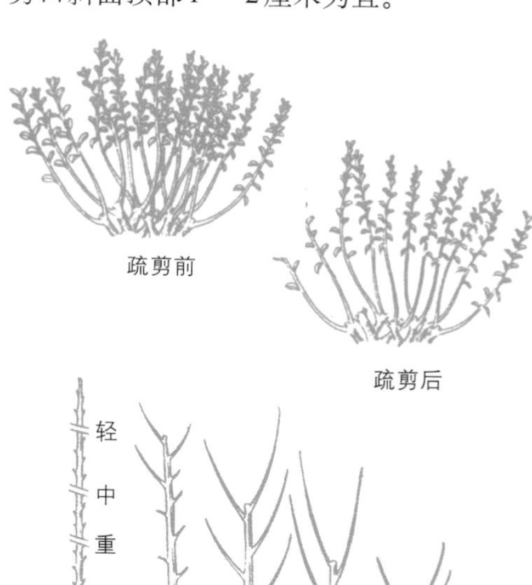

（2）摘心与抹芽。有些花卉分枝性不强，花着生枝顶，分枝少，开花也少，为了控制其生长高度，常采用摘心措施。摘心能促使激素的产生，导致养分的转移，促发更多的侧枝，有利于花芽分化，还可调节开花的时期。摘心行于生长期，因具抑制生长的作用，所以次数不宜多。对于一株一花或一个花序，以及摘心后花朵变小的种类不宜摘心，此外球根类花卉、攀缘性花卉、兰科花卉以及植株矮小、分枝性强的花卉均不摘心。

抹芽或称除芽，即将多余的芽全部除去，这些芽有的是过于繁密，有的是方向不当，是与摘心有相反作用的一项技术措施。抹芽应尽早于芽开始膨大时进行，以免消耗营养。有些花卉如芍药、菊花等仅需保留中心一个花蕾时，其他花芽全部摘除。

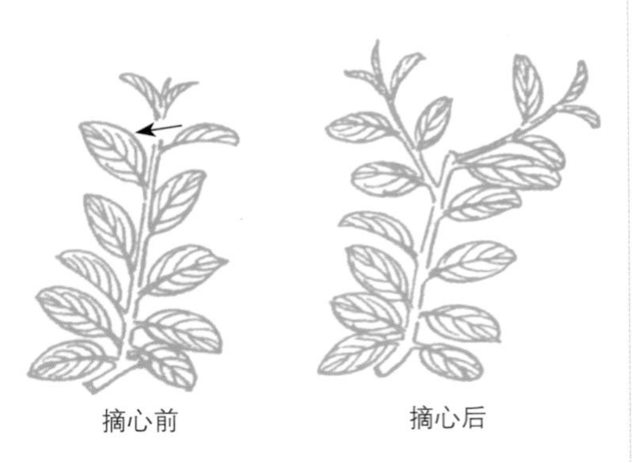

在观果植物栽培中，有时挂果过密，为使果实生长良好，调节营养生长与生殖生长之间的关系，也需摘除一部分果实。

修剪时应注意哪些事项？

修剪之前，应充分了解修剪对象的开花习性。例如，月季是在当年新生枝的顶端开花，因此在花谢后短截花枝，促使基部的腋芽萌发而形成新的花枝，在当年继续开花。五色梅、夜丁香等则是春季进行花芽分化，入夏以后即能开花，应在秋末进行短截，来年春季的新生枝条到夏季都能开花。修剪要本着留外不留内，留直不留横的原则。剪去病枯枝、细弱枝、徒长枝、交叉枝、过密枝。剪口处的芽，要留向外侧生长的，剪口不能离芽太近，否则易失去水分干燥，影响发芽。

什么情况下需要修根？

花卉移植或换盆时如伤及根部，伤口应行修整。修根常与换盆结合进行，剪去老残冗根以促其多发新根，但对生长缓慢的种类不宜剪根。为了保持盆栽花卉的冠根平衡，根部进行了修剪的植株，地上部也应适当疏剪枝条，还有为了抑制枝叶的徒长，促使花芽的形成，可剪除根的一部分。经移植的花卉所有花芽应完全剪除，以利植株营养生长的恢复。

一般落叶植物于秋季落叶后或春季发芽前进行修剪，有的种类如月季、大丽花、八仙花、迎春等于花后剪除着花枝梢，促其抽发新枝，下一个生长季开花硕大艳丽。常绿植物一般不宜剪除大量枝叶，只有在伤根较多情况下才剪除部分枝叶，以利平衡生长。

怎样绑扎和设立支架？

盆花进行绑扎和设立支架的材料有8号铅丝、江西苇、竹篾等，捆绑时可用尼龙线、塑料绳或细铅丝。常见的有以下几种：

单柱式	将单根竹竿直接插入盆土内，然后将主枝或花枝绑扎在一起。常用于多年生草本观花类植物
牌坊式	用铅丝或竹篾交叉编成类似牌坊的形式，将细长柔软的枝条牵引在其上生长。常用于常春藤、文竹、牵牛花等
拍子式	拍子式的形式可随心所欲地扎设，如半圆形、椭圆形、矩形等。常用于旱金莲、昙花、令箭荷花等
筒形和螺旋形	在幼龄阶段利用筒形或螺旋形支架，让侧枝支撑在支架上，待主枝长粗并能自然直立时再把支架去掉
圆盘式	用铅丝或竹篾扎成圆盘式拍子，下立3～4根支柱并插入盆土内。将柔软的花枝均匀绑扎在圆盘上或越过圆盘向下垂挂。常用于仙人掌、蟹爪兰等
其他	用铅丝、细竹竿和竹篾等扎成圆球形、灯笼形及其他鸟兽等象形图案，然后让侧枝、叶把支架遮盖起来，从而制作出各种绿色雕塑

怎样进行盆花春季整形修剪？

春季盆花萌动前进行修剪，可使枝条分布均匀，调节树势，控制徒长，节省养分，从而使盆花姿态优美，生长旺盛，促使多开花挂果。修剪要按其生理习性进行修剪。在当年生枝条上开花的，可行重剪，如月季、石榴、扶桑等。在早春开花的，应在开花后1～2周进行修剪，如迎春、梅花、杜鹃等。冬珊瑚、蜡梅、石榴等，易发枝的花木，若植株基部枝条过少，可从主干基部距盆土5～10厘米处短截，让它重发新枝，可养成丰满树冠。不易发枝的花木，不要随便剪枝。枝条柔软的花木，只剪除衰老过密的枝条。

为什么蘖芽需要及时修剪？

“蘖芽”多指嫁接苗基部砧木中长出来的枝条。蘖芽需及时修剪，防止争夺养，扰乱树形，以保证嫁接苗的健康生长。

观叶植物如何修剪整形？

为了不让观叶植物任意徒长，要确定好一定的高度，经常对茎或枝的顶芽加以剪除，使植株的叶片茂密，株形匀称。剪去不良的枝条，以保持优美的形状。

“T”式株形怎么修剪？

所谓“T”式株形，是指叶子只生长在主干顶部，主干其他部位（顶部以下）并无叶子生长，植株形成一种伞状的生长势，好似英文字母“T”的形状。植株长到适合的高度时，把主干下部不必要的侧枝和叶子剪去，留下顶部的枝叶，然后再把顶部生长过高、杂乱不齐的枝叶剪掉，最后根据确定下来的高度，随生长随修剪。这样植株经过一段时间的生长以后，“T”式株形也就自然而然地形成了。

如何使得袖珍植物保持不长大？

从幼株开始选择细小的植株，然后开始摘心、摘芽、整枝、整叶，用与之成比例的容器上盆，采用贫瘠的土壤，在生长期限制施肥，随着植株的生长要及时摘心整枝。如此经过3～4个月的时间，就能达到预期的观赏效果，以后勤加整形即可。有些植物可施用矮化剂，再结合摘心整形，控制植株的生长。国外有一种袖珍植物网，种植时把幼小植物的根用此网罩住，然后上盆，成株后就可变为袖珍植物。

对乔木类花卉多采用哪种整形方式？

首先要培养一段粗壮的主干，将50厘米以下萌发出来的侧枝全部剪掉，2年以后对主干的先端进行截顶，截顶的高度不要超过80厘米。选留3个分布均匀并向不同方向生长的侧枝做侧主枝（一级侧枝），将多余的侧枝从基部疏掉。侧主枝生长1年后，高度80厘米左右时进行短截，留枝长度约50厘米，同样保留3根二级侧枝，并将多余的侧枝疏掉，这样就形成了“三杈九顶”的基本树形。以后再对这9根二级侧枝进行短截，让它们继续萌发小侧枝来形成丰满的树冠，同时保留树膛内的小枝来增加着花部位。

怎样修剪花灌木？

没有主干的花灌木

定植后的头几年可任其自然生长，待株丛过密时再将丛内的主枝从基部疏掉1/2左右，如蔷薇、迎春、连翘等

萌蘖力弱的花灌木

可修剪成小乔木状。先保留株丛中央的一根主枝，将周围的枝条从基部剪掉，等植株长出许多侧枝后，仅保留主枝先端的4根侧枝，将下部的侧枝全部剪掉，随后这4根侧枝上又长出二级侧枝，及时剪掉基部萌发的一些侧枝，让花枝从侧枝上抽生而出，如蜡梅、月季、含笑等

怎样捏形和做弯？

将碧桃、梅花、九重葛、广凌霄等上盆栽植以后，为了抑制它们的生长，从而长成小巧玲珑的株形，常将它们的主干在幼小时捏成“S”形弯。对主干做弯捏形时应在盆土内插设一根较粗的木棒，然后将枝条强扭呈弯，分段绑在木棒上。对它们的侧枝则应用绳拉法来做弯。做弯前应提前1周停止浇水，待枝条变软后再动手操作，这样便于弯曲。如果在做弯时将枝捏劈，可用塑料条带把折劈的部位缠绕起来，让它们慢慢愈合。

怎样修剪花木才能催花坐果？

栽培赏花或观果的花卉，除水肥管理外，还要用修剪的方法调节枝叶

生长与花果的关系，以促进开花结果。首先要考虑到花果数量与叶片的面积，保持适当的比例，以充分进行光合作用，制造足够的养分，满足开花结果的需要。特别是观果植物，更需注意留有足够的叶片。花木开花结果的时间不一，要掌握修剪的有利时机。一般早春开花的，花芽大多在头年生的枝条上形成，因此在入冬休眠期，不宜强修剪，如碧桃、梅花等，只能剪除无花芽的秋梢，但开花后，要做一次整形修剪。

当年生枝条上开花的花卉，如紫薇、月季、夹竹桃、一品红、金柑等，应在入冬休眠期进行强修剪，可促进第二年春季多发壮枝。有的花木不需要经常修剪，如杜鹃花、山茶花等，为了保持树形美观匀称，可酌量剪除一部分枝条的顶端。藤本花卉一般不需要修剪，只需把过老枝、密生枝、病虫枝等剪除，保持通风透光。

还有的花卉如绣球（八仙花），入冬需要将枝叶全部剪掉，使其茎基续发枝芽，促进孕育花芽，并能使植株整齐茁壮。朱顶红在秋后可将叶子全部剪掉，入室需放在向阳处，室温保持在20℃左右，春节前后即可开花，一般草花如石竹，6月开花以后，把地上部分剪掉，秋季还可再开一次花。

怎样进行“环割”促花？

“环割”促花的优点：不受下雨的影响，开花有保证；工作量不大，方法易行，又便于掌握；“环割”法促花的花蕾大，而且花量适中。以四季橘和白兰花为例，说明怎样进行“环割”法促花。

当四季橘在6月中旬前后，萌发出当年最后一次梢后的第25天，用小刀围绕主干割一圈，只切透皮层，勿伤木质部。环割后，浇水量以盆土稍微湿润，叶片不卷为度。大约15天后，叶色由青绿转黄。环割后25天左右，长出花芽，此时每盆施发酵饼肥25克，或施配有0.5%尿素的稀薄人粪尿1次，12天后可开花，花期中停肥，直到果实长到如蚕豆大时，才施含磷的稀薄液肥，每隔10天一次，到果熟前为止。

白兰花也可用“环割”促花。对开花少的白兰花，当刚抽完梢后，用刀距根颈8 ~ 15厘米处，环割一圈，不伤木质部为度。对枝叶繁茂不开花的白兰花，也可在距分叉点10厘米处对各个分枝进行环割，时间同上，均能促花。割后20天伤口愈合成疙瘩。切割应在上午9：00或下午4：00左右进行。第二次切割应在1个半月后进行。同时要根外追肥，用1% ~ 2%磷酸二氢钾液喷雾。

盆花出房前要做哪些工作？

盆花出房前，除整枝修剪、换盆以外，还要做好以下工作：做好阳台花架整修、加固，清洗花盆工作。未换盆的盆花，施一定腐熟的有机肥，以促进盆花生长健壮良好。要清除枝叶上、裂皮缝隙、花木根际附近的虫卵，并结合松土。早春气温忽高忽低，应尽量保持适当的室温。盆花在室内经过4个多月后，在中午可开窗通风，使盆花逐渐适应外界自然条件。在出房前几天，可将盆花端出室外几小时，然后再搬回，这样适应几天后，再完全放到室外培养，盆花就不会因突然改变气候环境而影响生长。

繁殖

什么是花卉繁殖？

花卉繁殖是指通过各种方式产生新的后代，繁衍其种族和扩大其群体的过程与方法。在长期的自然选择、进化与适应过程中，各种植物形成了自身特有的繁殖方式。

花卉繁殖包括哪些类型？

依繁殖体来源不同，花卉的繁殖分为有性繁殖和无性繁殖。花卉繁殖种子植物的有性繁殖是经过减数分裂形成的雌、雄配子结合后，产生的合子发育成的胚再生长发育成新个体的过程。有性繁殖的后代，细胞中含有来自双亲各一半的遗传信息，故常有基因的重组，产生不同程度的变异，表现较强的生命力。种子繁殖是有性繁殖，具有简便、快速、数量大的优点，也是新品种培育的常规手段。

无性繁殖又称营养繁殖，是以植物的营养器官进行的繁殖。无性繁殖的类型有扦插繁殖、嫁接繁殖、分生繁殖、组织培养繁殖、压条繁殖和孢子繁殖。其中，孢子繁殖就繁殖材料的性质而言属于无性繁殖，但从新个体的生长发育过程来看属于有性繁殖。

无性繁殖是由体细胞经有丝分裂的方式重复分裂，产生和母细胞有完全一致的遗传信息的细胞群发育而成新个体的过程，不经过减数分裂与受精作用，因而保持了亲本的全部特性。用无性繁殖产生的后代群体称为无性系或营养系，在花卉生产中有重要意义。许多花卉如菊花、大丽花、月季、唐菖蒲、郁金香等，栽培品种都是高度杂合体，只有用无性繁殖才能保持其品种特性。另一些花卉，如香石竹、重瓣矮牵牛及其他花卉的重瓣品种，不能产生种子，必须用无性繁殖延续后代。与有性繁殖相比，无性繁殖具有快速而经济、杂合体能保持原有性状等优势，但同时存在植物后代根系浅等问题。

新品种是怎样培育出来的？

一般新品种可通过以下两个途径进行培育：

（1）杂交。杂交育种时母本的性细胞必须具有较强的亲和力，因此只能在品种间进行杂交，种间杂交大都不能授粉受精，因而得不到杂交种子。杂交时应选择花型、花色、香味、抗寒、抗病能力等方面表现比较突出的品种做父本，对母本进行授粉，以获得既有母本性状又有父本性状的杂交种子。杂种第一代播种后长出来的花苗，父本的优良性状多未显性，因此杂种一代花苗的性状与原母本性状没有多大区别。但通过自交授粉产生第二代种子再进行播种，进而培育出第二代杂种花苗，父本的某些优良性状就表现出来了，如果我们还不满意，可以用杂种二代花苗和原来的父本进行回交，直到满意为止。再从中选择出最优良的个体通过扦插、嫁接等无性方法来大量繁殖，进行推广和出售。

（2）芽变。植物的某个顶芽或腋芽，在萌动时由于环境条件的突然变化，或者受到某些化学元素及放射物质的刺激，叶形、花型、花色等都会发生变异，这称为芽变，又可叫作枝变。我们选择那些具有优良性状的芽变类型，用它的枝条进行扦插或嫁接培育出新的花苗，开花以后如果能保持这些优良性状不变，就能获得一个新品种。

怎样进行杂交授粉？

在进行杂交授粉时，应按照以下步骤：

（1）去雄和套袋。在杂交授粉之前，为了防止母本自花授粉，首先要把雄蕊全部拔掉，最好是在花蕾全部展开前就把花瓣剥开，将雄蕊全部拔掉，也可将花瓣一起拔掉。去雄后应立即套上透明纸袋。

（2）花粉的采集和贮存。不同品种的父本和母本开花期有早有晚，可将父本的花粉事先采集下来进行贮存，待母本开花后再进行授粉。采粉时应用新毛笔收集花粉，或者连同花丝一起拔下来，收集到干净的玻璃器皿中，然后放入避光的冷藏箱或冷箱的下层，在保持5～10℃的低温和50%以下的相对湿度的环境中贮存。为防止花粉粒受潮，可用细纱布包上一包氯化钙或变色硅胶等干燥剂，放在装有花粉的器皿中，再放入冷藏箱，一般贮存1个月以上。

（3）人工授粉。当父本和母本均已成熟后，即可采集花粉进行授粉。如果雄蕊的花丝粗壮，花药较胖，可直接把它们拔下来，在雌蕊的柱头上轻轻涂抹。如果雄蕊的花丝细小而无法拔取，可用新毛笔把花粉掸到白纸或玻璃盘中，再用笔尖蘸上花粉涂点在雌蕊的柱头上。人工授粉在一日内应间隔进行2次，或者隔日重复授粉。每次授粉后仍用纸袋把花头套好，同时挂上写有父、母本品种名称和授粉日期的标牌。待结出幼果时，再把纸袋去掉。

怎样采收种子？

种子达到形态成熟时必须及时采收并进行处理，以防散落、霉烂或丧失发芽力。采收过早，种子的贮藏物质尚未充分积累，生理上也未成熟，干燥后皱缩成瘦小、空瘪、千粒重低、发芽差、活力低并难于干燥、不耐贮藏的低品质种子。理论上种子越成熟越好，故种子应在完全成熟、果实已开或自落时采收最适。生产上采收常应稍早，已完全成熟的种子易自然散落，且易受鸟虫取食，或因雨湿造成种子在植株上发芽及品质降低。

采收草花种子时，首先要掌握种子的成熟时期和成熟度。种子采收要及时，在同一株上要选开花早和成熟早的种子留种，如果发现花朵或颜色等有变异的，应单收、单种。

采收花籽方法因草花的种类不同而异，有的可将整个花朵摘下，风干后清出种子，如鸡冠花、一串红等；有的可将果实揉搓洗去果肉，晒干清出种子，如金银茄、冬珊瑚等。还有些种子成熟后，果皮容易崩裂散失，应在果实从绿变黄时就及时收下，如凤仙花、三色堇等。

怎样贮藏种子？

花卉种子与其他作物相比，有用量少、价格高、种类多的特点，宜选择较精细的贮藏方法。最常用的是将自然风干的种子装入纸袋或布袋中，挂室内通风环境中贮藏。这种贮藏方法简便易行，经济实用，在低温、低湿地区效果很好，特别适用于不需长期保存，几个月内即将播种的生产性种子及硬实种。

怎样处理种子？

播种前，要精选品种纯正、新鲜、成熟饱满、色正光润、无病虫害的种子。播种繁殖，绝大部分种子容易发芽，个别种壳坚硬或含蜡质的种子透水慢，在播种前应分别用浸种、剥壳、锉磨、沙藏等方法处理。

（1）温水浸种。将种子放盆中，用40 ～ 60℃的温水放在20℃以上的地方

浸泡24小时，然后将水滤去，用湿布蒙盖，待大部分种子萌芽时，即可播种。

（2）冷水浸种。与温水浸种方法相同，即用冷水浸泡种子。

（3）剥壳播种。美人蕉等花卉的种子壳厚又坚硬，不易透水，需要将种壳剥去再播种，注意不要碰伤芽胚。

（4）锉磨。荷花莲子种皮坚硬，含蜡质，不易透水，播种前可用木锉、粗石等，将发芽孔（即大头，原来连在莲房的一端）磨破后，浸泡在20 ～ 25℃水中才能发芽。

（5）沙藏。牡丹、鸢尾等的种子可放在0 ～ 5℃低温的湿沙中，层积贮藏2 ～ 3个月，经过休眠后熟，春季播种。

种子的寿命有多长？

在自然条件下，种子寿命的长短因植物种类而异，差别很大，短的只有几天，长的达百年以上。种子按寿命长短一般分为三类。

（1）短命种子。种子寿命在3年以内，常见于以下几类植物：种子在早春成熟的树木，原产于高温地区无休眠期的植物，子叶肥大的植物，多数水生植物等。

（2）中寿种子。种子寿命在3 ～ 15年，大多数花卉属于这一类。

（3）长寿种子。种子寿命在15年以上，这类种子以豆科植物最多，荷花、美人蕉属及锦葵科某些花卉种子寿命也很长。

播种草花常用哪几种方法？

类型	适用范围	操作方法
撒播	常用于较小的种子，如翠菊、荷兰菊、金鱼草等	播种前，先将土壤整细压平，浇透水，再将种子均匀撒在畦地或花盆中，覆盖细土以看不见种子为度。畦播的，春季最好盖上薄膜和苇帘；盆播的，盖上玻璃和报纸保温。特别细小的种子如大岩桐、蒲包花、四季秋海棠等，应将种子与3 ～ 4倍细沙混拌在一起，撒播在花盆内，不用再覆盖土
条播	多用于不宜移栽的直根性花卉，如虞美人、牵牛花等	将畦地或盆土开出浅沟，将种子播入沟中压平，其他管理与撒播相同
点播	大粒种子可一粒粒播种，如紫茉莉、旱金莲等	覆土厚度相当于种子直径的3倍左右。种子发芽后，应适当勒水蹲苗，过密的应及时间苗，保持通气透光。当长出2 ～ 3片真叶时分植，耐移植的可再移1 ～ 2次，如翠菊、凤仙花等，然后定植在花盆或花坛等地。有些草本花卉不宜移植，如虞美人、茑萝等

家庭养花怎样播种？

文竹、君子兰和一、二年生草花采用播种繁殖，以选用优良母株上的健壮新鲜种子。

对种皮较硬的种子，播种前要浸泡1 ～ 2天，再用0.1%升汞、0.3%硫酸铜、1%的福尔马林溶液浸泡5分钟进行消毒，清水洗净后才播。如荷花的种子壳硬，要将顶端磨破，出现种皮才能播。播种时间，春播长江中、下游地区以3月中旬为宜，秋播可在9月。家庭养花播种量少，可用播种盆播种。播种后覆盖细沙，用浸盆法浇水。保持盆内温度和湿度，保持15～25℃的室温。温度过高，苗易徒长，温度偏低，易烂种子。出苗后移至阳光充足处，视盆土干湿情况浇水，待苗长出2～4片真叶时进行移栽。

家庭养花什么时候播种？

播种期应根据各种花卉的生长发育特性、计划供花时间以及环境条件与控制程度而定。保护地栽培下，可按需要时期播种；露地自然条件下播种，则依种子发芽所需温度及自身适应环境的能力而定。适时播种能节约管理费用、出苗整齐，且能保证苗木质量。

类型	播种时期	类型	播种时期
一年生花卉	春季气温开始回升、平均气温已稳定在花卉种子发芽的最低温度以上时播种，若延迟到气温已接近发芽最适温度时播种则发芽较快而整齐。在生长期短的北方或需提早供花时，可在温室、温床或大棚内提前播种。宿根草本和水生花卉按一年生花卉对待	多年花卉	原产温带的落叶木本花卉，如牡丹属、苹果属、李属、蔷薇属等，种子有休眠特性，一些地区可以在秋末露地播种，在冬季低温、温润条件下起到层积作用，休眠被打破，翌春即可发芽。也可人工破除休眠后春季播种。原产热带或亚热带的许多花卉，在种子成熟及以后的高温高湿条件均适于种子发芽与幼苗生长，故种子多无休眠期，经干燥或贮藏会使发芽力丧失，这类种子采后应立即播种。朱顶红、马蹄莲、君子兰、山茶等的种子也宜即采即播，但在适宜条件下也可贮藏一定时期
二年生花卉	一般进行秋播，气温降至30℃以下时争取早播。在冬季寒冷地区，二年生花卉常需防寒越冬，或作一年生栽培		

怎样进行花坛直播？

一年生草花大多可以在花坛内直接播种。其中小粒种子都进行撒播，中粒种子可进行点播。播种前先施入基肥，然后翻耕一遍，把坛面耙平后灌足底水，待土表略干再浅翻一遍，随即下种。撒播前，首先应按照花坛的面积称出适当播种量，然后以纵横方向将种子均匀地撒在坛面，再用钉耙纵横各耙一遍，让种子落入土内，再根据表土的干湿情况轻轻镇压。对半支莲等圆形小粒种子可事先和10倍左右的细沙相混合，连同细沙一同撒播。蜀葵、波斯菊、鸡冠花等株丛较大的草花，株与株之间应保持一定的间距；呈片状、线状和条状的种子，应采取穴点播，穴距可根据株丛大小和花坛设计来灵活掌握。荷兰菊、蜀葵等宿根草花具有一定分蘖力，点播时的穴位也应适当加大，每穴应种下3～5粒，穴深为种子厚度的3～5倍，播后用花铲拍打镇压。旱金莲、棕榈、龟背竹等都属于大粒种子，盆播时可按2～2.5厘米的间距将种子按入湿润的盆土中，再撒上0.8～1厘米厚的一层细沙覆盖。文竹、天门冬、棕竹等常绿草本和灌木花卉都是中粒种子，它们丛生性强，可按3厘米的间距下种，每个穴位最好下种3粒，然后覆沙0.5～0.6厘米。将来起苗时将一丛的幼苗成墩移入小花盆内，这样成形快。旱伞草是小粒种子，它们出苗快，移栽极易成活，下种时可直接用手撒播。起苗时可将盆土整块挖出，然后分掰栽入小盆，成活率很高。瓜叶菊、蒲包花、四季报春和秋海棠等花卉的微粒种子。播种前，先用厚道林纸叠一个长三角形的小纸盘，将种子放在纸盘内，右手执盘轻轻抖动，让种子从底盘的锐角一端均匀落在盆土表面。在每个“苗浅”盆内下种0.1～0.2克即可。花苗出齐后，随着幼苗的生长应间苗2次，使间距保持在1.5厘米左右。待苗高2厘米左右时，应向小型花盆内移栽，每盆一株，随着花苗的生长，再逐渐换入大盆。

花卉在春季可进行哪些繁殖工作？

3～4月，在花木新芽萌发前，树液未流动，正是繁殖的适宜季节，而且繁殖成活率高。如文竹、棕竹、南天竺、茉莉、兰花，可趁春季换盆时进行分株繁殖。吊兰、荷花、竹类等可将匍匐枝上的新芽切下繁殖。美人蕉、大理花、鸢尾等可分割带有芽的块根、块茎繁殖。百合、唐菖蒲、水仙等可取其鳞茎、球茎所滋生的小球繁殖。桂花、月季、丁香等可取其枝条进行嫁接繁殖。石榴、紫薇、金银花、月季等可剪其枝条。菊花、四季秋海棠、虎耳草等可剪其叶片进行扦插繁殖。但扦插要在4月底土温较高时才易生根。观赏辣椒、一串红、半支莲、翠菊等一年生草花，可用播种繁殖。

为什么有些花卉需要无性繁殖？

无性繁殖是用母体植株上的枝条、芽、叶片、根蘖、块茎、鳞茎等，通过扦插、嫁接、压条、分株等方法进行繁殖，培育出新的植株。有很多花卉因为子房退化不能结实，如一品红、扶桑等。一些原产热带和亚热带地区的花卉，在北方也很难开花结果，如

龟背竹、米兰、茉莉等。这些花卉就需要进行无性繁殖。许多花卉是通过杂交育种选出的优良品种，这些品种的优良性状，通常只有采用无性繁殖的方法才能保持下来。用无性繁殖方法，可以增强抗逆性，提高观赏价值，像许多品种的仙人球，自身根系比较弱，嫁接在生长势比较强的三棱箭上，其生长繁殖都比较迅速。有些花卉采用无性繁殖可提早开花，如芍药、君子兰、桂花等。

怎样进行花卉扦插繁殖？

扦插繁殖就是运用植物根、茎、叶、芽的再生能力，使它在适当的条件下，生根、发芽形成新的植株。主要有茎插、叶插、叶芽插、根插。茎插包括硬枝扦插和软枝扦插。

类型	适用范围	操作方法
硬枝扦插	石榴、木槿、芙蓉等落叶花木	在早春树液流动前进行。选一、二年生健壮充实枝条，选取中段，剪成10～15厘米长的枝条为插穗，需带2～3芽，插穗顶芽要饱满完好。上端在芽上0.5～1厘米处，剪成平口，下端扦插基质中，深度为插穗的2/5～1/2
软枝扦插	如倒挂金钟、一串红、茉莉、杜鹃、桂花等	在5月下旬至9月进行。选取当年生半木质化带叶的枝条为插穗。插穗长6～10厘米，留2～3芽，剪法如同硬枝插，并剪去上下部适量叶片，以减少蒸发，做到随剪随插。在剪取时，切口液汁大量流出的插穗，一定要待切口干燥后才插，否则插后切口易腐烂难成活
叶插	四季秋海棠、菊花、石莲花、虎尾兰等	剪取叶片时，有叶柄的，保留叶柄3厘米左右，并剪去部分薄嫩叶缘，将叶柄插入基质中；没有叶柄的，可在叶脉交叉处用刀切割，将叶片平铺在基质上，使与基质紧密接触，或用竹签将叶脉固定在基质中，可在叶脉处发根，生长成新植株。虎尾兰为肉质剑形叶，可横切成5厘米左右的叶段为插穗，直插于沙中，插时上下不要颠倒，可在基部发生新根，形成新植株
叶芽插	橡皮树、八仙花、茉莉花、扶桑等	选用基部带有一个腋芽的叶片扦插
根插	贴梗海棠、芍药、凌霄、猕猴桃、蜡梅、宿根福禄考、荷苞牡丹等根上能生长不定芽的花卉	可用根当插穗进行繁殖。在花木换盆时，剪取5～10厘米的根段，直插或斜插于土中，上下不可颠倒，上端与土面平，待长出新芽后，再适当培土

软枝插

叶插

硬枝插

根插

叶芽插

绣球扦插

影响插条生根的因素有哪些？

影响因素	内容
内在因素	植物种类：如仙人掌科、景天科、杨柳科的植物普遍易扦插生根；木犀科的大多数易扦插生根，但流苏扦插则难生根
	母体状况与采条部位营养状况：营养良好、生长正常的母株，体内含有各种丰富的促进生根物质，是插条生根的重要物质基础。不同营养器官的生根、出芽能力不同
外在因素	水分：基质含水量是插条成活的重要因素，可选择保水性好的成分并配合适当的浇水等管理。较高的空气湿度同样重要，尤其是带叶的插条，短时间的萎蔫就会延迟生根，干燥使叶片凋枯或脱落，使生根失败
	温度：一般花卉插条生根的适宜温度，气温白天为18 ～ 27℃，夜间为15℃左右，土温应比气温高3℃左右
	光照：木槿属、锦带属、荚蒾属、连翘属等，在较低光照下生根较好，但许多草本花卉，如菊花、天竺葵及一品红，适当的强光照生根较好

怎样提高扦插存活率？

扦插保持了木本的优良特性，且繁殖速度快。但在实际中扦插成活率并不高。为了提高扦插成活率，必须注意以下几个重要环节。

（1）枝条的选择。选择当年生或一年生、生长充实、营养丰富的枝条，并适当带少量叶子。

（2）温度。生根和发芽的温度基本一致，最适温度一般在20 ～ 30℃，可用保护地育苗，打破季节限制。

(3) 湿度。保持土壤湿润和80% ~ 90%的空气相对湿度，对扦插成活极为重要。枝条扦插后，先发芽，后长根。因此，在土壤中必须有充足的水分，以便通过伤口及愈伤组织吸收，但土壤不能积水。为了保持土壤和空气的湿度，常采用地膜覆盖，同时采用喷雾法。

(4) 氧气。生根过程是呼吸作用旺盛的过程，氧气是重要条件之一。一般休眠扦插用沙壤土为好，作业方式以垄插为好，水可浇在高垄之间，渗透到插条周围，而不直接往插条上浇水；带叶扦插，以沙为基质，保证通气条件，有利于生根成活。

(5) 激素处理。有些激素促进生根，如吲哚乙酸（IAA）、吲哚丁酸（IBA）和萘乙酸（NAA），生产上常用人工合成的IBA和NAA，一般用低浓度10 ~ 100毫克/千克浸泡2 ~ 12小时，用高浓度500 ~ 1 000毫克/千克速蘸。

(6) 光照。根的形成和生长不需要光照，地上部分仍需要光照，只要保证叶子不萎蔫，充足的光照是有利的。

(7) 枝条的剪取。枝条留3芽，上端离芽0.3 ~ 0.5厘米，斜面角为45°；下端紧靠芽，斜面为45°。下端离芽不能太远，有利于迅速生根。

冬季室内怎样扦插繁殖？

在冬季室内向阳的地方，可以用木箱扦插繁殖花卉。用木板做成扦插箱，箱里装洗净的粗沙或蛭石，浇透水，土温保持在25 ~ 35℃。如海棠、倒挂金钟、菊花、大丽花、天竺葵、橡皮树嫩枝和月季嫩芽等，可用软条扦插。扦插后，每天喷水4 ~ 5次。倒挂金钟、菊花、大丽花一般6 ~ 7天可生根上盆；天竺葵10天左右；橡皮树20天左右。过一段时间可检查插穗生根情况，一面向扦插苗浇水，同时轻轻提起扦插苗，即可把根系完好地拔起。如插穗还没生根，可再用沙埋好继续培养。

沙子最好一年一换，木箱每年要进行一次消毒。遇到小苗腐烂时，把沙子用清水洗净后还可再用。土温最好保持在25 ~ 36℃，低于12℃时，扦插苗容易腐烂。

蛭石、珍珠岩扦插花木有什么好处？

蛭石、珍珠岩原是一种轻质保温建筑材料，具有排水、保温、保湿、孔隙多、通气良好的性能，正是扦插苗木发根所需要的条件。实践证明，利用这些材料扦插花木发根快，上盆时不容易伤根，成活率高。但需要掌握适当水分，在扦插花成活后应及时上盆，减少死亡。

蛭石

珍珠岩

家庭养花少量扦插的简单方法是什么？

家庭少量扦插，可用盆插，但浇水和喷雾要增加不少麻烦。现介绍一种方便易行，不需经常浇水和喷雾的扦插方法。用一个大于24厘米以上口径的大瓦盆，先垫入8厘米厚的小石，再填一层粗沙为沥水层，在盆中央放入一个口径9厘米左右的小瓦盆，小瓦盆底部排水孔，事先用软木塞塞住，在小瓦盆外、大瓦盆内，填入细沙、蛭石或砻糠灰等扦插基质，在基质中进行扦插，再将小瓦盆内注满水，并在大瓦盆上套个塑料薄膜袋，袋上两角可剪几个小孔通气。小瓦盆中的水分，不断地通过盆壁向四周的基质渗透，能长期地保持扦插基质的湿润。又因大瓦盆口套上了塑料薄膜袋，也保持了足够的空气湿度。这样就省去了要每天揭袋、浇水、套袋保潮的麻烦工作，同样给插条创造了易于生根的环境条件。

什么季节进行扦插和分株繁殖最好？

植物繁殖最讲究季节。使用扦插和分株繁殖的，以春季最为合适。因为，春季是植物发育最旺盛的季节，而且，是汁液分泌最多的时期，尤其是生长素的分泌，因此，扦插后由于细胞分裂迅速，很快就能生根。没有明显的主茎，自株基部丛生的观叶植物，最适宜分株繁殖。分株可结合春季的换盆、换土时进行。

蟆叶秋海棠适宜采用哪种扦插方法繁殖？

蟆叶秋海棠是常绿草本观叶花卉，叶片巨大，观赏价值很高，可通过叶插来进行繁殖。

扦插时应选充分长成的老熟叶片，先用刮脸刀在叶背粗壮主脉上刻伤，刻伤间距2厘米左右，深达主脉直径的1/2。再把叶片反转过来，叶面朝上，平置在湿润的沙面上，将叶柄栽入沙内。让叶背主脉的刻伤部位与沙面紧密结合，可用一些碎玻璃块把叶片压住。然后放在室内，让它们见些散射光，并在扦插容器的上面盖上玻璃保湿，但不要全部压严，四周留出缝隙来通气。大量扦插时，为了在一个沙箱内多插一些叶片，事先应将叶

片的边缘剪掉一些，把它们剪成长方形，这样可减少叶片之间的间隙，从而提高单位面积内的产苗量。

哪些观叶植物能用叶插繁殖？

叶插是一种独特的繁殖方法，旱伞草、虎耳草、三色虎耳草、紫蓝大岩桐、豆瓣绿类（西瓜皮、豆瓣绿、三色豆瓣绿、亮叶豆瓣绿等）、观叶海棠类

虎耳草

（铁十字秋海棠、蟆叶秋海棠等）、非洲紫罗兰、芦荟、多肉植物、金边虎尾兰等都能进行叶插繁殖。具体插法：找一片茁壮的叶子，剪时留下2厘米的叶柄，去1/3的叶子。把叶柄斜插入基质，叶子尽量贴近土表，最后喷上清水。基质可用素沙土、蛭石、珍珠岩等。应放于阴凉处1 ～ 2周，等根长出后方能移到较亮的地方。最快2 ～ 3周，最迟6周，就会从叶柄上冒出小芽和须根。叶插一般在春季进行。扦插基质不能过湿，否则会烂叶，不易成活。

什么是根插繁殖？

芍药、牡丹、贴梗海棠、紫藤、宿根福禄考等都可以用根插法进行繁殖，它们都具有比较粗壮的肉质根，根皮柔软，根内含有充足的营养和水分，容易萌发出蘖苗。

根插繁殖可结合春、秋两季起苗、分株或移栽时一同进行。把母株上剪下来的或挖苗时切断的粗壮根系，截成10厘米左右小段，然后与土面呈15°斜埋入素沙土中，注意不要埋颠倒，插条先端入土深度为2 ～ 3厘米，不要过深，否则幼芽不易出土。沙床应始终保持湿润，经常洒水，并让床面充足见光来提高土温，以便提早生根萌芽而抽生根蘖。

在大量繁殖宿根福禄考时，可把多年生母株的宿根挖掘出来，将它们剪成细碎的小段，然后平撒在沙床上，上面覆一层细沙，厚1.5厘米左右，保持沙面湿润，即可萌发出大量苗株。

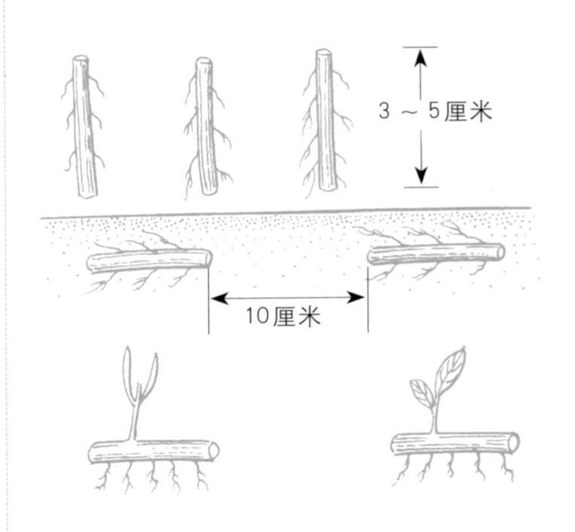

什么是压条繁殖？

将母株下部的枝条按倒后埋入土内，促使其节部或节间的不定芽萌发而长出新根，再把它们剪离母体单另

栽种，从而形成一棵新的植株，这种繁殖方法叫作压条繁殖。

压条繁殖多用于丛生性强的花灌木或枝条柔软的藤本植物。对一些发根困难的乔、灌木，也可以通过高枝压条的办法进行繁殖。

压条繁殖的优点是容易成活、成苗快、操作方法简便。缺点是苗木的机体得不到彻底更新，长势不旺，产苗量较少，在大量生产苗木时不宜采用。

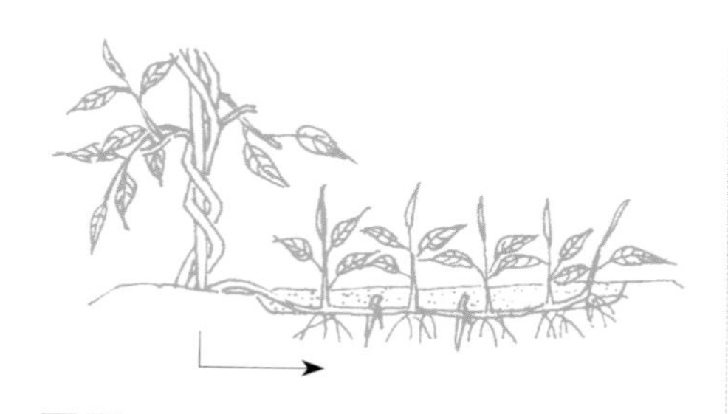

怎样通过压条法来繁殖花木？

桃花、樱花、梅花、海棠花、玉兰、紫荆、垂丝海棠等小乔木，在少量繁殖时，可以用主干上萌发出来的徒长枝进行压条。压条前要压埋部分进行较重的刻伤，有条件时最好在刻伤处涂抹2 000微克/克的萘乙酸，然后把刻伤部位埋入土中，用重物把它压住，同时插设一根竹竿来扶持，让枝梢直立向上生长。春季的压条苗应在落叶前1个月将它们剪离母体，入冬前将苗木挖掘出来，南方可直接栽在苗圃地上继续培养大苗；北方则应挖沟假植，同时埋土防寒，来年春季再进行定植。

金银花、紫藤、凌霄、络石、葡萄、爬山虎、木香等藤本花木，繁殖时可枝条窝成波浪状，1节埋入土内，1节露出土面，同时用倒钩形树杈或“∩”形铅丝插入土中，埋枝深度不要超过3厘米，20天左右就能生根，腋芽随后萌芽出土，然后长出新的枝蔓。

丁香、榆叶梅、贴梗海棠等花木的枝条比较粗壮，在大量繁殖时，可选多年生的丛生老株做母本，先在每根枝条的基部制造较大的伤口，然后拥起土堆把整个株丛的基部埋住，保持土堆湿润。经过一段时间，伤口部位可萌发出大量新根，秋末或来年早春把土堆扒开，从新根的下面把它们逐渐剪断，然后分苗定植。

什么是高枝压条法？

高枝压条法是先将枝条作环状剥皮，然后用湿润的水苔或棉花包裹，再用塑料膜或线绳捆好固定。如果枝条柔软，可以利用剥皮处长根时，剪下另行栽植。在每年的4 ～ 8月进行压条繁殖最合适。高压取枝部分最好是一年生嫩枝。

橡皮树、龟背竹、千年木、袖珍椰子等许多热带花木，都可采用高枝压条法繁殖。

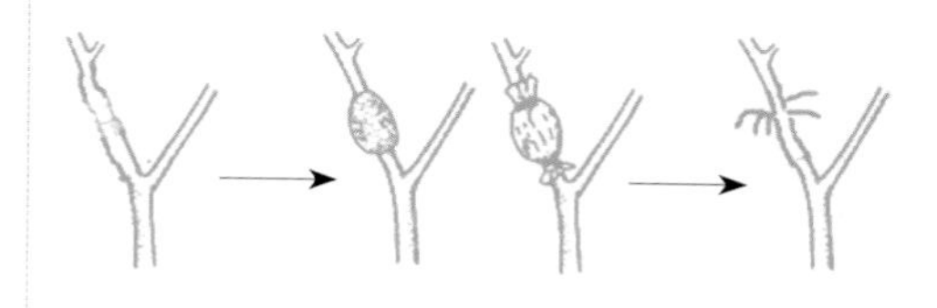

哪些花木需用高枝压条法繁殖？

白兰、米兰、山茶、桂花、含笑等花木发根都比较困难，在我国江南地区多采用高枝压条法来繁殖它们。在树冠上选1～2年生充实饱满的枝条，在其中部一个节位的下面刻伤，剥去0.3厘米宽的一圈皮层，然后用胶泥包好，上下均用塑料绳绑死。如果包球部位处于直射阳光下，为了防止因阳光暴晒使薄膜内的土温过高，也可用劈开的竹筒套住泥球，用泥炭把竹筒填满。泥球应始终保持湿润，变干时及时进行浇水。经过夏秋两季的培养，大部分泥球内都能发生新根。

花木嫁接有什么好处？

将一种植物的枝条或芽（通称接穗）等营养器官，通过手术接到另一株（通称砧木）植物上，这种操作方法就叫作植物嫁接。很多种花果木如蜡梅、四季橘、碧桃、梅花、桂花、苹果、梨等大多是用嫁接方法培育的，嫁接繁殖有什么好处呢？嫁接能保存住花卉或果树优良品种的经济性状；砧木生长适应性强，接后能使优良花木提前开花结果，并增强抗涝、抗寒等能力；选择矮化砧木可使盆栽苹果、梨、樱桃等果树矮化，结果早，果实大，品质好；用嫁接法可以植皮修补病虫害或机械损伤的珍贵苗木。

常见的嫁接方法有哪些？

嫁接方式与方法多种多样，因植物种类、砧穗状况等不同而异。依砧木和接穗的来源性质不同可分为枝接、芽接、根接、靠接和插条接等多种。依嫁接口的部位不同又可分为根颈接、高接和桥接等。

枝接是用一段完整的枝作为接穗嫁接于带有根的砧木茎上。常用的方法有：切接、劈接、舌接、楔接和锯缝接、腹接。

芽接包括盾形芽接、贴皮芽接。芽接与枝接的区别是接穗为带一芽的茎片，或仅为一片不带木质部的树皮，或带有部分木质部。常用于较细的砧木，具有以下优点：接穗用量省，操作快速简便，嫁接适期长，可补接，接合口牢固，应用广泛，如柑橘属、月季均常用。

切接该怎样操作？

切接：用直径1～2厘米的砧木，于近地面5～6厘米处将砧木上部剪去，选择较平滑的一面，在木质部下韧皮部之间用刀垂直切下，长3厘米，接穗下端一侧削成2～3厘米的斜平面，在另一侧下端0.1～1厘米处也斜削一刀，然后将长削面向着砧木插入接口中，必须使形成层互相对准，用塑料绑紧，接穗留2～3个芽剪断，用土封上。

劈接该怎样操作？

适用于较粗砧木嫁接，在靠近地面7～8厘米处将砧木剪去，如欲矮接也可以将地面上挖至根颈处，也可在砧木1～2厘米高处剪砧，然后用利刀劈一切口，为防止劈得过大，劈前在切面下6厘米处，用绳缠住，接穗用7～10厘米长的枝条，下部削成楔形，楔形斜面长2～3厘米。削好后用刀轻轻撬开劈好砧木切口，插入接穗，使接穗的形成层与砧木的形成层相互对准（只对一边），也可在切口两侧各插一接穗，绑紧塑料条，然后封土。

舌接该怎样操作？

舌接适用于砧、穗都较细且等粗的情况，根接时也常用。可将砧、穗两者均削成相同的约为26°的斜面，吻合后再封扎，或再将切面纵切为两半，砧穗互相嵌合后再封扎。

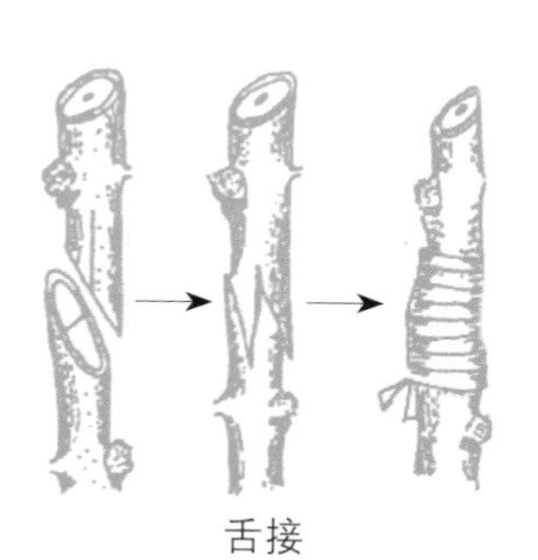

舌接

平接该怎样操作？

平接最常用的是仙人球类，嫁接时将砧木与接穗均削成光滑平面，使髓心相对，肉质贴紧，用线绑好，就会连接愈合在一起而生长。

靠接该怎样操作？

在切接、劈接成活比较难的情况下，用靠接法育苗，如白玉兰、桂花、山茶花等，靠接时接穗和砧木均不剪头，将砧木和接穗两者靠近，然后选树枝粗细相差不多的两个枝条，将砧木和接穗分割，斜削3～5厘米长的平面，露出形成层和木质部，两者对准用塑料条绑紧，外侧用纸裹或涂泥。

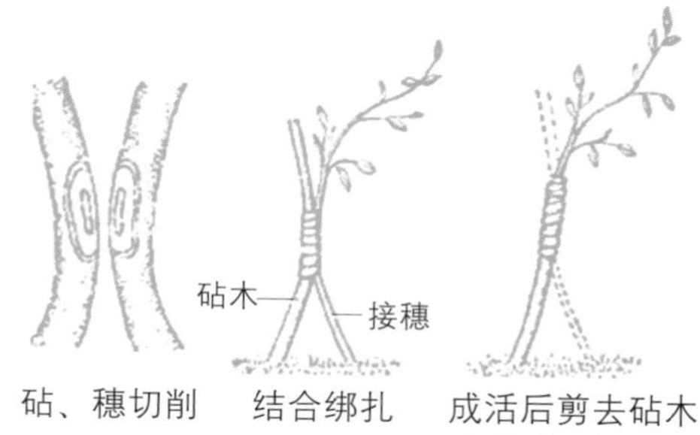

砧、穗切削　　结合绑扎　　成活后剪去砧木和接穗（虚线）

芽接该怎样操作？

芽接是在接穗枝上剥取一个未萌芽，嫁接在砧木上。砧木用1～2年生的植株，嫁接一般是在8月中旬以后，取芽片不带木质或削取带部分木质的芽接到砧木上。嫁接时，将砧木距地3～4厘米处表皮切成T形或I形。T形横竖各切长1.5厘米，深及形成层，再用芽接刀剥开切口，将接芽嵌入，用塑料条绑牢，10天左右，用手轻轻碰叶柄，如果一触即落，证明嫁接芽已经成活；如果碰不落，芽已干枯，应抓紧时间补接。

腹接该怎样操作？

腹接特点是砧木不去掉，接穗插入砧木的侧面，成活后再剪砧去顶。腹接的最大优点是一次失败后还可及时补接。常用于较细的砧木上，如柑橘属、金柑属、李属、松属均常用。腹接的切口与切接相似，但接穗常为单芽。

削接穗　切接口　插接穗　绑扎

花木嫁接繁殖成活的关键是什么？

花木嫁接繁殖是把优良品种的芽或枝条（通称接穗），接于亲缘关系较近的一株根系发达、生长健壮的1～2年实生苗（通称砧木）上，使之成为一株新的优良植株。它能保持接穗优良性状，提早开花和结实的年限。一般常用切接和芽接两种方法。

切接在春季3～4月进行。成活的关键在砧木与接穗的切口要光滑，插入时形成层（皮与木质部之间）要紧密对准。必须要有一侧的形成层对准，否则就不可能成活。

芽接在6～9月生长期中进行。成活的关键在砧木上方与接芽的横切口要平整光滑，同时要对准，使形成层紧密靠拢。

嫁接后可以用塑料薄膜捆紧，当接穗上的芽已经萌动时，表示已经成活，可以及时松绑。

什么是分生繁殖？

分生繁殖是植物营养繁殖方式之一，是利用植株基部或根上产生萌枝的特性，人为地将植株营养器官的一部分与母株分离或切割，另行栽植和培养而形成独立生活的新植株的繁殖方法。新植株能保持母本的遗传性状，方法简便，易于成活，成苗较快。常应用于多年生草本花卉及某些木本花卉。依植株营养体的变异类型和来源不同分为分株繁殖和分球繁殖。

分株繁殖是将植物带根的株丛分割成多株的繁殖方法。操作方法简便可靠，新个体成活率高，适于易从基部产生丛生枝的花卉植物。常见的多年生宿根花卉如兰花、芍药、菊花、萱草属、玉簪属、蜘蛛抱蛋属等及木本花卉如牡丹、木瓜、蜡梅、紫荆和棕竹等均可采用分株繁殖。

分球繁殖是指利用具有贮藏作用的地下变态器官（或特化器官）进行繁殖的一种方法。地下变态器官种类很多，依变异来源和形状不同，分为鳞茎、球茎、块茎、块根和根茎等。

什么是水插繁殖？

用清水代替土壤的扦插繁殖。保持了室内清洁卫生，不仅繁殖方法简便，而且可以在清澈透明的水中观察到生根情况。

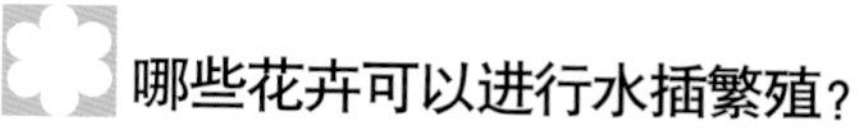

哪些花卉可以进行水插繁殖？

适合水插繁殖的花卉有玻璃翠、豆瓣绿、皱纹椒草、西瓜皮椒草、冷水花、四季秋海棠、蟆叶秋海棠、铁十字秋海棠、铁线蕨、一串红、彩叶草、旱伞草、吊竹梅、虎耳草、虎尾兰、广东万年青、万年青、万寿菊、金鱼草、大岩桐、合果芋、八仙花、大丽花、白鹤芋、夹竹桃、印度橡皮树、月季、变叶木、栀子花、巴西铁树、海桐、瑞香、夜丁香、黄杨、绿萝、石榴、迎春、富贵竹、无花果、倒挂金钟等。

怎样进行水插繁殖？

（1）水插时间。水插适温以20 ~ 25℃最佳。因为温度低，伤口不宜愈合；温度过高，加上换水不勤，水易变质，易造成插条切口腐烂。冷水花、栀子花等宜在5 ~ 6月水插繁殖，这期间较易生根。印度橡皮树、夜丁香等热带花木，可在夏季高温期水插，以利快速生根成活。

（2）水插用水。一般家庭可将自来水放桶内贮存1 ~ 2天，让氯气挥发掉之后即可使用。

（3）插穗的选择与加工。一般花卉宜选用嫩枝或半木质化枝条，按所需长度用锋利洁净小刀从茎节以下约1厘米处截下，去掉插入水中的部分叶片，插入深度一般为插穗的1/4 ~ 1/3。扦插时要将耐阴和喜光的种类插入不同的瓶中，以便插后管理。

水插后如何养护？

将插穗插入盛有清水的瓶中之后，耐阴的种类放在有散射光处，喜光的种类放置在斜射阳光处。一般每3 ～ 5天换一次水，夏天可每隔1 ～ 2天换一次水，并投入几块小木炭防腐。待根长到1 ～ 2厘米长时要及时上盆。

无土栽培

什么是无土栽培？

除土壤之外还有许多物质可以作为花卉根部生长的基质。凡是利用其他物质代替土壤为根系提供环境来栽培花卉的方法，就是花卉的无土栽培。

无土栽培有什么优点？

（1）可以使花卉得到足够的水分、无机营养和空气，而且这些条件更便于人工调控，有利于栽培技术的现代化。

（2）扩大了花卉的种植范围。在沙漠、盐碱地、海岛、荒山、砾石地或荒漠都可进行，规模可大可小。

（3）能加速花卉生长，提高花卉产品产量和品质。如无土栽培的香石竹香味浓、花朵大、花期长、产量高，盛花期比土壤栽培的提早2个月。又如仙客来，在水培中生长的花丛直径可达50厘米，高度达40厘米，一株仙客来平均可开20朵花，一年可达130朵花，同时还易度过夏季高温。

（4）无土栽培节省肥水。土壤栽培由于水分流失严重，其水分消耗量比无土栽培高7倍左右。无土栽培施肥的种类和数量都是根据花卉生长的需要来确定的，且其营养成分直接供给花卉根部，完全避免了土壤的吸收、固定和地下渗透，可节省一半左右的肥料用量。

（5）无土栽培无杂草，无病虫，清洁卫生。

（6）无土栽培可节省劳动力，减轻劳动强度。

无土栽培有什么缺点？

无土栽培对环境条件和营养液的配制都有严格的要求，因此对栽培和管理人员要求也高。若是工厂化栽培，无土栽培一次性投资较大，需要许多设备，如水培槽、培养液池、循环系统等。

风险性更大，一旦一个环节出问题，可能导致整个栽培系统瘫痪。

无土栽培常用基质有哪些？

栽培基质主要是起固定植株、保持水分、贮存养料、增加空气含量的作用。无土栽培观叶植物常见的基质有：珍珠岩、蛭石、陶粒、泥炭、锯末、聚苯乙烯泡沫、浮石、玻璃纤维、岩棉、棉粒皮、甘蔗渣等。最常用的要算陶粒，它有一定的比重，固定植株的作用较好。蛭石属于云母类矿物，具有较好的保水性和缓冲性，并含有少量花卉所需的矿物质。岩棉是国外新兴起的一种无土基质，具有比重小、干净美观的优点，也常用在屋顶花园的设计中。

锯末培养基：用70%的锯末和30%的家禽粪，或破碎的饼肥，混合均匀堆积，加些人粪尿，经充分发酵后，即可用来培养花木。

蛭石培养基：蛭石是一种质地轻松的矿物质，工业上用做保温材料。用蛭石与发酵后的马粪按4 ∶ 1的比例混合和拌匀，即可用作培养基栽培花木。

无土栽培有什么优点？

无土栽培培养的植物重量轻，体积大，搬动省力、方便，减轻劳动强度。无土栽培采用的器皿颜色鲜艳、样式美观，摆设效果好。无土栽培基质通气性能良好，营养充足，植物生长快、品质好。无土栽培比有土栽培节省肥水。有土栽培养分易流失。无土栽培是封闭式栽培，养料几乎没有损失。无土栽培无杂草，病虫害少，清洁卫生，没有有机肥发酵后那种难闻的气味，从而可以减少室内污染。

不用土壤在室内栽培的花卉有哪些？

广东万年青可不用土壤在室内栽培。因为广东万年青喜温暖、庇荫环境，极耐水湿，能长期在水中培植，可不需土壤，同样能生长发育。这种不用土壤而用水培养花卉的方法称为水培。马蹄莲、龟背竹、彩叶芋、水竹等喜湿花卉均可行水培。在生长旺季，用硫酸铵、磷酸二氢钾各1克，溶于2 ～ 3千克水中制成的营养液代替清水浸泡，加入0.5克硼酸，可促进花芽分化和孕蕾。冬季和盛夏不必使用营养液。为了保证根系正常呼吸，夏季应2天换水1次，春、秋季可3天换水1次，冬季可4 ～ 5天换水1次。使用营养液时，不要因蒸发而添加营养液，否则溶液会越来越浓，而将植株“烧死”，只可添加清水。广东万年青的茎叶汁有毒，在剪切分株时，切勿使汁液溅入口眼之中。

哪些花肥可用于观叶植物的无土栽培？

观叶植物的花肥有营养剂与营养液，如专门为兰花、君子兰等观赏花卉配制的兰花肥和君子兰营养剂。花卉爱好者也可以根据基本配方自行配制营养液。营养液分为大量元素和微量元素两部分。这里选用一种元素比较全面的配方举例说明。大量元素包括：硝酸钾0.7克/升，硝酸钙0.7克/升，过磷酸钙0.8克/升，硫酸镁0.28克/升，硫酸铁0.12克/升。微量元素包括：硼酸0.000 6克/升，钼酸铵0.000 6克/升，硫酸锌0.000 6克/升，硫酸锰0.000 6克/升，硫酸铜0.000 6克/升。对于各种不同的植物，应灵活掌握元素的种类，按比例把以上物质称好后，加入1升水即配成营养液。

观叶植物能在水中生长吗？

有些观叶植物也可像水生植物那样完全淹没在水中生长，例如广东万年青、合果芋、白鹤芋、豆瓣绿类、巴西木等在水中都能生长良好，把它们栽植在透明的玻璃器中，具有意外的观赏效果。栽植时选用高于植株的玻璃容器，在底部铺好干净的沙土或石子、陶粒等，然后栽入植株。栽前去烂根、烂叶，用清水冲洗。栽后把清水注入容器，注意要全部淹没植株。

种植后要经常换水，直到植株长出新叶为止，这表明植株已经完全适应水中的生活了。白天应置于半阴处，要想增加光照，每晚可在日光灯下照射1～2小时。

哪些观叶植物适宜无土栽培？

多数木本观叶植物更适于无土栽培。如蕨类植物（如肾蕨、波士顿蕨、鸟巢蕨等）、喜林芋类植物（如心叶喜林芋、琴叶喜林芋、杏叶喜林芋、红帝王喜林芋、绿帝王喜林芋、青苹果喜林芋等）、凤梨类植物、龙血树类植物（如巴西铁、宝贵竹）、竹芋类植物、花叶万年青、龟背竹、黄金葛、袖珍椰子、伞树、常春藤、橡皮树、白掌、合果芋、椒草等。

哪些观叶植物不能用无土栽培？

无土栽培法并不适用于所有观叶植物。一些需要光照充足或需要直射阳光的观叶植物，如彩叶草、花叶扶桑等，都不能进行无土栽培。因为在强光照射下，盆内的水分蒸发很快，就会产生烧根和失水现象。另外，多肉植物的叶子本身有贮水功能，能耐干旱，也不需要无土栽培，但为了美观也可进行水培造景。

怎样将观叶植物从有土栽培转入无土栽培？

观叶植物从有土栽培转入无土栽培的关键是根颈交界点入盆的位置，对成活及今后生长有直接影响。先要脱盆。小苗应注意勿伤根部，大苗则要注意不能折断叶子。脱盆后需进行修剪。小苗只剪去烂根、烂叶。大中苗在春季转栽时要狠剪，在秋季转栽，则要轻剪。转栽时要注意消毒与清洗。要把根系与叶子上附着的泥土冲洗干净，然后用福尔马林或高锰酸钾稀释液对根系和栽培基质进行消毒。植株定位是关键。注意根颈交界点在盆中的位置，应刚好与基质表面在同一平面上。但有些种类如忌湿的肉质茎植物鸭脚木等，应处于上位：反之要低于基质表面。填入基质时要注意旧基质尽可能密实，分层加入不同直径的基质，直至填满为止。

瓶插水养应注意哪些问题？

瓶插水养也属于无土栽培的一种方式。观叶植物中，能作水养的植物很多，像万年青、千年木、观叶秋海棠、冷水花、海桐、吊竹梅、玻璃翠等。瓶插水养应注意以下几点：

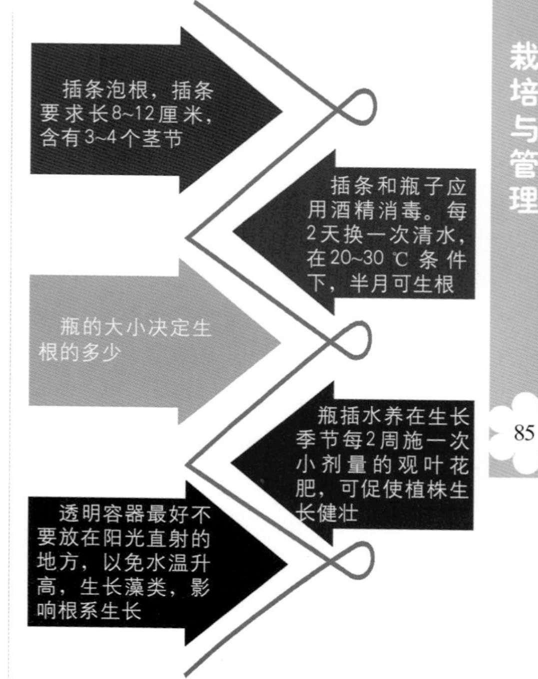

怎样水培垂吊观叶植物？

有些垂吊生长的观叶植物，如常春藤、鸭跖草、绿萝等，不需要用基质固定植株，直接用营养液水培，生长反而更好些，但并不是所有垂吊观叶植物都能用水培法。有三点值得注意：

3 容器中的水量应尽可能保持一致，且要保持有约3厘米的根部露在水面上部空间

2 营养液必须清洁，装溶液的容器应在水中煮沸杀菌后保存，每月还要彻底更换一次栽培容器中的营养液

1 最好不要采用透光容器

怎样用矿泉水瓶进行扦插？

喝矿泉水的时候，瓶里留下水1厘米左右，撕掉瓶身上的广告纸。剪取5～8厘米的枝条，叶子不要剪，全部保留。把枝条放进矿泉水瓶里，让矿泉水没过枝条末端，水越浅越好。将矿泉水瓶放在南阳台散光通风的地方养护，尽可能让叶子朝着有光照方向，瓶口不要盖盖。过几天，就会出现愈合组织，几周后生根。注意不要接受太强烈的直射光，控制好瓶内的温度，否则温度过高会被烫死。过几周生根后，转土培，先用一次性纸杯水培，然后慢慢往里加土，加干净的素土，不容易滋生霉菌。塑料瓶内空气湿度大，留的叶子更多，光合作用好，更容易生根；矿泉水干净无菌，可以大大降低黑腐现象的发生概率。月季、栀子花、天竺葵、多肉等大部分植物都能用这种方法扦插。其他透明瓶用这个方法扦插的时候，一定要洗漱干净，不能带糖分和盐分。

怎样正确使用营养液？

灌装营养液的器皿应使用陶瓷、塑料或玻璃材料，不能用铁制品，否则营养液会失效。最好随用随配。每次施肥量，应根据植株大小和花钵的体积来决定给液的多少，掌握在花钵容积的0.5%左右。春、夏季是植物生长旺期，需肥量较大，一般每隔半月施肥一次，到了秋季，施肥量应逐渐减少，1～2个月浇施一次即可，而冬季由于低温，植株进入休眠期，停止生长，无须施肥。生长旺季，3～6个月施一次营养液即可。

无土盆栽观叶植物可以在室外培育吗？

观叶植物在室外不能用无土栽培。这主要是因为无土栽培的基质比重较轻，不像土壤固着根系的能力强，虽有根系缠附，但由于植物茎叶茂密，很容易被风吹倒。下雨以后，雨水还会注满盆中（由于无土盆栽的容器底部无排水孔），时间久了致使根系无法呼吸，造成烂根、烧根。

所以，一般喜强光的观叶植物不能用无土盆栽，而无土盆栽的植物也不能放在室外培育。另外，在室外环境，这种无土盆栽的植株往往也容易感染病菌。

花期调控

什么是花期调控？

花期调控是指采用人为措施，使花卉提前或延后开花的技术，又称催延花期。使花期比自然花期提前的栽培方式称为促成栽培，使花期比自然花期延后的方式称为抑制栽培，目的在于根据市场或应用需求按时提供产品，以丰富节日或经常的需要。如每到国庆节各大城市总展出百余种不时之花，集春、夏、秋、冬各花开放于一时，极大地强化了节日气氛。

怎样调节花期使其按时开放？

花卉生长发育的节奏是对原产地气候及生态环境长期适应的结果。开花调节的技术途径也是遵循其自然规律加以人工控制与调节，达到加速或延缓其生长发育的目的。实现促成栽培与抑制栽培的途径主要是控制温度、光照等生长发育的气候环境因子，调节土壤水分、养分等栽培环境条件，对花卉实施外科手术，外施生长调节剂等化学药剂。

哪些花卉可以通过调节播种期调节花期？

部分一年生草花属日中性，对光周期长短无严格要求，在温度适宜生长的地区或季节可分期播种，在不同时期开花。如果在温室提前育苗，可提前开花，秋季盆栽后移入温室保护也可延迟开花。如翠雀花的矮性品种于春季露地播种，6～7月开花；7月播种，9～10月开花。于温室2～3月播种，则5～6月开花；8月播种的幼苗在冷床内越冬，则可延迟到次年5月开花。一串红的生育期较长，春季晚霜后播种，可于9～10月开花；2～3月在温室育苗，可于8～9月开花；8月播种，入冬后假植、上盆，可于次年4～5月开花。

二年生花卉需在低温下形成花芽和开花。在温度适宜的季节或冬季在温室保护下，也可调节播种期在不同时期开花。金盏菊在低温下播种30～40天开花。自7～9月陆续播种，可于12月至次年5月先后开花。紫罗兰12月播种，次年5月开花；2～5月播种，则6～8月开花；7月播种，则次年2～3月开花。

哪些花卉通过修剪、摘心、除芽等措施可调节花期？

月季、茉莉、香石竹、倒挂金钟、一串红等花卉，在适宜条件下一年中可多次开花，通过修剪、摘心等技术措施可以预定花期。①月季从修剪到开花的时间，夏季40～45天，冬季50～55天。9月下旬修剪可于11月中旬开花，10月中旬修剪可于12月开花，不同植株分期修剪可使花期相接。一串红修剪后发生新枝，约经20天开花，4月5日修剪可于五一开花，9月5日修剪可于十一开花。②荷兰菊在短日照期间摘心后新枝经20天开花，在一定季节内定期修剪也可定期开花。③茉莉开花后加强追肥，并进行摘心，一年可开花4次。④倒挂金钟6月中旬进行摘叶，则花期可延至次年6月。⑤榆叶梅9月上旬摘除叶片，则9月底至10月上旬可以促使二次开花。在生长后期摘除部分老叶，也可改变花期，延长开花时间。

哪些花卉通过肥水管理可以调节花期？

高山积雪、仙客来等花期长的花卉，于开花末期增施氮肥，可延缓衰老和延长花期，在植株进行一定营养生长之后，增施磷、钾肥，有促进开花的作用。

能连续发生花蕾、总体花期较长的花卉，在开花后期增施营养可延长总花期。如仙客来在开花近末期增施氮，可延长花期约1个月。

干旱的夏季，充分灌水有利于生长发育，促进开花。如在干旱条件下，在唐菖蒲抽穗期充分灌水，可提早开花约1周。木兰、丁香等木本花卉，可人为控制水分和养分，使植株落叶休眠，再于适当的时候给予水分和肥料供应，可解除休眠，促使发芽生长和开花。

怎样利用温度来调节花期？

（1）加温。可使大多数喜温花卉提早开花。如在温室中养护的香石竹可以全年开花，供应鲜切花市场。冬季，在温度为18 ～ 25℃ 的温室内，牡丹经70 ～ 75天就能开花；杜鹃40天就能开花。只要控 制好温度，就能计算或推测出花卉进入温室到开花需要的天数。目前很多工厂化生产的花卉都是根据市场的需求量分期移入温室进行加温处理，使得花卉定时开花。

加温还对一些喜温花卉开花期的延长有益。如茉莉在25℃以上才能开花，若秋季温度下降就不能继续开花，此时移入25℃以上的温室内，能继续开花，延长了花期。

（2）降温。对一些花卉可以减缓其生长速度，延迟生长，延迟开花。人工降低环境温度对一些低温休眠的花卉可以延长其休眠期，使花卉推迟开花。如杜鹃，春季气温回升时，将其移入1 ～ 3℃的冷室中让其继续休眠，然后在预定开花期前20天移出，可使杜鹃应时开花。盛夏降温对一些花卉有避暑的功效，可以促进不耐高温的花卉不 再休眠，提前开花。如仙客来和倒挂金钟等，在6 ～ 9月降温，可以使之不断开花。而对月季、唐菖蒲等喜温性不太强的花卉，做好越 夏防暑降温工作，可以延长开花时间。低温处理则可以满足花卉春化的要求，使其完成花芽分化，待升温后可再次开花。

（3）变温。有些花卉要通过变温处理才能促进花卉开花，如百合种球的催花栽培就是采用“先高后低”的变温处理，即先对种球进行 6 ～ 8 天的高温处理（30 ～ 35℃），然后再贮藏于5 ～ 10℃条件下6 ～ 8周，最后定植，就能使花卉提早开花。

怎样利用光照来调节花期？

长日照花卉一般是要求每天日照在14 ～ 16小时，这样长的光照才能加快它的发育而提前开花。常见的长日照花卉有如瓜叶菊、报春花、紫罗兰等。短日照花卉一般是每天日照8 ～ 12小时就能孕蕾开花，每天日照超过12 ～ 16小时则抑制发育而延迟开花。常见的短日照花卉有如菊花、一品红、蟹爪兰、波斯菊等。中日照花卉一般是指每天日照在10～16小时均能使花卉顺利通过光照阶段而达到孕蕾开花。常见的中日照花卉有如石竹、天竺葵、茉莉等。

对于短日照花卉，给予长日照处理后，则可以抑制其开花或推迟开花时间。对长日照花卉，如采用短日照处理，可以抑制其开花。

主要通过以下几方法改变花期：

（1）长日照处理。对于唐菖蒲、瓜叶菊等长日照花卉，在短日照条件下，日落后继续用白炽灯、日光灯等人工光源补光，使花卉每天保持12小时以上光照，可以有效地促进花卉开花。

（2）短日照处理。在长日照季节，对短日照花卉用黑布、黑纸或草帘等进行遮光，可以促进其提早开花。如对菊花、一品红等，在下午5：00至第二天上午8：00置于黑暗处，一品红40多天、菊花50～70天就能开花。对于进行短日照处理的花卉要选择生长健壮的植株，并且在处理前停施氮肥，增施磷钾肥，促进花芽分化。

（3）日夜颠倒法。主要是针对一些在夜间开放，白天自然条件不会开花的花卉，尤其是昙花。具体做法为：把花蕾已长达6～8厘米的植株，白天放在暗室等遮光条件下，夜间7：00到次日早晨6：00用100～150瓦的电灯补足光照，经过4～5天处理后，就能使昙花的开花时间发生调整，白天开花，并能延长开花时间。

（4）遮阴处理。主要是针对一些阴性花卉，因为阴性花卉多不能适应强烈光照，在含苞欲放或初开时期，用草帘等进行遮阴，或移人光照弱的室内，能延长开花时间，使花卉的观赏寿命延长。如牡丹、月季等花卉开花期适当遮阴，每朵花可延长寿命1～3天。

怎样利用植物生长调节剂来调节花期？

（1）提前开花。利用赤霉素加快花卉的营养生长或生殖生长，使花卉的生长速度加快，使花期提前到来。如山茶初夏就停止生长，进行花芽分化，但速度很慢，若用一定浓度的赤霉素（500～1 000毫克/升）涂抹花蕾，每周2次，就能提前开花。

（2）打破休眠。生长调节剂吲哚乙酸、萘乙酸、赤霉素等可以打破花芽和贮藏器官休眠。如麝香百合鳞茎贮存在21℃下6周后，需经66天后才能发芽。若用2 500毫克/升浓度的赤霉素处理，相同条件下，37天就能发芽。

（3）促使花卉进行花芽分化。采用吲哚乙酸、萘乙酸、赤霉素等生长调节剂可以诱导花卉花芽分化及促进开花。如郁金香生长到5～10厘米时，向筒状叶丛中心滴入200毫克/升浓度的赤霉素和5毫克/升浓度的6-苄基腺嘌呤，能使之提前开花。

（4）延迟开花。三碘苯甲酸、矮壮素等生长抑制剂可以抑制花卉开花或延迟花卉开花。一定浓度的生长素处理也可以延迟开花，如用100 ～ 500毫克/升浓度的萘乙酸及5毫克/升浓度的2, 4-D处理菊花，就能明显延迟其开花。

（5）延长花卉寿命。赤霉素、细胞分裂素、生长素等对菊花、一品红、金鱼草等有延长花期和防止脱落的作用。如用6毫克/升浓度2, 4, 5-三氯苯氧乙酸处理一品红，可延长观花期和观叶期。

怎样使花坛里的花开得早且整齐？

花坛的基本要求是四时开花不绝，为保证花丛花坛的观赏效果，不允许直接在花坛里播种育苗直至开花。直播容易造成苗株不整齐，间距不等，观赏效果差。因此，布置花丛花坛的花苗，应该点花圃专门培养，待近花期、含苞欲放时，再选择生长良好、高矮一致的苗株连盆运至花坛，按规定尺寸带土栽植完毕。花丛花坛的栽植距离以苗株枝叶相接触，不露出土面为标准，一般多采用三角形种植。

郁金香

知识拓展

世界各国送花禁忌

中国 在中国的一些传统年节或喜庆日子里，到亲友家做客或拜访时，所送的花篮或花束，色彩宜鲜艳、热烈，以符合节日的喜庆气氛。可选用红色、黄色、粉色、橙色等暖色调的花，切忌送整束白色系列的花束。

①在广东、香港等地，由于方言关系，送花时应尽量避免用剑兰（见难）、茉莉（没利）等花。

②按照我国的风俗习惯，好事成双。因此，除非送女友远行（在她襟前别上一朵鲜花以表示惜别之意），一般不宜送一朵花。

日本 忌数字“4”“6”“9”。探视病人时，日本人忌以带根的花（包括盆花）为礼，因日文的“根”字与“睡”字的发音相同。也忌讳用山茶花、仙客来和淡黄花及白花。因山茶花凋谢时整个花头落地，被认为不吉利；仙客来日本念为“希苦拉面”，而“希”同日文的“死”的发音相同；淡黄花与白花，多数日本人不喜欢。日本人忌用菊花作室内装饰，忌讳荷花。如送菊花给日本人，只能送15片花瓣的品种。

印度 忌以荷花作馈赠品，因印度人多以荷花为祭祀之花，并认为玫瑰和白色百合花，是送死者的虔诚悼念品。

俄罗斯 送给男子的花必须是高茎、颜色鲜艳的大花。忌讳“13”，认为这个数字是凶险和死亡的象征。而“7”意味着幸运和成功。在俄罗斯送鲜花，一定要送单数，双数被视为不吉祥。

英国 英国人忌以黄玫瑰为礼花，传统习俗认为，黄玫瑰象征亲友分离；百合花在英国人和加拿大人眼中代表着死亡，不能送礼。

德国 一般不将白色玫瑰花送朋友的太太。忌以郁金香为馈赠品，认为它是无情之花。

法国 忌送黄色花。法国传统的习俗认为，黄色花是不忠诚的表示。

波兰 以花为礼时，所用的花束必须是单数，即使一枝也可。忌讳双数，但生日除外。除人造花外，波兰人忌送干花。认为送干花意味着情谊的终结。

巴西 忌用紫色的花为礼，因巴西人惯以紫花为葬礼之花。另外，视黄色花为凶丧的颜色。

墨西哥 忌讳黄色的花。

瑞士 送朋友妻子或普通异性朋友，不要送红玫瑰。因红玫瑰代表爱情，会使他们误会。

罗马尼亚 什么颜色的花都喜欢。但一般送单数不送双数，过生日除外。如果参加亲朋的生日酒会，将两枝鲜花放在餐桌上最受欢迎。

PART4

花卉病虫害

Huahui Bingchonghai

花卉为什么会发生病害?

花卉在生长发育过程中，当受到其他生物（如真菌、细菌、病毒等病原生物）的侵害，或者不适宜的环境条件超越了它们的适应范围，就不能正常的生长和发育，导致植株变色、变态、腐烂，甚至整株死亡。这些现象就是生病的表现，称为花卉（植物）病害。通常，植物体受到伤害，若不发生病理过程，就不称作病害。如机械伤害，冰雹伤害等。从生产和经济的观点出发，尽管有些植物由于生物或非生物因素的影响而发生了“病态”，却增加了它们的经济价值。这种情况就不看成是“病害”，而看成是“病益”了。如碎锦郁金香就是感染病毒病而成为一种名贵的观赏花卉。

发现花卉感病应该怎么办?

首先要把植株上有严重病害的枝条或叶子剪掉，以切断传染源。然后采用适当的药剂喷洒在植株上。最好把植株移放到阴暗处，保持合适的温度，经常喷洒水雾。必要时还可以在植株外罩上塑料袋，用以保持湿度。同时，浇水要非常小心，应减少水量。也不能施肥，直到它长出新叶，显示出完全复原的迹象，再进行正常的养护管理。

怎样避免病虫害的发生?

没有一种方法可以完全避免病虫害的发生。通过科学精心的照顾，可以将病虫害发生降到最低。定期检查植物是否受到病虫害威胁，越早发现，越容易治理。发现花卉感病，应先把植株上有严重病害的枝条或叶子剪掉，以切断传染源。同时，浇水要非常小心，应减少水量。也不能施肥，直到它长出新叶，显示出完全复原的迹象，再进行正常的养护管理。其次，探究其发生原因，根据实际情况，决定是否需要采用适当的药剂喷洒在植株上。使用农药时一定要严格遵守农药产品的使用说明。在天气晴朗，避免阳光直射的条件下均匀喷洒。

花卉病害有哪几种类型?

花卉病害分为两大类，侵染性病害和非侵染性病害（生理性病害）。

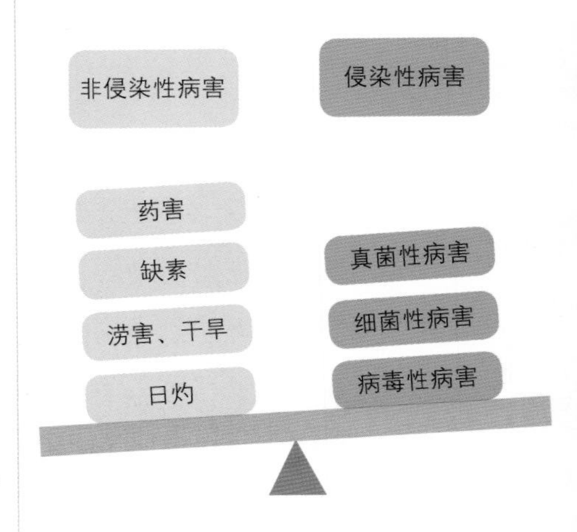

非侵染性病害主要是由于气候和土壤等条件不适宜引起的。

侵染性病害是由于真菌、细菌、

病毒、线虫等侵染花卉引起的，这类病害在适宜的环境条件下，能迅速蔓延传染。其中以真菌感染的病害最常见。真菌性病害产生的环境大多是潮湿的，会在寄主的组织部位长出霉状物和粉状物。真菌性病害从外部看来表现在腐烂变色、组织坏死、萎蔫畸形、溃烂猝倒等病状。细菌感染引起的，多为急性坏死。细菌类病害的外部表现在，发病的部位会有斑点、溃疡，病灶上会出现水渍状、油渍状，菌脓。病毒入侵感染引起的，危害的花卉植物种类繁多，病毒性病菌从外部看来表现在植株变色、斑点、环纹、明脉、丛生、矮化、畸形坏死等症状。病毒的来源主要是通过各种昆虫口器吸入植物传播。

非侵染性病害如何诊断？

非侵染性病害诊断症状多表现为变色、枯死、落花、落果、畸形和其他不正常的现象。有时与侵染性病害表现出类似的症状。非侵染性病害一般表现为无病症、成片发生、没有传染性。生理性病害与病毒病因为均无病症，容易混淆。区别是一般病毒病的田间分布是分散的，且病株周围可以发现完全健康的植株，生理病害常成片发生。非侵染性病害主要类型有营养缺乏症、水分失调、温度不适（高温日灼、低温冻害）、有害物质危害（氨害、药害、盐害、大气污染）等。

病害突然大面积同时发生，发病时间短，大多是由于大气污染或气候因素如冻害、干热风、日灼所致

病害只限于某一品种发生，多为生长不宜或有系统性症状一致的表现，多为遗传性障碍所致

有明显的枯斑、灼伤，且多集中在某一部位的叶或芽上，大多是由于使用农药或化肥不当所致

明显的缺素症状，多见于老叶或顶部新叶

侵染性病害如何诊断？

（1）细菌病害。要对症状部分进行反复仔细的观察（水或油渍状的小斑点），然后在病斑部分作切片，用显微镜检查有无细菌菌脓。如果需要进一步确定是哪一种细菌病害，还需要结合症状诊断进行病原鉴定（柯赫氏法则）。

（2）真菌病害。主要是根据症状和病原真菌的形态进行鉴定。一般真菌病害经过症状的观察和显微镜检查，可以做出初步诊断，有些还必须经过分离、培养、接种等一系列的工作。

（3）病毒病害。根据它的特殊症状，在受害组织上用普通显微镜不能看到病原真菌或细菌的存在，但具有传染性等特点，便能初步诊断出来。此外，特别是某些具有特异症状的指示植物，在鉴定病毒病害上也有很大价值。因此，在鉴定病毒时，除了症状和传染方法外，还可以通过寄主范围来识别和鉴定植物病毒。

（4）其他病害。线虫病害及寄生

性种子植物引起的病害，均可在受病组织上检查到病原线虫和寄生性种子植物，比较容易和其他几种侵染性病害区别。

特异性 每种病害的症状均有它自身的特点

阶段性 病害的症状的发展具有明显的阶段性。初期、中期和末期症状截然不同，各有特点

差异性 同一病原物在同一寄主不同部位、不同发育阶段、不同环境条件表现的症状不同

相似性 不同病原物在同一寄主上，可表现相似的症状。因此，须利用显微镜检查

害虫为害怎么诊断？

诊断方法主要有两种：一是根据各时期害虫的形态特征来诊断；二是通过害虫残遗留物或花卉的受害特征来诊断。害虫的残遗留物包括害虫的衍生物（如卵壳、蛹壳、蜕皮、虫体残毛及死虫尸体等）和害虫的排泄物（如粪便、蜜露物质、丝网、泡沫状物质等）。

注意：在诊断植物地上部受害症状时，一定要注意是区别病害与虫害的区别。尤其是花卉植株根部受害虫为害时，地上部叶片也表现出类似于线虫和病毒引起的黄化或枯萎病症状。此时一定要注意取植株根部观察是否有昆虫咬食的伤口和虫体存在。对植株叶片上的圆形病斑也要注意是否有可能是害虫为害引起的。简单的方法是将受害叶朝阳光方向透视受害斑，如果斑部组织是透明的，无叶肉，则很有可能是害虫引起的。这里不排除存在害虫为害在先，给随后的病原菌侵入提供了伤口，即所谓的复合侵染。

花卉出现叶片卷曲、点状病斑、落叶怎么办？

单纯的叶片卷曲，可能是因为盆土渍水所致。如茶花就有此情况。如果除了叶片卷曲，且还出现叶面点状病斑，这是叶螨为害的结果。如茉莉、白玉兰等受红蜘蛛为害后，叶片卷曲变黄，如不及时防治，大部分叶片会脱落，甚至全株枯死。突然落叶，系因温度忽高忽低，光照强度变化过大所造成。如含笑、君子兰在昼夜温差过大时，会导致突然落叶。

花卉为什么会落花、落果？

养分异常：养分不足；养过量

水分异常：水分缺乏；水分过量

盆花叶片为什么会发黄？

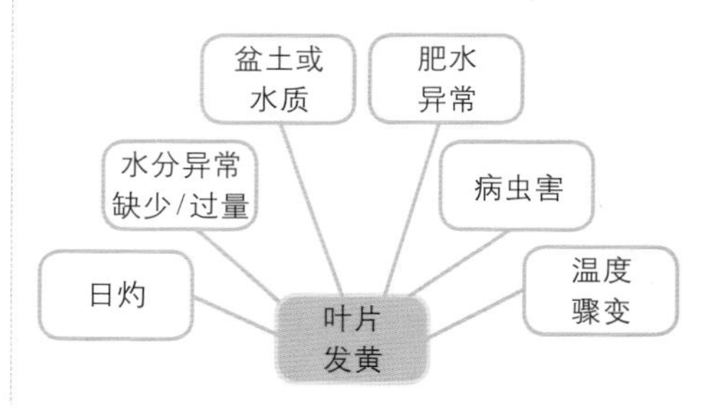

植株基部的叶子脱落是什么原因?

如果植株基部1～2片叶子脱落，属正常现象，但若是在短时间内突然大量脱落，就有可能是浇水过多，使土壤缺氧而根系不能呼吸所致。或者是因为在短时间内温度变化幅度过大，植株不能适应，使得组织内的离层发生变化而引起掉叶。还有可能是植株放在过于通风的地方，持续受到冷风的侵袭造成的。

为什么有些花叶植物会变绿?

在光线不足的情况下，植物为了接受更多的光照，就会增加叶绿素的数量，来充分摄取阳光。这时花叶中的叶绿素增多，在色素中占据更大的比例。当叶绿素占有绝对优势后，从外部的形态来看，花叶就变成了绿叶。此外，也会因浇水或施氮肥过多，使花叶变绿。

怎样防治幼苗猝倒病和立枯病?

猝倒病和立枯病是危害花卉的种子苗和扦插苗的常见病害。幼苗在短期内枯死。

猝倒病刚出苗的茎基部水渍状褐斑，不久腐烂，绕茎一周凹陷缢缩，倒伏死亡。潮湿时病苗及其附近土表生白色棉絮状霉层。立枯病症状与猝倒病相似。

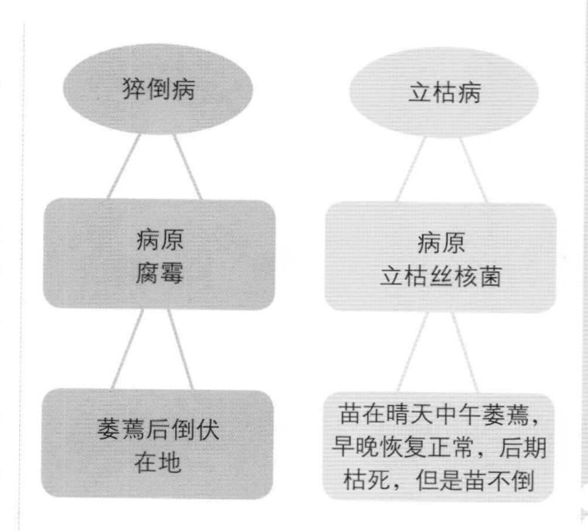

猝倒病、立枯病的病原菌都存在于土壤中，因此播种和扦插前应对土壤进行彻底消毒，常用的土壤消毒剂有五氯硝基苯和福尔马林。每平方米用五氯硝基苯8克制成药土，铺盖土表厚1厘米左右；或用40%福尔马林50克加水10千克，浇灌育苗床土1米^2，然后用草帘覆盖7～10天，揭帘放气后，就可育苗。种苗出土20天左右，严格控制浇水，适当通风，是防治立枯病的关键，一般在播种前苗床灌足水，播种后一般不浇水，以防湿度过大容易发病。幼苗出土后，可喷1%波尔多液或50%代森铵200倍液；50%甲基硫菌灵800倍液，以消灭土表病菌。发现个别幼苗发病，应立即拔除，并喷药保护，以防蔓延。少量盆播育苗，应选用素沙土和新瓦盆。土壤装盆前，经暴晒干透或用开水浇一下。

怎样防治花卉白粉病?

花卉白粉病是一种真菌性病害，叶片、枝条、花柄、花蕾、花芽及嫩

月季

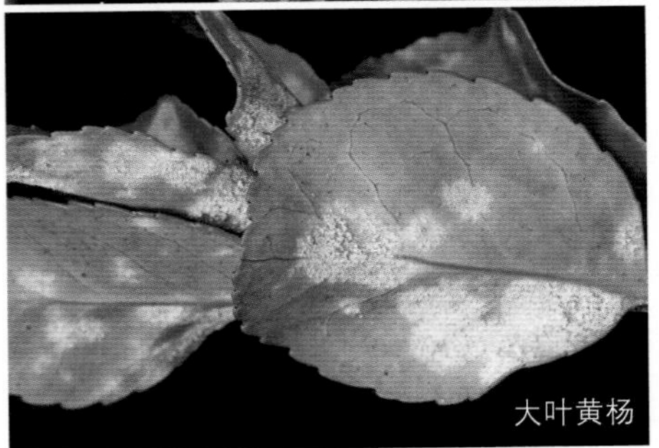
大叶黄杨

梢等部分均能受害。发病初期，病部表面长出一层白色粉状霉层，即病菌无性世代的分生孢子。后期白色粉状霉层变为淡灰色，受害病叶或枝条上有黑色小粒点产生，即病菌的有性世代的闭囊壳。被害植株矮小，不繁茂，叶子凹凸不平或卷曲，枝条发育畸形，不能开花或开花畸形。严重时，花少而小，叶片萎缩枯死，以致整株死亡，失去观赏价值。

常见的花卉白粉病有月季白粉病、蔷薇白粉病、大叶黄杨白粉病、菊花白粉病和温室瓜叶菊白粉病等。

防治方法：选用抗病品种繁殖，如月季有高抗白粉病的品种；及时清除落叶残体并烧毁。

发病初期可用50%多菌灵可湿性粉剂800 ～ 1 000倍液或70%甲基硫菌灵可湿性粉剂1 000倍液。隔7 ～ 10天喷药一次。

怎样防治花卉灰霉病？

花卉灰霉病是一种真菌病害，由灰葡萄孢引起。可为害多种草本、木本花卉，如丽格海棠、仙客来、杜鹃、瓜叶菊、蝴蝶兰、一品红、大丽花、倒挂金钟、天竺葵、鹤望兰等。

丽格海棠
杜鹃
蝴蝶兰

该病为害叶片、花、花梗、叶柄以及嫩茎，也为害果实。无论花卉的什么部位发病，在高湿条件下，病部长出灰色霉状物。发病严重时整株死亡。

防治方法：种子和土壤要注意消毒。随时清除病花、病叶、凋谢花朵等残体。用种球、种苗种植的，种植前应先剔除病株，用0.3% ～ 0.5%的硫酸铜溶液浸泡30分钟，水洗晾干后种植。发病前和发病初期，用波尔多液喷洒，每14天喷1次。发病后及时剪除病叶，并喷洒药剂进行防治，一般使用保护性杀菌剂，如50%腐霉利可湿性粉剂1 000 ～ 2 000倍液、50%的多霉灵1 000倍液等，通常每7 ～ 10天喷一次。避免在高温和雨天喷药。

怎样防治花卉炭疽病?

炭疽病是一种真菌性病害，主要为害山茶、米兰、绣球、桂花、兰花、君子兰、玉簪、万年青、橡皮树、仙人掌等。

常侵染根以外的所有部位。主要为害叶片和嫩茎，老叶尤易感病。大多数花卉感染后，叶上产生圆形或近圆形病斑，叶缘叶尖处病斑则呈半圆形、不规则形。初期病斑小，红褐色，后逐渐扩大，颜色也加深，中央则转为灰白色，有时边缘有黄晕。最后病斑呈深褐色，轮纹状，斑上生轮纹状或散生的黑色小粒点及赭红色黏分生孢子团，即病菌的分生孢子盘。仙人掌类感染炭疽病后，茎上产生圆形或近圆形病斑，淡褐色，其上有黑色小点轮状排列。

防治方法：精心养护。种子、种鳞带菌时，可用50℃温水浸种20分钟。发病后喷洒25%溴菌腈可湿性粉剂500倍液，或50%苯菌灵可湿性粉剂1 000倍液，每10天喷药一次，防治2 ～ 3次。

怎样防治花卉根腐病?

根腐病可由腐霉、镰刀菌、疫霉等多种病原侵染引起，根部腐烂，吸收水分和养分的功能逐渐减弱，最后全株死亡，主要表现为整株叶片发黄、枯萎。主要为害鞘蕊花、紫罗兰等。防治方法：加强管理，苗床播种后覆土不宜太厚，在夏季的中午前后不要浇水，多中耕，提供土壤透气性；用55℃的温水浸种10分钟；发病前或发病初期使用3%甲霜·恶霉灵水剂1 500 ～ 3 000倍液灌根，每株200毫升药液。发病严重时要清除病株。

怎样防治花卉软腐病？

花卉软腐病是细菌性病害，在高温多湿条件下发生严重。主要为害唐菖蒲、仙客来、马蹄莲、百合、君子兰、仙人掌、大丽花等花卉。一般为害叶片或茎部。通常受害部位初呈水渍状，后变成褐色，随即变为黏滑软腐状，在软腐的组织内混有白色、黄色或灰褐色糊状黏稠液并发出恶臭味。

防治方法：注意避免植株叶片组织受伤破损，生长期发生病叶时，要及时剪除（用具要经过消毒，以免感染），并且用70%硫酸链霉素可湿性粉剂1 000倍液喷洒防治。

怎样防治花卉褐斑病？

褐斑病主要是由立枯丝核菌引起的一种真菌病害。尤其是水仙、茉莉、丁香、贴梗、石楠、荷花等花卉受害较重。褐斑病以为害叶片为主。发病初期叶面出现褐色斑点，随之病斑逐渐扩大，连成大斑，病斑受叶脉的限制，大多呈现不规则形。外围有褪色的晕圈，边缘呈红褐色，中央灰白色。发病后期病斑当中产生黑色小点，被害株叶片易脱落，严重情况下叶片落光，病株由下而上逐渐全株枯死。

发现症状，应及时剪除病枝、病叶，集中烧毁，减少再侵染菌源。发病后，应及时喷65%代森锌可湿性粉剂800倍液或70%甲基硫菌灵1 200倍液等每隔7 ～ 10天喷一次，连续喷2 ～ 3次。

怎样防治线虫病？

线虫是盆花常见的地下蠕形动物，为白色线状的软体虫子，肉眼不易见到，对盆花的嫩根、嫩茎、球根、鳞茎以及插条的愈伤组织危害甚大。被害严重时，盆花地上部分凋萎、枯死。可采取以下方法防治：

发现线虫后，如可能应进行倒盆，全部去除旧土，或把花木根部洗净，再重新上盆种植。可用溴甲烷、甲醛等溶液浇灌土壤熏蒸线虫。盆花浇透水后，在盆土上盖一层2厘米厚拌有农药的细沙，线虫因盆土已浇透，土中空气不足，很快就从湿盆土中钻入沙中呼吸，然后把沙子去掉。这样做2 ～ 3次可以根治。

怎样防治土壤里的害虫？

土壤里的害虫又称地下害虫，种类很多，主要有蝼蛄、蛴螬、地老虎、金针虫等。可采取以下防治方法：

（1）苗畦要适当深耕细作。深耕细作消除杂草，以利花卉生长发育，增强抗虫害能力；另一方面适当深耕，使土中害虫的生活条件恶化，从而抑制害虫的发育和繁殖。

（2）用敌百虫粉剂处理土壤。用1份敌百虫粉与细土50份拌匀，直接撒布苗畦，然后翻入土中或开条沟撒入；也可以将敌百虫粉与肥料混合，作基肥或追肥施入土中。

（3）人工捕捉幼虫或成虫。

（4）盆养花卉可在培养土中掺敌

百虫粉剂防治土中害虫。宜在使用前1周均匀掺入。平时盆土中发现蛴螬、地老虎等害虫，也可用敌百虫稀释溶液点浇除治。

怎样防治粉虱？

粉虱体小，纤细，体和翅上常被有粉状物。雌、雄虫均有翅，能飞，但不善飞。粉虱群聚在花卉叶背面，刺吸组织汁液，使叶片枯萎、脱落。粉虱成虫还能分泌蜜露，常导致煤污病发生，污染叶、枝，使花卉生长不良，甚至枯死。为害非洲菊、瓜叶菊、倒挂金钟、扶桑、天竺葵、万寿菊、一品红、一串红、月季、夜丁香、杜鹃、绣球、牡丹、大丽花等。

常见粉虱有白粉虱、黑刺粉虱、橘黄粉虱、橘黑粉虱等。

防治方法：利用其趋黄性，采用黄色胶板诱杀成虫，将诱杀板悬挂在比盆栽花卉高出10厘米为好。为害期喷施20%扑虱灵可湿性粉剂2 000倍液防治或者10%吡虫啉可湿性粉剂2 000倍液、25%噻虫嗪水分散粒剂3 000倍液。每隔7天喷药一次，连防3次。应注意药剂的交换使用。

怎样防治盆土内的蚂蚁？

蚂蚁的种类繁多，世界上已知有11 700多种，家庭盆栽花卉土壤中筑巢的种类主要有常见黑蚁、黄土蚁及厨蚁。蚂蚁筑巢时在植物盆内土表筑成环状小土丘，或于盆底四周筑成圆环状小土丘，并将盆内土壤由盆底乱溢出花盆外，污染窗台、花架、桌面等处，毁坏植物根系，盗食肥料，发生严重时造成植株停止生长，降低其观赏价值。

防治方法：栽培植物数量不多时，可以脱盆换土；用容器盛放一些水果残渣、食物残渣，置于花盆50厘米以外处，待其取食时诱杀。

向土表喷洒40%敌敌畏乳油1 000 ～ 1 200倍液，或20%杀灭菊酯乳剂3 000倍液，也可直接浇灌蚁巢杀除。家庭条件养殖的植物，可用家用灭蚁药。

花盆中有蚯蚓好吗？

蚯蚓能疏松土壤对植物生长有利，但花盆里有蚯蚓并不好，原因是花盆的土壤面积小，培养土又相当疏松肥沃，一旦招来蚯蚓，繁殖速度很快，虽不啃食花木根系，但是许多蚯蚓缠绕在一起在盆土中造成很大的孔洞，使根系与盆土脱离，无法正常吸收水分，严重时还会将根系顶出土面，因此应当驱除。

防治方法：发现蚯蚓需要换盆，还可以用2.5%溴氰菊酯500倍的稀释液来浇灌盆土，或用过磷酸钙的稀释液驱赶蚯蚓从盆中爬出。如果以上措施较难做到，还可以采用引诱喂食的消极方法，即在盆土表面放一些烂菜叶子、烂果皮等，招引蚯蚓在盆土表层活动，然后将其铲除。

怎样防治蚜虫？

蚜虫是花卉上最常见的害虫，由于能分泌大量蜜汁，故又俗称腻虫、蜜虫。蚜虫分为有翅型和无翅型。蚜虫个体小，体色有绿色、浅绿、黄色、深青色等。蚜虫繁殖能力很强，一年可繁殖多代。由于大量繁殖，嫩叶、嫩茎、花蕾等组织器官上很快布满蚜虫，使为害加重。蚜虫以刺吸式口器吸取花卉体内养分，常群聚为害，造成叶片皱缩、卷曲、畸形，使花卉生长发育迟缓，甚至枯萎死亡。蚜虫的分泌物不仅直接为害花卉，而且还是病菌的良好培养基，从而诱发煤污病等进一步为害花卉。此外，蚜虫还是病毒病的重要传播媒介。常见的蚜虫有棉蚜、桃蚜、桃粉蚜、桃瘤蚜、绣线菊蚜等。其中棉蚜为害最为广泛，为害的花卉主要有石榴、木槿、扶桑、紫荆、菊花、兰花、梅、牡丹、仙客来、鸡冠花、玫瑰、大丽花等。

防治方法：发现蚜虫应及时治疗，避免蚜虫大量发生。盆栽花卉上零星发生时，可用毛笔蘸水刷掉，刷时要小心轻刷、刷净，不要碰伤嫩梢嫩叶。刷下的蚜虫要及时清理干净。蚜虫大量发生时，可及时喷洒35%硫丹乳油1 500倍液或20%灭多威乳油1 500倍液、44%丙溴磷乳油1 500倍液、20%吡虫啉可溶液剂3 000 ～ 4 000倍液。有翅蚜有趋黄色的习性，生产上可以利用黄色粘虫板诱杀。

怎样防治红蜘蛛？

红蜘蛛是花卉常见害虫，受害的有兰花、茉莉、海棠、桂花、佛手等花。红蜘蛛由于体型很小，不到1毫米，及其不易发现，等发现其危害时，花卉往往已经受害很严重。红蜘蛛以成虫、若虫的口器刺入叶内吮吸汁液，使叶片失绿，呈现密集细小的灰黄色或斑块，或叶片卷曲、皱缩，严重时整个叶片焦枯发黄似火烤，脱落。红蜘蛛繁殖能力很强，一般一年可发生10代以上。红蜘蛛在高温干旱条件下，繁殖迅速，危害更严重。红蜘蛛多数种类栖居于叶片下表面，少数活动在叶上表面，以雌成虫或卵在枝干皮缝或土缝中越冬。

防治方法：平时要注意观察，发

现叶片有灰黄色斑点时，要仔细检查叶背和叶面，发现个别叶片有红蜘蛛时，可摘除虫叶，集中烧毁。检查时可借助放大镜，利于观察。对花圃地，要勤除杂草，销毁残株落叶，以便消灭越冬虫口。发现较多红蜘蛛为害时，可选用20%哒螨灵可湿性粉剂1 000 ～ 1 500倍液，或15%哒螨灵乳油2 000 ～ 3 000倍液喷雾，用药间隔10天，用药1 ～ 2次。喷药要均匀、细致、周到，使叶、枝、果上都均匀布满药液。冬季可选用3 ～ 5波美度石硫合剂杀灭枝干上越冬的成虫、若虫、卵，尤其是杀卵效果较好。

怎样防治介壳虫？

介壳虫常群聚于枝、叶、果上。成虫、若虫的口器插入叶、枝组织中吸取汁液，造成枝叶枯萎畸形、皱缩等症状，并诱发煤污病，为害甚大。介壳虫属小型昆虫，多数虫体上被有蜡质分泌物。雌雄异形，雌虫无翅，雄虫有1对膜质的前翅，后翅特化为平衡棍。介壳虫繁殖能力强，1年可发生多代。经过短时间爬行，即形成介壳，营固定生活，这是介壳虫的一大特点。介壳虫抗药力强，一般药剂难以进入，防治比较困难。因此，一旦发生，不易清除干净。

防治方法：发现个别叶片或枝条有介壳虫时，可用软刷轻轻刷除或用棉花团、布团擦掉，也可结合修剪，剪去虫叶、虫枝。要求刷净、剪净，集中烧毁，切勿乱扔。介壳虫大发生时，要用药剂防治，主要抓住在卵孵化盛期喷药，因为此时介壳尚未形成或增厚，用药剂易杀死。如果蜡壳已形成，则喷药效果不好。常用的药剂有48%毒死蜱乳油1 000 ～ 1 200倍液、2.5%溴氰菊酯乳油1 500 ～ 200倍液，每隔7 ～ 10天喷一次，连续2 ～ 3次。

怎样正确使用农药？

（1）对症选药。对症选药十分重要，否则防治无效或产生药害；其次到正规农药销售点购买农药，购买时要查验需要购买的农药产品“三证”是否齐全、产品是否在有效期内、产品外观质量有没有分层沉淀或结块、包装有没有破损、标签内容是否齐全等。优先选择高效低毒低残留农药，还要注意选择对施用作物不敏感的农药。

（2）把握好用药时期。如果使用时期不对，既达不到防治病虫害的目的，还会造成药剂、人力的浪费，甚至出现药害、农药残留超标等问题。施药时期要避开天气的敏感时段，以避免发生药害。防治病害应在发病初期施药；防治虫害一般在卵孵盛期或低龄幼虫时期施药，即“治早、治小、治了”，也就是说应抓住发生初期。

（3）轮换使用。即便是再好的药剂也不要连续使用，要合理轮换使用不同类型的农药，单一多次使用同一种农药，容易导致病、虫、草抗药性的产生和农产品农药残留量超标，同时也会缩短好药剂的使用寿命。

（4）使用者在使用农药时一定要特别注意安全防护，注意避免由于不规范、粗放的操作而带来的农药中毒、污染环境等事故的发生。仔细阅读农药标签，包括名称、含量、剂型、三证、生产单位、生产日期、农药类型、容量和重量、毒性标识等。

（5）未用完的剩余农药严密包装封存，需放在专用的儿童、家畜触及不到的安全地方。不可将剩余农药倒入河流、沟渠、池塘，不可自行掩埋、焚烧、倾倒，以免污染环境。施药后的空包装袋或包装瓶应妥善放入事先准备好的塑料袋中带回处理，不可作为他用，也不可乱丢、掩埋、焚烧，应送农药废弃物回收站或环保部门处理。

缺素症怎么诊断？

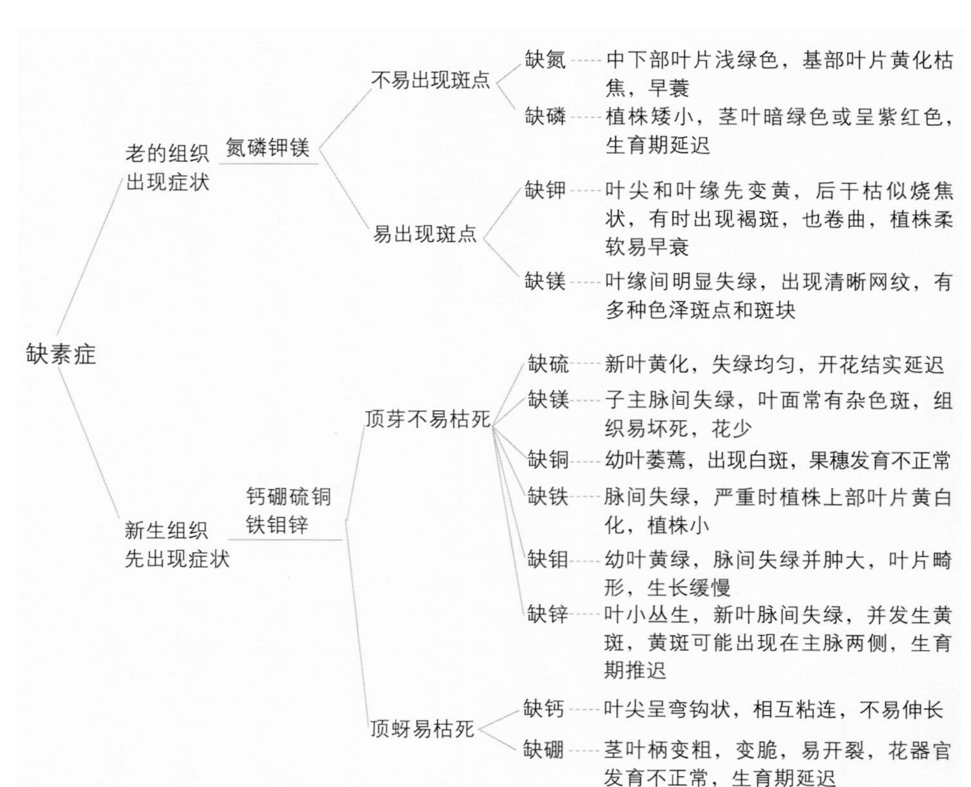

缺素症产生的原因是什么？

花卉产生缺素症的原因，一是土壤过酸或者过碱，影响某些元素的溶解和释放，阻碍其吸收利用；二是土壤或盆土施肥不足，花卉的营养生长与生殖生长受到制约；三是偏施大量某元素肥料妨碍了对微量元素的吸收；四是土壤理化性状不良，影响供肥能力等。以上这些，都会使花卉从不同的部位上表现出相应的缺素症状。

怎样防治缺氮？

（1）培肥土壤，提高土壤供氮能力。对于新开垦、熟化度低、有机质贫乏的土壤及质地较轻的土壤，要增加腐熟厩肥和饼肥等有机肥的投入，以提高土壤供氮能力，防止缺氮症的发生。

（2）合理施肥。一般在花卉旺长期前要重点追施氮肥，如唐菖蒲、荷兰鸢尾、麝香百合、郁金香等球根类花卉，在生育前期对氮的吸收量并不多，但在花茎伸长和开花期间，也就是在球根开始形成期吸氮量大，应及时追施氮肥，如硫酸铵、尿素等。据研究，郁金香在基质栽培中，开花期前维持50毫克/升左右氮浓度才能满足对氮的需求，但在花期或后期仍保持50毫克/升氮浓度，球根干重将减少20%左右。

怎样防治氮过剩？

防治氮过剩，主要是控制氮肥用量，尤其是对需肥量低的山月桂、风铃草、龙胆、万年青、石榴、凤梨、石槲、杜鹃等应尽量少用氮肥。据研究，唐菖蒲在沙培条件下，花期介质中氮浓度在100毫克/升为宜，氮浓度过高，不仅切花品质降低，而且病害加重。

怎样防治缺磷？

（1）提高土壤供磷能力。对一些有机质贫乏的土壤，应重视有机肥料的投入；对于酸性或碱性过强的土壤，则应改良土壤酸碱度。酸性土可用石灰，碱性土则用硫黄，以减少土壤对磷的固定，提高磷肥施用效果。

（2）合理施用磷肥。首先，应根据土壤酸碱性选择磷肥品种。缺磷的酸性土壤或介质，宜选用含石灰质的钙镁磷肥、钢渣磷肥等；中性或石灰性土壤宜选用过磷酸钙。其次，磷肥的施用期宜早不宜迟，一般宜在培养土、苗床中施用，也可作本田基肥。

怎样防治缺钾？

（1）增施钾肥。当发现缺钾症状时应及时施用钾肥。一般每公顷施钾肥150 ～ 300千克。由于钾在土壤中易淋失，所以钾肥应分次施用，做到基肥和追肥相结合。

（2）增施有机肥，控制氮肥。目前花卉生产上缺素症的发生，在相当大的程度上是偏施氮肥引起的，在供钾能力较低或缺钾土壤上确定氮肥用量时，应考虑土壤供钾水平，在钾肥施用得不到保证时，更要严格控制氮肥用量。

（3）加强水分管理。土壤干旱要适当灌溉，雨季应及时开沟排水，以免影响花卉对钾的吸收。

怎样防治缺钙？

（1）控制化肥用量，喷施钙肥。对已发生缺钙严重的花圃，不要一次用肥过多，特别要控制氮、钾肥用量。因为氮、钾肥用量过多，不仅能与钙产生拮抗作用，而且因土壤盐浓度过高会抑制花卉对钙的吸收。叶面喷施钙肥，通常用0.3%～0.5%硝酸钙或0.3%过磷酸钙，隔5～7天喷一次，连续喷2～3次。

（2）合理施用石灰。对于一些要求碱性生长的花卉，可施石灰到酸性土壤及酸性介质中，以补充钙的不足。

（3）及时灌溉，防止土壤干旱。当土壤过度干燥时，应及时灌溉，以保持土壤湿润，增加植株对钙的吸收。

怎样防治缺锌？

（1）合理施肥。在低锌土壤上要严格控制磷肥用量，并做到磷肥与锌肥配合施用；同时还应避免磷肥的过分集中施用，以防止局部磷锌比失调而诱发花卉缺锌。

（2）增施锌肥。基施硫酸锌（$ZnSO_4 \cdot 7H_2O$）时，每667米^{2}用1～2千克，并根据土壤缺锌程度及固锌能力进行适当的调节。叶面喷施锌肥，一般用0.1%～0.5%硫酸锌溶液。值得注意的是，无论是基施还是叶面喷施，锌肥的残效均较明显。因此，不一定年年施用。

（3）营养液供锌。随着基质栽培或溶液栽培的增加，营养液供锌较为普遍，但营养液锌的有效性对缺锌影响很大，应选用锌有效性好的营养液。

怎样防治常见生理病害？

症状	病因	解决方法
叶片萎蔫	①培养土过干 ②花盆积水 ③遭受暴晒 ④施肥过多或大量施用未腐熟有机肥	①浇透水 ②倒净水，晾干 ③喷水，移阴凉处 ④控制肥料用量，施用腐熟有机肥
叶面无光泽，枝芽纤细	①冬季室内气温高，光线不足 ②其他季节肥料缺乏，少阳光	①降温，将花盆移到窗前明亮处 ②增施磷、钾肥料
花朵与花蕾突然垂落	①室内气温骤变，空气干燥 ②浇水过量	①调节室温，增加湿度 ②节制用水

（续）

症状	病因	解决方法
叶片发黄，但不落叶	①缺少必要的矿物质 ②水质含碱量大	①施用适量硫酸镁溶液 ②改用雨水
叶片发黄，飘落	①受寒流侵袭 ②浇水过量 ③空气干燥	①避寒，设挡风帘 ②节制用水 ③增加湿度
叶面出现斑点	①气温高 ②浇水过量 ③施肥太多	①盆的四周和叶面洒水 ②暂停浇水 ③停肥
茎和叶子腐烂	水、肥灌入叶腋	避免水灌入叶腋中

知识拓展

随着季节时令的交替，百花纷纷开放，古代的文人墨客根据每个月中最具代表性的花卉进行遴选，从而造就出十二花令。

梅花 正月梅花傲雪出

1月

杏花 二月杏花展娇媚

2月

桃花 三月桃花笑春风

3月

牡丹 四月牡丹添富贵

4月

石榴 五月石榴艳如燃

5月

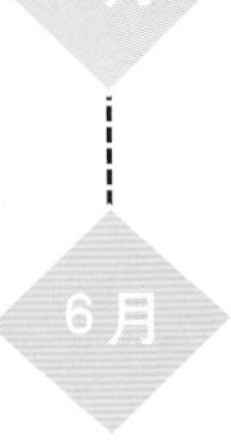

荷花 六月荷花亭亭立

6月

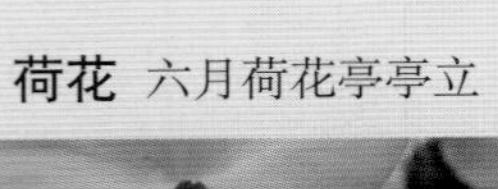

知识拓展

蜀葵 七月蜀葵昨日愁

7月

8月

桂花 八月桂花人团圆

菊花 九月菊花闲情致

9月

10月

芙蓉 十月芙蓉如梦醉

山茶 十一月山茶香万家

11月

12月

水仙 腊月水仙凌波舞

PART5

常见花卉养护

Changjian Huahui Yanghu

一、二年生花卉

一串红喜欢什么样的生长环境？

一串红（*Salvia splendens*），唇形科鼠尾草属，原产南美。多年生亚灌木，作一年生栽培。茎直立，光滑，有四棱，高50 ~ 80厘米。叶对生，卵形至心形。顶生总状花序，苞片红色，萼钟状。花冠唇形筒状伸出萼外。花有鲜红、粉、红、紫、淡紫、白等色。花期7 ~ 10月。一串红不耐寒，生育适温24℃，当温度降至14℃时降低茎的伸长生长。喜阳光充足，也稍耐半阴。喜疏松肥沃的土壤。

一串红怎样繁殖？

一般以播种繁殖为主，可于晚霜后播于苗床，或提早播于温室中，播种温度20 ~ 22℃，经10 ~ 14天发芽，低于10℃不发芽。扦插在春、秋两季均可进行。播种最好选沙质壤土，细耕整平，浇足透水，待水渗后1 ~ 2小时，将种子均匀撒播，用细沙子覆盖0.5厘米厚，再用塑料薄膜覆罩苗床，以保温、保湿，一般8 ~ 10天出苗。

一串红如何养护？

幼苗长出2 ~ 3片真叶时定植或盆栽，定植地或盆栽土均需施足基肥，生长期每旬施肥1次，开花期增施2 ~ 3次磷、钾肥；浇水要掌握“干透浇透”原则，生长前期要控制浇水，一般2天浇一次。一串红种植后，在阴凉处放置3天以缓苗，随后将其放在阳光下，保证充足的光照。为了方便控制光照度，可在花盆的上方搭建一个简易的棚架。当光照过强时，尤其是夏季正午时分，要遮阴50%。6片真叶时摘心，生长过程中需摘心2 ~ 3次，以促进多分枝，植株壮大，花枝增多。开花后及时将植株从离地面20厘米处剪掉。此外，一串红苗期易得猝倒病，应注意防治。

如何调节一串红的开花时间？

（1）调节播种期。不同的播种时间，可使得一串红在不同的时期开花。如2月播种，8 ~ 9月开花；3 ~ 4月播种，9 ~ 10月开花；8 ~ 9月播种，翌年5 ~ 6月开花。按照以上的播种时间播种，分别可在中秋节、国庆节、五一节期间赏花。

（2）调节扦插期。如需翌年1 ~ 2月开花，可于当年秋冬在温室内20 ~ 25℃条件下扦插，20 ~ 25天可生根，1个月后上盆培养，即可如期盛开。如国庆节需要用大量不太高的一串红布置花坛，可在7月间进行扦插，截取母株上的嫩枝梢约15厘米，剪去下端和部分上端叶片，插后在上面盖上苇帘，每天喷水2～3次，约10天即可生根。扦插苗生长较快，正好用于秋季花坛。

（3）摘心或修剪控制花期。及时将带花蕾的枝梢剪掉，可适当的推后花期。

如何使得一串红一年多次开花？

一串红自然花期长达3个多月，想要其一年多次开花，关键是花后要及时修剪，同时加强肥水管理，使其腋芽长成花芽。大修剪约45天开花，小修剪（摘除残花）约25天开花，只要温度适宜，勤修剪、勤施肥，即可一年多次开花。

时 间	操 作	时 间	操 作
11月中下旬	将生长健壮的一串红盆栽移入室内（或大棚），置于向阳处。进行大修剪，仅留基部2~3对叶，上部全部剪去，7天追肥一次，以促进长新梢	5月花后	进行大修剪，每株留2对叶，10天左右施肥一次，6月下旬至7月中旬开花
12月中旬至翌年1月上旬	进行室内扦插。将新梢剪下做插穗，长5~8厘米，留顶叶2~3片，除去下部叶片，插入营养土内，扦插深度为插穗长度的1/3。首次浇水要浇足。15~25℃条件下，15~20天可生根，此时可上盆养护	8月上旬	重复5月花后的操作，9月中下旬开花
1月下旬至2月	新植株进行1~2次摘心，促进多生侧枝	10月上旬	花谢后，再进行5月花后的操作，可11月开花
3月中旬	每株留5~7个枝条，每月追液态肥1~2次，并喷施磷酸二氢钾1次，促使4月中下旬开花		

矮牵牛喜欢什么样的生长环境？

矮牵牛（*Petunia hybrida*），茄科矮牵牛属，原产南美。一年生或多年生草本，北方多作一年生栽培。全株被腺毛。叶片卵形，全缘，互生。花萼5裂，花冠漏斗状，花瓣有单瓣、重瓣和半重瓣，瓣边缘多变化；花色丰富。花期5～10月。矮牵牛不耐寒，喜向阳和排水良好的疏松沙质壤土。

矮牵牛怎样繁殖？

主要采用播种繁殖，但一些重瓣品种和特别优异的品种需进行无性繁殖，如扦插和组织培养繁殖。12月至翌年3月播种。播种前先整好苗床，矮牵牛种子细小，每克种子在9 000 ～ 10 000粒，播种时种子最好先和细沙掺和混匀后再均匀撒播，播后不用覆土，压平即可，浇透水，然后用小拱棚覆盖，畦地上播种的可在播种后覆盖上塑料薄膜及苇帘，盆播可盖玻璃。保持温度在18 ～ 24℃为宜，1周即可发芽。

矮牵牛如何养护？

矮牵牛幼苗长出真叶后进行分苗，一般分苗2次，然后移植到温床或营养钵中，待晚霜过后，便可移植于露地花坛中。也可以上17 ～ 20厘米花盆，用作盆花布置。因盆栽有倒伏现象，可在生长期进行修剪整枝，促使开花并控制高度。蒴果尖端发黄时及时采收种子，防止脱落。矮牵牛在早春和夏季需充分灌水，盆土发干时浇透水。土壤肥力应适当，土壤过肥，则易过于旺盛生长，以致枝条伸长倒伏。

矮牵牛的养护禁忌是什么？

（1）忌株高过高。用于株高控制的植物生长调节剂，花出芽后禁止使用。常采用栽培措施如控制浇水或施肥、多次摘心等控制株高。

（2）忌盆土积水。盆土积水后根易腐烂，植株萎蔫。

（3）忌施浓氮肥。矮牵牛喜养分均衡，应避免施浓氮肥，以防茎叶徒长，抗病能力下降，开花少。

鼠尾草分为哪些类型？

鼠尾草（*Salvia japonica*），唇形科鼠尾草属，二年生或多年生草本，常做一、二年生栽培。鼠尾草属是一个拥有500多个品种的园艺大家族，品种繁多。按照开花时节、原产地和生长习性，大致分成春季开花型、夏秋季开花型、多季开花型。

类型	品种	特点
春季开花型	药用鼠尾草、林荫鼠尾草、彩苞鼠尾革、快乐鼠尾草、轮叶鼠尾草	大多原产欧洲和西亚，属于温带型鼠尾草，有莲座状丛生的植株和略带灰白的粗糙叶片。5 ～ 6月开花，耐寒性好，耐热性相对较弱，在我国大部分地区可以过冬，而在长江流域及以南地区炎热闷湿的夏季，需要保证良好的排水，避免植株枯萎腐烂
夏秋季开花型	粉萼鼠尾草、天蓝鼠尾草、紫绒鼠尾草	原产中美洲或南美洲，株型直立，花色鲜艳，花筒修长。生性强健，能耐受夏季炎热，并且花开不断。北方地区冬季需移入室内养护，春季再移出室外
多季开花型	深蓝鼠尾草、红花鼠尾草	多季开花型的鼠尾草大多来自墨西哥和南美洲，在原生环境里，它们花期是和授粉者蜂鸟的迁徙规律息息相关的。每年从蜂鸟迁徙归来时，这些鼠尾草开始开花

林荫鼠尾草如何养护？

林荫鼠尾草（*Salvia × nemorosa*），可播种繁殖，也可于花市购买盆栽苗，在春季进行扦插繁殖。以排水良好的沙质壤土或土质深厚壤土为佳。喜温暖、阳光充足、通风良好的环境，较耐寒，也耐热，在炎热的夏季一般不需要做特殊管理。在花期过后及时修剪，2周之后就能发出新芽，能增强越夏能力。林荫鼠尾草对水分要求不高，干旱时应适当灌溉，雨后必须及时排水。栽植时宜施足基肥，生长季节根据情况追肥2 ~ 3次。

翠菊喜欢什么样的生长环境？

翠菊（*Callistephus chinensis*），菊科翠菊属，原产我国东北、华北、四川及云南等地，为一、二年生草本。株高30 ~ 90厘米，茎具白色糙毛。叶互生，广卵形至长椭圆形，叶缘具不规则的粗锯齿。头状花序较大，单生枝顶，舌状花常为紫色。瘦果楔形，浅黄色。

翠菊喜凉爽，不耐寒，忌酷热，炎热季花期延迟或开花不良，因而南方暖地栽培不多。喜阳，耐轻微遮阴。夏季忌30℃以上的高温，生长适温为15 ~ 25℃，冬季温度不低于3℃，遇0℃即遭冻害。翠菊属长日照植物，在每天15小时长日照下生长良好。根系较浅，要求肥沃、排水良好的土壤。忌连作。

翠菊怎样繁殖？

通常采用播种繁殖。3月温室播种或4月中旬露地直播。播种不宜过密，否则幼苗徒长，如遇连续阴雨天或低温高湿环境也偶发猝倒病。8月播种，冷床越冬，翌年5 ~ 6月开花。春播幼苗长至5 ~ 10厘米，播后1个月左右时可移苗，播后2个月左右定植。育苗期间灌水2 ~ 3次，松土1次。翠菊幼苗极耐移植，春播经1 ~ 2次移植后，于6月初定植露地，矮生种株行距为20 ~ 30厘米 × 20 ~ 30厘米，高生种为30 ~ 40厘米 × 30 ~ 40厘米。

翠菊如何养护？

翠菊属于浅根性植物，既不耐表土干旱，又怕水涝，露地栽培应保持土壤适当湿润。在干旱土壤上往往植株细弱、矮小，分枝少，开花小；水涝则会造成植株生长缓慢和黄叶。在冷凉条件下翠菊生长强健，夏季高温多雨季节开花不良，头状花序易腐烂，导致整个植株茎叶枯萎而死亡。保持土壤适当湿润，将植株放在阳光充足通风处，每15天施肥一次，注意防治锈病、蚜虫、红蜘蛛、枯萎病等。

大花三色堇喜欢什么样的生长环境？

大花三色堇(*Viola × wittrockiana*)，堇菜科堇菜属，原产欧洲。多年生草本，作一、二年生栽培。植株高10～30厘米，茎光滑，多分枝。叶互生，基生叶圆心形。花大，腋生，下垂，花瓣5枚，花冠呈蝴蝶状；花色有黄、白、紫色等，有单色和复色品种。花期3～8月，果熟期5～7月。喜光，喜凉爽湿润的气候，较为耐寒，不怕霜。在南方温暖地区可在露地越冬，故常作二年生栽培。要求疏松肥沃的土壤。

大花三色堇怎样繁殖？

主要采用播种繁殖。一般选择秋播，8月下旬播种，发芽适温19℃，约10天萌发。播后1周内必须始终保持基质湿润。双层遮阴，一方面保证土壤湿润，另一方面因种子发芽后，直接见光容易造成根系生长不良。此阶段不需要施肥。大花三色堇种子发芽经常会很不整齐，前后可相差1周时间出苗，在这段时间内充分保持土壤介质的湿润相当重要。

大花三色堇如何养护？

出苗后进行2次分苗，就可移植到阳畦或营养钵中。在北方4月上中旬就可定植于露地中，如果栽种过晚，则影响开花。大花三色堇喜肥沃的土壤，种植地应多施基肥，最好是氮、磷、钾全肥。一般在5～6月开花的大花三色堇，种子6月末就可成熟，而且早开花的种子质量较高。7月以后，由于天气炎热，高温多湿，开花不良，也难结种子。种子应及时采收，否则果实开裂后种子将脱落。

半支莲喜欢什么样的生长环境？

半支莲（*Portulaca grandiflora*），又名大花马齿苋，马齿苋科马齿苋属，原产南美。一年生肉质草本，株高20～30厘米，茎平卧或斜生。叶圆柱形，互生或散生，有时成簇生。花色丰富，有白、淡黄、黄、橙、粉红、紫红或具斑嵌合色。花期6～10月。

喜温暖向阳环境，耐干旱，不择土壤，但以疏松排水良好者为佳，不需太多肥水，以保持湿润为宜。单花花期短，整株花期长。花仅于阳光下开放，阴天闭合。

半支莲怎样繁殖？

半支莲可用播种或扦插繁殖，以播种繁殖为主。种子发芽适温为21～22℃，约10天发芽。一般露地栽培晚霜后播种，覆土宜薄。4月中旬气温在20℃以上时可露地播种，苗床需用沙质壤土，半枝莲的种子细小，可掺入细沙，以便均匀撒播。播种后再薄薄地覆一层细沙，以看不见种子为度。播后不能浇水，如果天干旱，可用塑料薄膜遮盖一下。7～10天即能出苗，在生长期也可以进行扦插繁殖。随时摘取嫩茎扦插露地盆中，不久即可开花。

半支莲如何养护？

半支莲栽培较容易，只需进行一般肥水管理，保持土壤湿润。盆栽的宜在盆土见白茬时浇一次水，地栽的在生长季节可20天左右浇一次水。对肥料要求不严，结合浇水也可追1～2次液肥。

较耐移植，当小苗长出4～5片叶时，即可移苗定植，开花时也可进行。移植时可不带土，雨季防积水。在18～19℃条件下，约经1个月可开花。果实成熟时开裂，种子极易散落，应及时采收。

半枝莲的养护禁忌是什么？

（1）忌浇水过多。否则容易积水，茎叶倒伏，根部易烂。

（2）忌光照不足。半枝莲须在充足的阳光下才能开花，所以必须放在向阳的环境里。

（3）忌不及时采收种子。种子非常小，容易散失，花谢后随时注意采收。

瓜叶菊喜欢什么样的生长环境？

瓜叶菊（*Pericallis*×*hybrida*），菊科瓜叶菊属，原产北非、加那利群岛。多年生草本，作一、二年生栽培。植株高矮不一，全株密被柔毛。单叶互生，叶片硕大似瓜叶，表面浓绿，背面洒紫红色晕，叶面皱缩。头状花序，单瓣花有舌状花10 ~ 18枚。花色除黄色外有红、粉、白、蓝、紫各色。瘦果黑色，纺锤形，具冠毛。花期从12月到翌年4月。种子5月下旬成熟。喜温暖湿润气候，不耐寒冷、酷暑与干燥。适温为12 ~ 15℃，一般要求夜温不低于5℃，日温不超过20℃。生长期要求光线充足。喜肥，在疏松肥沃、排水良好的沙质壤土上生长良好。

瓜叶菊怎样繁殖?

以播种繁殖为主，也可扦插繁殖。

播种繁殖：瓜叶菊播种至开花需5 ~ 8个月，3 ~ 10月分期播种可获得不同花期的植株。夏秋播种，冬春开花，早播早开花。长江流域各地多在8月播种，可在元旦至春节期间开花。北京3 ~ 8月都可播种，分别在元旦、春节和五一开花。种子播于浅盆或木箱中，播种土应是富含有机质、排水良好的沙质壤土。土壤应预先消毒，播后覆土以不见种子为度，浸灌、加盖玻璃或透明塑料薄膜，置遮阴处。也可以穴盘育苗。种子发芽适温21℃，经3 ~ 5天萌发，待成苗后逐渐揭去覆盖物，仍置遮阴处，保持土壤湿润。当子房膨大、花瓣萎缩、花心呈白绒球状时即可采种。种子阴干贮藏。

瓜叶菊如何养护?

在瓜叶菊幼苗具2 ~ 3片真叶时，进行第一次移植，株行距为5厘米×5厘米；7 ~ 8片真叶时移入口径为7厘米的小盆；10月中旬以后移入口径为18厘米的盆中定植。定植盆土用腐叶土、园土、豆饼粉、骨粉按30 : 15 : 3 : 2的比例配制。生长期每2周施一次稀薄液氮肥。花芽分化前停施氮肥，增施1 ~ 2次磷肥，促使花芽分化和花蕾发育。此时室温不宜过高，白天20℃、夜晚7 ~ 8℃为宜，同时控制灌水。花期稍遮阴，通风良好，室温稍低，不太湿，有利于延长花期。

万寿菊喜欢什么样的生长环境?

万寿菊（*Tagetes erecta*），菊科万寿菊属，原产墨西哥及中美洲。一年生草本。株高20 ~ 90厘米，叶对生或互生，羽状全裂，叶缘背面有油腺点。头状花序顶生，舌状花具长爪，边缘皱曲，花序梗上部膨大。花色为黄、橙黄、橙色。花期6 ~ 10月。

万寿菊性喜温暖、阳光，亦稍耐早霜和半阴，较耐干旱，在多湿、酷

暑下生长不良。对土壤要求不严，耐移植，生长快。能自播繁殖。

万寿菊怎样繁殖？

主要采用播种繁殖，但有些大花重瓣或多倍体品种则需进行扦插繁殖。种子发芽适温21 ~ 24℃，约经1周发芽，70 ~ 80天开花。万寿菊种子线形，播种出苗较易，不需特殊管理。一般在2 ~ 4月播种，也可露地直播，出苗后经过一次分苗，即可移植到温床，也可以移植到营养小钵中，在晚霜期过后定植。

万寿菊如何养护？

万寿菊在5 ~ 6片真叶时定植。苗期生长迅速，对水肥要求不严，在干旱时需适当灌水。万寿菊在生长期浇水要勤些，但是每次浇水量不宜过大，见干见湿即可。浇水时要根据季节的变化改变浇水的方式，夏、秋季早上浇水，冬、春季中午浇水。植株生长后期易倒伏，应设支柱，并随时除残花枯叶。施以追肥，促其继续开花。留种植株应隔离，炎夏后结实饱满。

矢车菊如何养护？

矢车菊（*Centaurea cyanuis*）为一年生草本。原产欧洲东南部至西亚地区。花色丰富，有紫、蓝、粉红、红、黄、白、桃红色。较耐寒，喜冷凉，忌炎热。适应性较强，喜欢阳光充足，不耐阴湿，须栽在阳光充足、排水良好的地方，否则常因阴湿而导致死亡。

春、秋播种均可。8℃条件下10天发芽。矢车菊为直根性，适宜直播，不宜移植。春播宜于早春于温室内播种，移植时一定要带土坨，否则不易缓苗。秋播的露地覆盖防寒越冬。5 ~ 6月开花。

生长期每20天追施一次液肥，但应注意不宜多施氮肥，应适当多施些磷、钾肥，这样就可以使茎秆坚挺，开出鲜艳的花朵。矢车菊的茎秆很细弱，很容易倒伏，要防止其生长过密，通风不良而引起倒伏。

百日草喜欢什么样的生长环境？

百日草（*Zinnia elegans*），菊科百日草属，原产南北美洲。一年生草本。植株初花时较低矮，以后花越开，植株生长越高，所以常被称作步步高。全株有长毛，花色很丰富，有红、橙、黄、白及间色；花瓣也有许多类型，如菊花瓣型、丝瓣型等。花期6～10月。瘦果扁平。喜温暖阳光，较耐干旱与瘠薄土壤，但在较肥沃土壤与水分供给良好情况下长得更好，花色更艳。

百日草怎样繁殖？

以播种繁殖为主。可露地直播，为使开花早大多在温室中育苗。2～4月播种。种子发芽适温18～22℃，约7天出苗。也可扦插繁殖，选嫩枝于夏季进行扦插，应注意遮阴。

百日草如何养护？

百日草幼苗期最好控制在夜温10℃、日温16～17℃的条件下。播种后分一次苗，即可移植，在晚霜期过后可定植。若花园里栽种，株行距约30厘米×40厘米。当有3～4片真叶时，进行摘心促其分枝，供切花栽培时不仅不摘心，还应抹除侧芽和侧枝。夏季地面宜覆草，保持土壤湿润以降低土温。生长期多施磷、钾肥。株型高大的应设支柱以防倒伏。忌连作以防病虫发生。

凤仙花喜欢什么样的生长环境？

凤仙花（*Impatiens balsamina*）别名指甲花，凤仙花科凤仙花属植物，原产中国南部、印度、马来西亚。一年生草本。株高20～80厘米。茎直立，肥厚多汁，光滑，多分枝。叶互生，狭至阔披针形，缘有锯齿。花单朵或数朵簇生于上部叶腋，花色有白、黄、粉、紫、深红等色或有斑点；花瓣5。花期6～9月，果熟期7～10月。凤仙花性喜阳光充足，温暖气候，耐炎热，畏霜冻。对土壤适应性强，喜土层深厚、排水良好、肥沃的沙质壤土，在瘠薄土壤上亦能生长。

因茎部肉质多汁，如夏季干旱，往往落叶而后凋萎。果实成熟后易开裂，弹出种子，有自播能力。凤仙花有微毒，但是不必担心，只要不是生食，对身体是不会有什么伤害的，家里也可以养。

凤仙花如何养护？

采用播种繁殖，在21℃下种子约经7天发芽。3～4月将种子播于露地或温室。凤仙花苗期适温为16～21℃，幼苗生长快，应及时间苗，经一次移植后，即可定植或上盆。生长期间注意灌水，保持土壤湿润，每月施稀薄液肥2次。7～8月干旱时，应及时灌溉，勿使落叶，可以延长花期至9月。如延迟播种，苗株上盆，可于国庆开花。可通过摘心控制花期和株型，但需不断施用液肥。花坛用地栽植株亦可依照此法处理，株距30厘米。凤仙花在定植后，对植株的主茎进行打顶，增强其分枝能力。凤仙花基部开花后应及时摘去，便于各枝顶部都能够陆续开花。

石竹喜欢什么样的生长环境？

石竹（*Dianthus chinensis*），石竹科石竹属，原产中国。多年生草本，作一、二年生栽培，实生苗当年可开花。株高15～75厘米，茎直立，节部膨大。单叶对生，灰绿色，线状披针形，开花时基部叶常枯萎。花芳香，单生或数朵集成聚伞花序，花径约3厘米；花色有白、粉红、鲜红等色，花瓣5枚。花期5～9月，果熟期6～10月。喜阳光，适宜干燥、通风、凉爽环境，性耐寒，在土壤不太湿的条件下尤为显著。适于肥沃疏松园土，更适于偏碱性土壤，忌湿涝和黏土。

石竹如何养护？

石竹以播种繁殖为主，种子秋播或春播，发芽适宜温度21～22℃。播后约5天发芽，苗期生长适温为10～20℃。从播种到成熟需9～11周。石竹浇水以“不干不浇，宁干勿湿”为原则，保持盆土偏干，不能积水。大约10天浇一次，根据实际情况调整。注意，入冬之前要浇一次防冻水，浇透不积水，石竹基本要靠这次大水过冬了，在整个冬季，可以适当的浇水，但不需要浇透。此外还要浇春季返青水，让石竹恢复生长。浇这两次水要控制好量。生长期每3周施一次追肥，并进行2次摘心，促其分枝。花后剪除残枝，每隔1周施肥1次，9月可再次开花。

波斯菊喜欢什么样的生长环境？

波斯菊（*Cosmos bipinnatus*），又称大波斯菊、秋樱、扫帚梅等，菊科秋英属，原产墨西哥。一年生草本，株高60～100厘米。叶对生，二回羽状全裂。头状花序，顶生或腋生，花序径5～8厘米；盘缘舌状花，白色、淡红或红紫色，盘心黄色。花期7月至降霜。不耐寒，忌酷热，性强健，耐瘠薄，土壤过肥时，枝叶徒长，开花不良。短日照植物，要求光照充足。能自播繁衍。

波斯菊怎样繁殖？

波斯菊主要采用播种繁殖，3月中旬至4月中旬播种。苗期注意及时间苗。幼苗发生4片真叶后摘心、移植、定植，株距40～60厘米。土壤过肥时，植株高大，应及时设立支柱，以防倒伏。

波斯菊如何养护？

波斯菊喜阳光，应放置于光照充足的地方。其对土壤要求不严。干旱时可一天浇水2～3次，平日可1～2天浇一次水，但要避免盆土积水。如果上盆栽种时施以基肥，则生长期不需再施肥，土壤若过肥，枝叶易徒长；花期每月施肥1次。

波斯菊倒伏怎么办？

波斯菊植株高大且纤细，有时会出现倒伏的现象。可以通过以下三个方面防止倒伏：

（1）修剪和摘心。夏季可修剪几次，使其多分枝。在整个生长期，还可以多次进行摘心，这样可以使植株不断的矮化，就不会那么容易倒伏了，摘心还可促使多开花。

（2）播种时间后移。若要使植株低矮些，可在7～8月播种。此外，在其生长过程中要控制水肥，以防徒长，不致倒伏。

（3）搭设支架。在波斯菊的植株生长到一定的高度的时候，搭设支架可以起到支撑的作用。

金鱼草喜欢什么样的生长环境？

金鱼草（*Antirrhinum majus*），又名龙头花、龙口花、洋彩雀，玄参科金鱼草属，原产地中海沿岸及北非。多年生草本，作一、二年生栽培。株高15～120厘米，茎直立，微有茸毛。叶对生，上部叶螺旋状互生。总状花序顶生，长达25厘米以上；小花具短梗，花冠筒状唇形，外被茸毛，长3～5厘米；花有紫、红、粉、黄、橙、栗、白等色。花期5 ~ 7月。

金鱼草喜凉爽，喜阳光，稍耐半阴，不耐酷暑。典型的长日照植物，较耐寒，可在0 ~ 12℃气温下生长。喜排水良好、富含腐殖质、肥沃疏松的中性或稍碱性土壤。

金鱼草如何养护？

金鱼草以播种繁殖为主。在15℃条件下1 ~ 2周可发芽。播种至开花一般约需16周。幼苗期适宜温度为昼温12 ~ 15℃，夜温2 ~ 10℃。在两次灌水间宜稍干燥。待长出3 ~ 4片真叶、易于操作时进行移栽。若盆栽，用20 ~ 24厘米的盆定植。若田间定植则密度为株行距约30厘米 × 30厘米。苗期摘心可促进分枝，使株型茁壮丰满，但常因此延迟花期。高型品种应架设支撑网以防止倒伏，切花栽培应随时抹去侧芽，以使茎秆粗壮挺拔，提高花穗质量。

生长期每15天可追液肥一次，注意灌水。温室栽培应保持昼温12 ~ 18℃，夜温7 ~ 10℃。在适宜条件下花后保留15厘米茎秆剪除地上部分，加强肥水管理，可在下一季继续开花。施用0.02%GA_3有促进花芽形成和开花的作用。

金鱼草的果实是骷髅吗？

金鱼草的果实是蒴果，其开裂方式是孔裂，构成子房的各心皮在果实成熟后不分离，而是在每个心室上面裂开一个孔，然后种子散布出去，就是图片中看到的几个孔，造型看上去像一个个小骷髅。

鸡冠花喜欢什么样的生长环境？

鸡冠花（*Celosia cristata*），苋科青葙属，原产东亚和南亚亚热带和热带。一年生草本，株高20 ~ 150厘米。

茎直立粗壮。叶互生，长卵形或卵状披针形，有绿、红等颜色。肉穗状花序顶生，呈扇形、肾形、扁球形等；小花两性，细小、不显著；整个花序有深红、鲜红、橙黄、金黄或红黄相间等颜色。胞果卵形。喜干热气候，全光照，较耐旱，不耐寒。喜深厚肥沃、湿润、呈弱酸性的沙质壤土，适宜pH5 ～ 6，忌土壤积水。栽培适温为昼温21 ～ 24℃，夜温15 ～ 18℃。种子自播繁殖能力强，生活力可保持4 ～ 5年。

鸡冠花如何养护？

播种繁殖。从苗期开始要摘除全部的腋芽。鸡冠花生长期内需水较多，尤其炎夏应注意充分灌水，保持土壤湿润。种子成熟阶段应少浇水，以利于种子成熟，并较长时间保持花色浓艳。开花前应追施液肥。在鸡冠形成后，每隔10天施一次稀薄的复合液肥。植株高大、肉穗花序硕大的应架设支柱防止倒伏。在通风良好、气温凉爽的条件下，花期可延长。

雏菊喜欢什么样的生长环境？

雏菊（*Bellis perennis*），菊科雏菊属，原产欧洲西部、地中海沿岸、北非和西亚。多年生宿根草本，作一、二年生栽培。株高10 ～ 20厘米，茎、叶光滑或具短茸毛。叶基部簇生，长匙形或倒卵形，边缘具皱齿。头状花序单生于花茎顶部，花径3.5 ～ 8厘米；舌状花一轮或多轮，有白、粉、蓝、红、粉红、深红或紫色，筒状花黄色。花期暖地2 ～ 3月，寒地4 ～ 5月。果为瘦果。雏菊喜冷凉、湿润和阳光充足的环境。较耐寒，地表温度不低于3 ～ 4℃条件下可露地越冬，但重瓣大花品种的耐寒力较差。对土壤要求不严，在肥沃、富含有机质、湿润、排水良好的沙质壤土上生长良好，不耐水湿。

雏菊与白晶菊如何区分？

白晶菊（*Chrysanthemum paludosum*），菊科菊属，原产欧洲。白晶菊与雏菊都是舌状花白色，中央管状花黄色的品种，确实很难分辨。但根据叶子就可以将两者区分开。

雏菊叶基部簇生，长匙形或倒卵形，边缘具皱齿。白晶菊叶片互生，一至两回羽裂。

雏菊　白晶菊

雏菊如何养护？

雏菊常采用播种繁殖。南方多在8～9月播种，北方多在春季播种，也可秋播。播种后保持盆土湿润，浇水适当。种子发芽适温22～28℃，播后7～10天出苗。雏菊2～3片真叶时可移栽一次，5片真叶时定植。定植后，每隔1周左右进行一次浇水，花前约每隔15天施肥一次。夏季炎热天气往往生长不良，甚至枯死。

雏菊的养护禁忌是什么？

（1）忌炎热。雏菊耐寒，炎热条件下开花不良，易枯死。所以分株后可移至凉爽处，秋季加强肥、水管理，秋末和冬季可继续开花。

（2）忌光照不足。雏菊喜光，生长期要求光照充足。否则茎叶徒长而细长，开花极少。

白晶菊如何养护？

白晶菊喜光照充足且凉爽的环境。耐寒，不耐高温，生长适温15～25℃，30℃以上生长不良。适应性强，在疏松、肥沃、湿润的壤土或沙质壤土中生长最佳。

白晶菊花期较长，花期养护是最关键的。花期20～30天追肥一次，生长期每半个月追肥一次。浇水不要太频繁，7～10天浇一次，保持土壤湿润即可。

金盏菊喜欢什么样的生长环境？

金盏菊（*Calendula officinalis*），别名金盏花、长生菊，菊科金盏菊属，原产地中海地区和中欧、加那利群岛至伊朗一带。多年生草本，作一、二年生栽培。株高30～60厘米，全株被毛。叶互生，长圆形至长圆状倒卵形，基部抱茎。头状花序单生，花梗粗壮，花径5厘米左右。花期4～6月。

金盏菊适应性强，喜阳光充足的凉爽环境，长日照植物，不耐阴，怕酷热和潮湿，有一定的耐寒能力，我国长江以南可露地越冬，黄河以北需入冷床或进行地面覆盖越冬。耐瘠薄土壤和干旱，但以肥沃、疏松和排水良好的沙质壤土生长旺盛，土壤pH以6～7最好。

金盏菊如何养护？

金盏菊主要采用播种繁殖。常秋播或早春温室播种。金盏菊3片真叶时移植一次，5～6片真叶时可定植。定植后7～10天摘心，促使分枝。

生长期每15天施肥1次。第一茬花后，及时打掉已谢花朵，适当整枝，可延长花期。生长期应保证日照充足，对植株生长有利，如有过多雨雪天、光照不足，基部叶片容易发黄，甚至根部腐烂死亡。生长适温为7～20℃，温度过低需加保护，否则叶片易受冻害。冬季气温10℃以上，金盏菊发生徒长。夏季气温升高，茎叶生长旺盛，花朵变小，花瓣量显著减少。温室栽培空气湿度不宜过高，否则容易遭受病害，应加强通风来调节室内湿度。

美女樱喜欢什么样的生长环境？

美女樱（*Verbena hybrida*），马鞭草科马鞭草属，原产巴西、秘鲁、乌拉圭等南美热带地区。多年生草本，作一、二年生栽培。茎四棱，枝条横展，常呈匍匐状，多分枝，高30～40厘米，全株有毛。叶对生，长圆形，边缘有钝锯齿。花顶生或腋生，呈聚伞花序，花有蓝、紫、红、粉、白等色。花期6～9月。美女樱喜阳光充足，对土壤要求不严，但适宜肥沃而湿润的土壤，有一定的耐寒性，但夏季不耐干旱。

美女樱如何养护？

美女樱主要采用播种繁殖，可春播也可秋播。播种出苗后经过1～2次分苗，即可移植温床或营养钵中，然后在晚霜过后定植到露地。定植株距40厘米，定植成活后可摘心，促使其发生更多的二次枝。

美女樱应选择疏松、肥沃、排水良好的土壤。养护期水分不可过多过少，保持适当湿润。春、秋及冬季，每隔2～3天浇水一次；因其根系较浅，夏季应注意浇水，防治干旱，根据夏季天气情况每天浇水1次或早晚各1次。每15天需施薄肥1次。花后应及时将花头剪掉，也可以促使其再度开花。

茑萝喜欢什么样的生长环境？

茑萝（*Quamoclit pennata*），别名茑萝松、绕龙花、锦屏封，旋花科茑萝属，原产美洲热带。一年生缠绕性草本。茎细长，光滑，可达6米；叶互生。聚伞花序腋生，花冠呈高脚碟状，筒细长，2～4厘米，先端呈五角星状，径2.0～2.5厘米，猩红色，还有白及粉红色品种。花期7～10月。茑萝喜阳光充足、温暖气候，不耐寒，怕霜冻。不择土壤，耐干旱、瘠薄。直根性，能自播。茑萝生长攀缘直上，用于棚架、篱笆、树旁，或在房前栽培。还可盆栽，放在阳光充足的阳台上牵引攀缘，还可作地被花。

茑萝常见的种类有哪些？

（1）羽叶茑萝。茑萝最常见栽培品种。叶片好似羽毛，纤细柔软。植株缠绕生长，蔓长达6～7米，开深红色的小花，花朵呈五角星形，花冠有鲜红色、纯白、粉红等颜色。

（2）圆叶茑萝。别名橙红茑萝，原产美国东南部。一年生草本。叶心状卵形至圆形。花橙红或猩红色，喉部稍呈黄色，筒长约4厘米。

羽叶茑萝

圆叶茑萝

（3）槭叶茑萝 。别名葵叶茑萝、掌叶茑萝。为羽叶茑萝与圆叶茑萝的杂交种，生长势强。叶掌状深裂，宽卵圆形。花红色至深红色，喉部白色，筒长约4厘米，开花繁多。

茑萝如何养护？

茑笃萝繁殖采用播种繁殖。一般于早春4月露地直播，当苗高10厘米时定苗，栽植前应施入基肥，种在庭院篱笆下或棚架两旁，疏垂细绳供其缠绕。居住楼房的，可用浅盆播种。随幼苗生长，及时用细线绳牵引，亦可用细竹片扎成各式排架，做成各式花架盆景。生长季节适当给以水肥。地栽笃萝每7 ~ 10天浇1次水，开花前追液肥1 ~ 2次。盆栽也需要施基肥，生长期每月追施1次液肥，保持盆土湿润状态。

茑萝的养护禁忌是什么？

（1）忌牵引、移植过晚。茑萝可匍地生长，下层枝叶易枯黄、萎蔫，应及时清理或及早牵引，以保持生长期绿色效果。

（2）忌移栽。属直根系植物，不耐移栽。要尽早移植、定植。

（3）忌阴暗。忌摆放阴暗的地方，否则花少或不开花。

旱金莲喜欢什么样的生长环境？

旱金莲（*Tropaeolum majus*）又叫金莲花，旱荷花，旱金莲科旱金莲属，原产南美秘鲁、巴西等地。多年生的半蔓生或倾卧植物，常作一、二年生花卉栽培。植株高30 ~ 70厘米，花色有紫红色、橘色、黄色等。旱金莲茎可缠绕生长，叶子形状如碗莲，叶肥花美，具有很高的观赏价值。喜温和气候，不耐严寒也不耐酷暑。适宜的生长温度在18 ~ 24℃，冬、春、秋三季都需充足的光照，夏季盆栽忌烈日暴晒。旱金莲栽培宜用富含有机质的沙壤土，pH 5 ~ 6。

旱金莲如何养护？

旱金莲生长期每2 ~ 3周施肥1次，施肥后要及时松土，浇水宜采取小水勤浇的办法，保持土壤水分50%左右。夏天应每天浇水，傍晚时向叶面上喷水，以保持较高的湿度，开花后也应减少浇水量，防止枝条徒长。旱金莲的花、叶子具有较强的趋光性，栽培过程应经常转盆，使其生长均匀，否则很容易倒向一边。

虞美人与罂粟如何区分？

虞美人（*Papaver rhoeas*），别名丽春花、赛牡丹，罂粟科罂粟属。原产欧洲中部及亚洲东北部。一、二年生草本。很多人会分不清虞美人和罂粟花，一起来看看如何区分它们吧。

虞美人怎样繁殖？

虞美人采用播种繁殖。早春播种最佳。一般播前深翻土地，施足基肥。直接将种子洒在土壤表层，尽量避免种子被土壤淹没或浇灌时深陷土壤里。保持良好土壤湿润、合适温度（15 ～ 20℃）且阳光充足。

虞美人如何养护？

虞美人待长出4片真叶时移苗，定植时必须带土，或在营养钵、小纸盒中育苗，连同容器一并定植，否则常出现叶片枯黄而影响生长。生长期要求光照充足，每天至少要有 4 小时的直射光。生长期喜潮润的土壤，要适时浇水。浇水应掌握“见干见湿”的原则，刚栽植时控制浇水，以促进根系生长，现蕾后充足供水，保持土壤湿润。在开花前应施稀薄液肥 1 ～ 2 次。在孕蕾开花前再施 1 ～ 2 次稀薄饼肥水即可，花期忌施肥。虞美人较耐寒，但冬季严寒地区仍需加强防寒工作。地播的入冬加盖草帘，严冬时再加盖一层塑料薄膜防寒。盆钵要及时移至温室内。

蒲包花是什么样的植物？

蒲包花（*Calceolaria* × *herbeohybrida*），别名荷包花，玄参科蒲包花属，原产墨西哥、秘鲁、智利一带。多年生草本，作一、二年生栽培。株高20 ～ 40厘米，全株有短茸毛。叶卵圆形。花奇特，形成两个囊状物，上小下大，形似荷包，故又名荷包花；花有黄、红、紫色，间各色不规则斑点。花期2 ～ 6月。果实为蒴果。

蒲包花的属名“*Calceolaria*”，源自拉丁文“calceolus”（意为拖鞋）。蒲包花有个很小的花上瓣和巨大的花下瓣，这种形态与其传粉密切相关。蒲包花的家乡有许多“集油型”（Oilcollecting）蜜蜂，大部分蒲包花都进化出产生芳香精油的油腺以吸引蜜蜂。在蜜蜂用中后足采集精油时，其头部或背部接触到上瓣处的花蕊，就会沾上花粉传递给下一朵花。

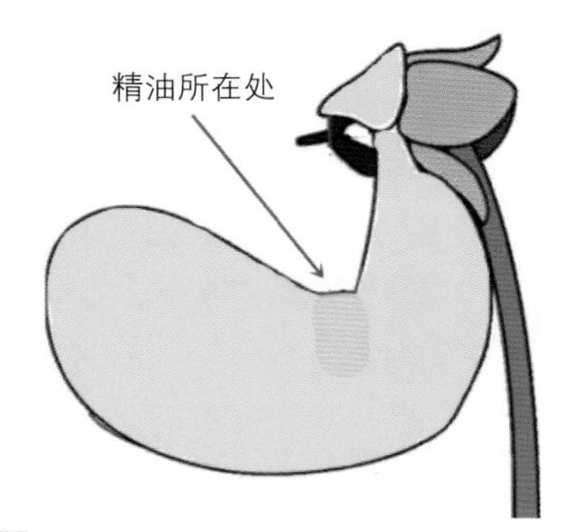

蒲包花喜欢什么样的生长环境？

蒲包花喜温暖、湿润而又通风良好的环境。不耐寒，忌高温高湿，生长适温7 ~ 15℃，开花适温10 ~ 13℃，高于25℃时不利其生长。好肥、喜光，要求排水良好、微酸性、含腐殖质丰富的沙质壤土。长日照可促进花芽分化和花蕾发育。

蒲包花怎样繁殖？

蒲包花一般采用播种繁殖。宜在8月下旬至9月上旬天气转凉时在室内盆播。否则温度过高常因造成烂苗。播种土最好经过灭菌，并用0.5毫米的筛子过筛，底部应放粗土，上面放细土。种子细小，一般可和沙混合播种，播后上面盖一层细土，出苗前，可放在阴处，并盖上玻璃，温度保持在18 ~ 20℃，经7 ~ 10天即可出苗。出苗后即可移至见光处，同时去掉覆盖物，温度降到15℃，有利于幼苗生长。如果苗过密，注意间苗。

蒲包花如何养护？

蒲包花苗长到5 ~ 6片叶子时，可移栽到直径20厘米的盆中。盆土可用腐叶土、泥炭土和沙子（沙子需洗去盐，晒干）以3 ∶ 1 ∶ 1的比例配制，并加入少量肥料，pH6.5左右为宜。浇水要见干见湿。生长季温度不能低于8℃，开花期间温度保持在5 ~ 8℃。一般每7 ~ 10天浇液肥1次。冬季在低温温室栽培，保持相对湿度80%以上。注意通风，保持适当盆距，避免拥挤徒长。

蒲包花冬季开花，天然授粉能力较差，常需人工辅助授粉。

蒲包花的养护禁忌是什么？

（1）忌通风不良。如天气闷热，容易造成植株基部叶片腐烂。

（2）忌大水。浇水要见干见湿，防止水分积聚在叶片或者芽上，否则容易腐烂。

（3）忌空气干燥。容易造成生长不良，影响开花。

福禄考喜欢什么样的生长环境？

福禄考（*Phlox drummondii*），别名小天蓝绣球、金山海棠，花荵科天蓝绣球属，原产北美南部。一年生草本，株高15 ~ 40厘米。聚伞花序顶生，花具较细的花筒，花冠五浅裂。花色有白、黄、粉红、红紫、斑纹及复色，以粉及粉红为常见。花期6～9月。福禄考喜阳光充足的环境，稍耐寒，不耐高温，忌过肥、水涝和碱地。

福禄考如何养护？

福禄考主要采用播种繁殖，春播或秋播。种子发芽率较低，应在幼苗期精细管理。福禄考秋播幼苗生长缓慢，常上盆（直径13～16厘米）于冷床越冬，翌春3月下旬定植，株距约30厘米。春播出苗后进行1～2次分苗，分苗时要尽量少伤根，可带些土进行移植，一般在5月下旬定植，若为露地及花坛中定植的株行距应小些，一般为20厘米×30厘米；在作盆花时，每盆应定植3株，以保证株型丰满。生长期不需特殊的管理。保证阳光充足，适当浇水即可。

香雪球喜欢什么样的生长环境？

香雪球（*Lobularia maritima*）别名庭荠，十字花科香雪球属，原产地中海沿岸，是一种非常好的蜜源植物。香雪球外型美观，花期比较长，并且开花时散发出阵阵幽香，是家庭养殖和花坛布置的最佳选择。多年生草本，作一、二年生栽培。株高15～30厘米，多分枝。叶互生，披针形。总状花序顶生，小花繁密，呈球状，花色有白、淡紫、深紫、浅堇、紫红等。花期6～10月。有重瓣和斑叶观叶品种。

香雪球喜冷凉、阳光充足的气候，稍耐寒，稍耐阴，忌炎热。喜湿润、肥沃疏松、排水良土壤。较耐干旱、瘠薄，忌涝。

香雪球怎样繁殖？

香雪球主要采用播种繁殖，也可用嫩枝扦插繁殖。可春播或秋播。基质可以用营养土或者河沙、泥炭土等，播种前要对基质进行消毒。用温热水把种子浸泡12～24小时给种子催芽。由于种子较小，可以把牙签的一端用水沾湿，把种子一粒一粒放在基质的表面，然后覆盖约1厘米厚的基质，稍加镇压，然后把播种的花盆放入水中，水的深度为花盆高度的1/2～2/3，让水慢慢地浸上来。发芽适温20～25℃，5～10天出苗。幼苗生长适宜温度10～13℃，经8～11周开花。

香雪球如何养护？

香雪球在昼温17 ～ 20℃、夜温10 ～ 13℃下生长良好。适时施肥和供水，要求遵循“淡肥勤施、量少次多、营养齐全”和“见干见湿，干要干透，不干不浇，浇就浇透”的两个原则，并且在施肥过后，晚上要保持叶片和花朵干燥。花期浇水施肥相互交替，间隔周期为2 ～ 4天。注意中耕除草和病虫防治。开花的时候，将残花剪掉，可以适当的延长香雪球的花期。注意，在夏季之前对其进行重剪，秋季的时候开花更加旺盛。在香雪球开花后，结合采种修剪残花，可以促使新的开花枝条的生长。在植株老化的时候进行重剪，可以更新植株，使其再次开花。

四季秋海棠喜欢什么样的生长环境？

四季秋海棠（*Begonia semperflorens*）别名秋海棠、虎耳海棠、玻璃海棠，秋海棠科秋海棠属，原产巴西。多年生草本，常作一年生栽培。聚伞花序腋生，花色有红、粉红、白色等，单瓣或重瓣。

四季秋海棠喜阳光，稍耐阴，怕寒冷，喜温暖稍阴湿的环境和湿润的土壤，但怕热及水涝，夏天注意遮阴、通风排水。

四季秋海棠如何养护？

四季秋海棠以播种繁殖为主，春播或秋播，夏季高温不易发芽。室内观赏可根据要求的花期确定播种时间，一般播后8 ～ 10周开花。

（1）盆土配制。腐叶土：园土：沙=5 ：3 ：2，或者泥炭土：腐叶土：沙：珍珠岩=4 ：3 ：2 ：1。

（2）浇水。四季秋海棠喜湿润的空气环境和湿润的土壤，怕干燥也怕积水。春、秋季节是生长开花期，水分要适当多一些，盆土稍微湿润一些；浇水的同时应定期向四周喷雾，以增加空气湿度，浇水的原则为“不干不浇，干则浇透”。在夏季和冬季是四季秋海棠的半休眠或休眠期，水分可以少些，让盆土稍干些，特别是冬季更要少浇水。温度低于15℃应减少浇水次数，气温低于10℃时，应使盆土偏干。但若冬天室内温度保持在15℃以上，应正常浇水，保持盆土湿润。冬季浇水在中午前后阳光下进行，夏季浇水在早晨或傍晚进行为好。

（3）施肥。需肥量大，每周追稀薄肥1次。施肥后要用喷壶在植株上喷水，以防止肥液沾在叶片上而引起黄叶。生长缓慢的夏季和冬季，少施或停止施肥，以避免因茎叶发嫩造成植株抗热及抗寒能力减弱，进而发生腐烂。花芽形成期增施1～2次磷钾肥，现蕾开花期多施磷肥，促使多孕育花蕾，花多色艳。如果此期缺肥，植株会枯萎，甚至死亡。

（4）摘心。苗期摘心可使株型丰满。当幼苗长到10厘米左右高时，将其上部顶芽摘去，促使腋芽长出嫩枝。为了使植株冠大、整齐、美观，可以见花蕾便摘掉，促使侧枝生长。

洋桔梗喜欢什么样的生长环境？

洋桔梗（*Eustoma grandiflorum*），别名龙胆花、丽钵花、大花桔梗，龙胆科草原龙胆属，原产北美。一、二年生草本。株高60～90厘米，茎直立，单叶对生，卵圆形。花序圆锥状，花冠漏斗形，有粉红、白、蓝色、蓝白等色。每枝花茎着花20～40朵，需经过一段低温期才能开花。洋桔梗喜温暖、湿润和阳光充足的环境。较耐旱，不耐湿。生长适温为15～28℃，夜间温度不能低于12℃。温度超过30℃，花期明显缩短。要求疏松、肥沃和排水良好的土壤，pH6.5～7.0为宜，切忌连作。

洋桔梗怎样繁殖？

常用播种繁殖，可以室内盆播，也可以直接露地播。适宜播种时间在11～12月。不同月份进行播种，播种至开花的天数有很大的差异。洋桔梗种子细小，通常每克种子大约1万粒。播种前预先将种子在水中浸泡，除去上层漂浮的不成熟种子，浸泡48小时。将浸泡的种子捞出，稍晾干即可播种。播种土用前要消毒，可使用0.3%福尔马林或高锰酸钾消毒处理。育苗营养土各成分的比例为园土：泥炭土：沙：稻壳（或珍珠岩）=3：4：2：1，采用浸水的方法使土壤吸水充分，保持土面平整。播种时，用0.1毫米孔径的筛子筛过的细沙与种子混合播种，细沙与种子约为100：1的比例，充分混匀后，均匀撒在播种苗床上，每平方米大约播8 000粒种子，播后不覆土，在苗床上覆盖塑料薄膜，每天翻动2遍，抖掉上面蒸发的水汽。发芽期要保持土壤湿润。30℃是洋桔梗种子萌发的最适温度。此外，种植密度过大时要注意间苗。待幼苗长到4片真叶时，可定植于直径8～15厘米的盆中、温床或露地。育苗期从播种到4片叶大约需要2个月的时间，这段时间对温度要求比较严格，发芽后白天要使幼苗在22～25℃的条件下生长，夜间的温度应降到13～15℃，使之有一个相对低温的过程和一定的温差，以通过春化阶段，才能开花。洋桔梗在发芽期需要充足的水分，但发芽后，应适当控制水分。苗期可采用间歇喷雾进行水分供应。

洋桔梗盆花如何养护？

（1）浇水、施肥要适量。对水分要求严格，喜湿润，但水分过多对根部生长也不利，若供水不足，茎叶生长细弱，并提早开花。对光照反应较敏感，长日照有助于茎叶生长和花芽形成。最好采用滴灌的浇水措施。花蕾形成后，需要避免高温高湿的环境，否则极易引起真菌性的病害。在种植洋桔梗之前，在土壤中要加入厩肥、骨粉等作为基肥，因为洋桔梗对肥料的需求比较大，所以在生长过程中要及时追肥。

（2）盆土要消毒。

（3）光照适宜。洋桔梗不喜光照过强，每天接受4小时左右光照即可正常生长。为了使花梗更长，可在夏季对洋桔梗进行遮光处理，以35%的遮光率较为合适。

（4）减少昼夜温差。如果昼夜温差过大，易出现叶尖失绿现象，因而应注意尽量减小昼夜温差。

洋桔梗瓶插如何养护？

洋桔梗鲜花对水分的需求很大，在采后各阶段都要保证足够的水分供给，不然会缩短观赏寿命。在购买后要尽快插水恢复，可使用一些鲜花保鲜液来延长观赏期。如插于清水，瓶插时间长了之后，枝秆下部的维管容易堵塞，可采用45°斜剪的方式修剪枝秆使其重新吸水，每次修剪5厘米左右。

洋桔梗切花茎容易弯，该如何处理？

洋桔梗茎部中含有乳汁，容易阻碍吸水，从而使花茎弯曲。可在瓶插液中加入水量1%的药用酒精。这就好像人们喝了酒后，促进血液循环一般。如果只加酒精，瓶水仍易发酸，故酒精要加在稀释1 000倍的抑菌剂中，则瓶水不易变酸，可在夏日保持1周左右。

洋桔梗顶部叶片卷曲怎么办？

洋桔梗出现顶部叶片卷曲，梢头似烤焦状，可判断是植株缺钙。防治方法是要经常进行叶面喷施钙肥，以促进植株对钙的吸收。

宿根花卉

什么是宿根花卉？

宿根花卉指地下器官形态未发生肥大变态的多年生草本花卉，为常绿草本或地上部在花后枯萎，虽然这一特性使得其在冬季显得缺乏生机，但是却可以反映季节的变化。一般以地下部着生的芽或萌蘖越冬、越夏。

宿根花卉有什么特点？

（1）具有存活多年的地下部。宿根花卉多数种类具有不同粗壮程度的主根、侧根和须根。主根、侧根可存活多年。

（2）休眠及开花特性。原产温带的耐寒、半耐寒宿根花卉具有休眠特性，其休眠器官（芽或莲座枝）需要冬季低温解除休眠，次年春季萌芽生长，通常由秋季的凉温与短日条件诱导休眠器官形成。春季开花的种类越冬后在长日条件下开花，如风铃草属的一些种等；夏秋开花的种类需在短日条件下开花或短日条件可促进开花，如秋菊、紫菀等。原产热带、亚热带的常绿宿根花卉，通常只要温度适宜即可周年开花，但夏季温度过高可导致半休眠，如鹤望兰等。

（3）无性繁殖为主。其最普遍的繁殖应用方式是分株繁殖，有的也可利用叶芽扦插。

（4）多年开花不断。一次种植后可以观赏多年。

菊花喜欢什么样的生长环境？

菊花（*Chrysanthemum morifolium*），菊科菊属，原产我国。多年生宿根草本。品种丰富，全世界有2万～2.5万个，我国现存3 000个以上。菊花适应性很强，喜冷凉，具有一定的耐寒性。喜充足阳光，但也稍耐阴，较耐干，最忌积涝。生长适宜温度18～21℃，最高32℃，最低10℃。花期夜间最低温度17℃，开花中后期可降至13～15℃。喜地势高、土层深厚、富含腐殖质、疏松肥沃而排水良好的沙壤土。中性和微酸性土壤均可生长，pH以6.2～6.7为宜。忌连作。

菊花如何养护？

适宜种在采光良好的阳台或者庭院，用土以肥沃、排水良好的沙质土壤为宜。菊花开放时可临时搬进室内，时间不得超过1周。春季菊苗幼小，浇水宜少；夏季菊苗长大，浇水充足，立秋前要适当控水控肥，开花前要加大浇水量并施肥。冬季应严格控制浇水。

日常养护可通过打顶、控水、控肥来控制高度。

菊花的养护禁忌是什么？

（1）忌积涝。浇水不可过多，造成积水容易烂根。

（2）忌浇“半截水”。即浇水仅湿表土，位于深土层的根系仍处于干燥状态，这样易造成菊株老化、脱叶，甚至蔫萎枯死。浇水应掌握“干透浇足”的原则。

（3）忌大盆养小苗或小盆养大苗。幼苗期移栽于直径12厘米的小盆；壮苗期换入直径15厘米的花盆；花蕾分化期换入直径20厘米的花盆。

康乃馨喜欢什么样的生长环境？

康乃馨（*Dianthus caryophyllus*）又名香石竹，石竹科石竹属，原产地中海区域、南欧及西亚。康乃馨是世界四大切花之一。花色极为丰富，有红、紫红、粉、黄、橙、白等单色，还有条斑、晕斑及镶边复色；现代康乃馨已少有香气。果为蒴果。我国目前栽培的多数为大花型标准康乃馨。

（1）土壤。喜保肥性好、通气和排水性好、腐殖质丰富的黏壤土。最好掺有占土壤体积30%～40%的粗有机物（可用泥炭+珍珠岩），适宜pH6.0～6.5。忌连作。

（2）温度。喜冷凉气候，但不耐寒，生长适温15～21℃，一般来说冬、春季节白天宜保持15～18℃，晚上宜保持10～12℃；夏、秋季节白天宜保持18～21℃，晚上宜保持12～15℃。

（3）湿度。喜干燥、通风良好的环境，忌高温多湿。

（4）光照。喜日光充足的环境。

康乃馨为什么是母亲节最受欢迎的花？

在1914年，Anna Jarvis提出了设立一个纪念日来纪念默默无闻做出奉献的母亲的提案获得通过，而这个日子就是我们现在熟知的母亲节（5月的第二个星期天）。于是她母亲生前最爱的康乃馨也就成了母亲节的象征。1934年，为了纪念提案通过20周年，全美士兵母亲协会主席的麦克鲁斯夫人向时任美国总统的罗斯福提出发行一枚母亲节纪念邮票的提议，没想到，罗斯福不仅同意该提议并且亲自设计了这枚邮票的草图，这枚邮票图案的原型取材于美国著名画家惠斯勒的《灰与黑的协奏曲：画家母亲肖像》。原来的画中是没有康乃馨的，设计邮票时为了使构图更加平衡，画面更加和谐，于是加入了康乃馨的元素。随着后来该款邮票的发行和母亲节的普及，送给母亲康乃馨变成了各国公认的传统。

盆栽康乃馨如何养护？

要求用排水良好、富含腐殖质的土壤。种植前最好对土壤消毒，但要避免使用溴化物。施足基肥，每667米^{2}施入腐熟鸡粪3 500千克、过磷酸钙150千克、草木灰200千克。

浇水定植后在植株四周浇水，避免从茎叶上淋水或从根蔸浇水，使根蔸土壤经常保持一定干燥。初栽苗株易于萎蔫，晴天需每天喷水。1周后根系开始生长，不必每天喷水，并要适当减少浇水量，促进根系向土壤下层生长。露地种植康乃馨宜沟灌，在行间开沟。灌溉中注意在根颈周围保留适量干土，防止根颈部过湿，温室种植可滴灌，使土壤湿润而地表保持干燥。

每月施肥1次。康乃馨缺硼时表现为节间短，花朵颜色变淡，有时出现畸形花或花瓣数减少等症状，所以在生产中应注意补充硼肥。

康乃馨插花养护保鲜技巧有哪些？

（1）花的选择。选择颜色鲜艳、花苞较大且整齐的康乃馨，一般花苞开放3 ～ 4朵为宜；其次要选择茎干粗壮并且无斑的康乃馨；最后选择叶片无斑、无病害、营养足的花枝。

（2）枝条修剪。在康乃馨的根部斜着剪口，增大吸水面积，从而可使花枝吸收更多水分。

（3）浇水方法。康乃馨不可往花头直接喷水，容易引起花头腐烂。所以在喷水时，我们可以先在花头上盖一层厚点的卫生纸，然后将清水均匀地洒在上面，使水慢慢渗入，以此来延长花期。

(4) 要去除泡在水里的叶片，以免滋生细菌，造成腐烂。可在水中加入抗乙烯的保鲜剂。

(5) 在插花之前，可以轻剥花头使花头充分打开，可以增加美观度并延长观赏时间。

芍药喜欢什么样的生长环境？

芍药（*Paeonia lactiflora*），芍药科芍药属。原产中国北部、朝鲜及西伯利亚，是中国最古老的传统名花之一。

芍药在全世界目前有1 000余个品种。植株高大和大花品种需要支撑。花有单瓣、半重瓣、重瓣等类型。

芍药适应性强，耐寒，我国各地均可露地越冬。忌夏季炎热酷暑，喜阳光充足，也耐半阴。要求土层深厚、肥沃而又排水良好的沙壤土，忌盐碱和低湿洼地。芍药花芽在越冬期需接受一定量的低温方能正常开花，故促成栽培需采取人工冷藏法，在2℃下贮藏25 ~ 50天，早花品种需冷量低，晚花品种需冷量高。芍药寿命长，但不适宜移植。

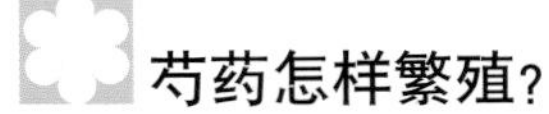

芍药怎样繁殖？

芍药以分株繁殖为主。分株常于9月初至10月下旬进行，此时地温比气温高，有利于伤口愈合及新根萌生，古有谚语云："春分分芍药，到老不开花"。分株时每株丛需带2 ~ 5个芽，顺自然纹理切开，在伤口处涂以草木灰、硫黄粉或含硫黄粉、过磷酸钙的泥浆，放背阴处稍阴干待栽。分株繁殖的新植株隔年能开花。为不影响开花观赏，可不将母株全部挖起，只在母株一侧挖开土壤，切割部分根芽，如此原株仍可照常开花。

芍药如何养护？

秋季定植宜选阳光充足、土壤疏松、土层深厚、富含有机质、排水通畅的地方栽植。定植前深耕25 ~ 30厘米，施足基肥。种植时芽顶端与土面平齐，田间栽培株行距50厘米 ×60厘米，园林种植50厘米 ×100厘米，视配置要求及保留年限而定。除栽植时施足基肥外，每年追肥2 ~ 3次。第一次在展叶现蕾期；第二次于花后；第三次在地上部枝叶枯黄前后，可结合刈割、清理进行，此次可将有机肥与无机肥混合施用。

为保证顶花发育，常于4月下旬现蕾期将侧蕾摘除。若不留种子，花后应立即剪去残花或果实，减少养分消耗。高型品种作切花栽培易倒伏，需设支架或拉网支撑。夏季酷热宜用遮阳网降温，有利于增进花色。早霜后需及时剪除枯枝。切花栽培在定植的第一年重点是培养植株，可将花头剪去。第二年植株已养成，每株可留2～3支花。第三年以后生长旺盛，产花枝增加，但仍应适当疏、间花枝，以便维持生长势。

芍药和牡丹如何区分？

芍药和牡丹的花形状相似，其实很容易区别，花的样式太多，从以下两个方面辨别最简单：

（1）芍药是多年生宿根草本，牡丹为木本植物。牡丹的枝干比芍药木质化程度高，在冬天牡丹会有老枝干留在地上，而芍药的地上部分完全凋零。

（2）芍药叶片狭长，上部多为单叶，深绿色；牡丹叶片三裂，颜色绿偏黄。

芍药　牡丹

芍药为什么几年不开花？

如果是新生苗，没有贮藏足够的养分，无法满足植株开花所需要的营养，这时你只需要耐心等待，2～3年之后根系茂盛，变成成龄苗，就会在4月开花。

另外生长不良，养护不当都会导致芍药不开花。要加强养护，将植株放在向阳又通风的地方，盆土要肥沃疏松，避免积水，同时注意及时补充养分，开花前后、冬季休眠期、生长期施肥。

鸢尾是什么样的植物？

鸢尾（*Iris* spp.），鸢尾科鸢尾属，花具有和彩虹一样的色彩和斑纹，所以拉丁学名来源于希腊神话中的彩虹女神。多年生草本，地下部分为匍匐根茎、肉质块状根茎或鳞茎。基生叶二列互生，剑形或线形。花梗从叶丛中抽出。花被6枚，外轮3枚平展或下垂，称垂瓣；内轮花被片直立或直拱形，称旗瓣。内、外花被片基部联合呈筒状。花期春、夏季。蒴果。鸢尾属有200余种，分布于北温带，我国约有45种。

鸢尾喜欢什么样的生长环境？

鸢尾对生长环境的适应性因种而异，大体可分为两大类型。第一类根茎粗壮，适应性强，但在光照充足、排水良好、水分充足的条件下生长良好，亦能耐旱，如德国鸢尾、香根鸢尾、鸢尾等。第二类喜水湿，在湿润土壤或浅水中生长良好，如燕子花、溪荪、蝴蝶花、玉蝉花、拟鸢尾等。

鸢尾怎样繁殖?

鸢尾属植物根据地下茎的不同分为宿根鸢尾和球根鸢尾二大类：地下部为根状或根茎状的鸢尾是宿根鸢尾，地下部为球茎状的为球根鸢尾。宿根鸢尾多采用分株繁殖，但有时也可用种子繁殖。球根鸢尾通过种球繁殖。一只种球经过一年的种植开花后养分将会耗尽，产生新球，新球周围又会有许多子球，子球通过1～2年的种植，又可发育成开花球。切花生产上都采取播种繁殖和组织培养繁殖，盆栽则采取分株繁殖，在春、秋季可以把生长旺盛的植株分开，分别上盆养护。

鸢尾如何养护?

园林栽培鸢尾虽然一年中不同季节都可栽种成活，但以早春或晚秋种植为好。

鸢尾种植后，土壤温度是最重要的因素，土温要控制在16～18℃。土温的高低直接影响到出苗率。土壤用腐殖土和稻壳、泥炭土、粗沙混合，这样既可以保湿又可以防止积水。即便是对耐水性鸢尾也适合。

盆栽鸢尾必须放置在向阳的地方，鸢尾适宜生长温度为15～25℃，可以承受的最低温度为5℃。高温下应该适当遮掩，鸢尾有的品种不耐寒，因此在冬季要进入室内养护。

鸢尾喜湿，应该多浇水，但是有的品种不耐积水，因此要注意花盆的排水性。在施肥上，鸢尾对氟元素敏感，因此含氟的肥料和三磷酸盐肥料禁止使用。反之如二磷酸盐肥料则应使用。可以使用磷酸二氢钾，薄肥勤施，生长季节15天施一次即可。

鸢尾容易遭受真菌病害，因此要常备百菌清类的杀菌剂。

君子兰有哪些种类?

君子兰（*Clivia*），石蒜科君子兰属，原产非洲南部。多年生常绿草本。花期1～5月。君子兰属有3个种，即大花君子兰、垂笑君子兰和窄叶君子兰，我国栽培的是前两种。

大花君子兰

垂笑君子兰

君子兰喜欢什么样的生长环境?

君子兰不耐寒，适应周年温和湿润气候，生长适温15～25℃，低于10℃生长受抑制，低于5℃停止生长，

0℃以下受冻。夏季高温叶易徒长，使叶片狭长，并抑制花芽形成；而生长期适度低温可使叶片短、壮、宽、厚，利于花芽形成，提高观赏效果。温暖地区可露地栽培，长江以北宜温室盆栽。君子兰喜湿润，由于肉质根能贮藏水分，故略耐旱，但忌积水。宜半阴环境，喜漫射光，忌夏季阳光直射。喜疏松透气并富含腐殖质的沙壤土，忌盐碱。自然条件下，春、秋两季温度适宜，君子兰生长迅速，冬、夏温度过低或过高则生长停滞。君子兰寿命可达20～30年。每一花序开放30～40天。通常一年开花1次，管理得当一年可开花2次，即1～2月一次，8～9月一次。

君子兰怎样繁殖?

君子兰常用分株繁殖和播种繁殖，这里主要讲分株繁殖。四年生以上的植株在叶腋内发生吸芽，待其长到有5～6片叶、芽的下方发生肉质根后可进行分株，一年中各季均可进行，但常在春、秋季温度适宜时结合换盆进行，夏季高温季节应避免进行分株。分株前适当控水，因母株根系发达，分割时可全盆倒出，慢慢剥离盆土，注意不要弄断根系。切割腋芽，最好带2～3条根，切口用木炭粉涂抹，待伤口干后上盆栽植，芽上盆后，要控制浇水，放置阴处，半个月后可正常管理。分株苗3年开始开花，可保持母株优良性状。

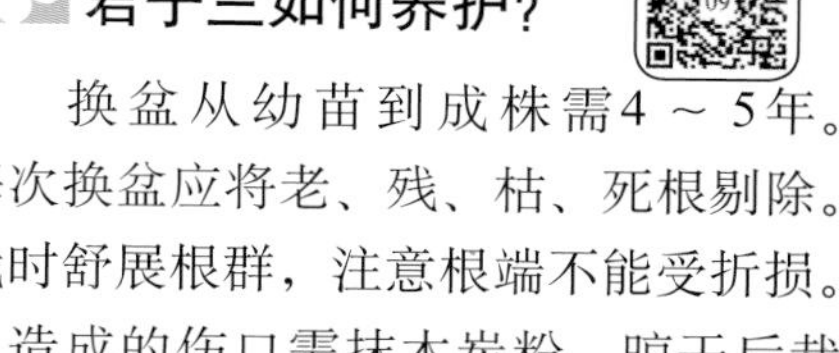

君子兰如何养护?

换盆从幼苗到成株需4～5年。每次换盆应将老、残、枯、死根剔除。栽时舒展根群，注意根端不能受折损。已造成的伤口需抹木炭粉，晾干后栽种。盆土可用2/3森林腐叶土加1/3河沙，消毒后使用。新上盆的幼苗一般不需要施肥，待长到2叶、种子营养耗尽时，开始施用稀释的液态有机肥。两年生苗约每10天施用一次液态有机肥，还需适时补充固态有机肥，三、四年生君子兰除按此方法施肥之外，在换盆时还可混合固体肥做基肥，但应避免肥料与根系的直接接触。施肥量除随株龄增长而增加外，还应随季节变化而调整。春、秋季生长旺盛期可多施，夏、冬季应少施或停止施肥。

君子兰适宜摆放在哪里?

宜放置半阴环境，空气湿润、通风的场所。摆放君子兰时，最好使叶片的展开扇面与光源平行或垂直，大约10天调换180°这样可使两列叶片相对成扇形整齐地开展，提高观赏品质。夏季阳光暴晒会造成日灼，在室内应放在离直射光稍远的位置。

君子兰如何选择花盆?

君子兰根肉质肥大，无分枝，宜采用高型筒盆。生长期生长迅速，通常每半年至1年换盆一次，不断增加花盆容量，如不更换大盆，则肉质根卷曲拥挤，影响营养吸收。成年植株可1～2年换盆一次。

规格（寸*）	盆高（厘米）	盆口径（厘米）	盆底径（厘米）	叶片数
4	13	15	11	2～3
5	15	16	12	4～5
6	16	20	13	6～7
7	20	22	15	8～10
8	22	26	18	11～15
10	26	30	20	16～20
12	28	34	22	20以上

注：1寸≈3.33厘米。

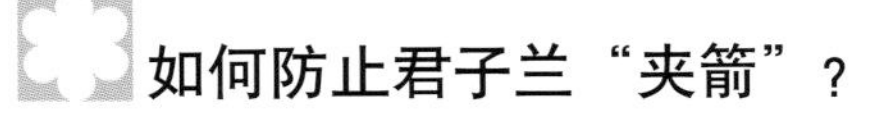

如何防止君子兰“夹箭”？

“夹箭”是指花茎发育过短，花朵不能伸出叶片之外就开放从而降低观赏效果的现象。花茎抽生时温度低于15℃，或由于缺水缺肥造成花茎生长不良，都会产生“夹箭”现象，针对上述原因，可通过提高温度至20℃和增施液肥加以防止。

君子兰烂根怎么办？

土壤水分过多、盆土通气不畅、温度过高、肥料过浓或施用未经腐熟的有机肥，常易发生烂根，在管理上应注意。发现烂根时，应及时将植株从盆中磕出，抖掉附土，清除腐根，并用高锰酸钾或其他杀菌剂冲洗根部进行消毒，在伤口处涂混有硫黄粉的木炭粉，待伤口干燥后换土换盆栽种。新栽植株适当控水15～20天，可逐渐恢复生长。

兰花有哪些种类？

兰花泛指兰科中具观赏价值的种类，因形态、生理、生态都具有共同性和特殊性而单独成为一类花卉。兰科是种子植物中的大科，有20 000～35 000种及天然杂种，人工杂交种超过40 000种。我国原产1 000种以上，并引种了不少属、种。兰科植物广布于世界各地，主产于热带，约占总数的90%，其中以亚洲最多，其次为中、南美洲。

兰花为多年生草本，地生、附生及少数腐生，直立及少数攀缘。地生种常具根茎或块茎，附生种常有假鳞茎及气生根。多数种的花美丽，有的具芳香，花被片6，2轮，外轮为花萼，内轮为花冠，萼通常彩色，花冠状。按生态习性分如下3类：

类型	特点	代表种
地生兰类	根生于土中，通常有块茎或根茎，部分有假鳞茎。产于温带、亚热带及热带高山	杓兰属、兜兰属大部分种
附生及石生兰类	附着于树干、树枝、枯木或岩石表面生长，通常具假鳞茎，贮存水分与养料，适应短期干旱，以特殊的吸收根从湿润空气中吸收水分维持生活。主产于热带，少数产亚热带，适应热带雨林气候	指甲兰属、蜘蛛兰属、石斛属、万代兰属、火焰兰属
腐生兰类	含叶绿素，营腐生生活，常有块茎或粗短的根茎，叶退化为鳞片状	大根兰、尾萼无叶兰等

兰花如何选盆？

生长良好的兰花其根系发达、粗壮，肉质根在盆内可长达20 ～ 30厘米。因此，选盆对兰花栽培是很重要的一环。从兰花的生长发育来说，只要盆内所盛栽培基质能满足根系生长发育和吸收水分、营养即可。一般选用高筒盆，盆高和盆宽的比例以3 ∶ 2或2 ∶ 1为宜，有时甚至可达2.5 ∶ 1。

为了解决高筒盆的排水、透气问题，在盆制作时盆底应制作3 ～ 4个高1 ～ 3厘米的盆脚，使盆底垫空。盆底孔要比一般花盆大1 ～ 2倍，或在盆底围绕中央大孔，再制作4 ～ 8个略小的底孔。也有的除底孔外，还在约盆高1/2以下的盆边四周，留有直径约0.5厘米的许多小孔。为保证兰花肉质根的正常生长发育，应选择质地较粗、壁薄、透气性能好的花盆。一般培养兰花时，选择素烧（不上釉）、人工制作的较薄的黑色瓦盆。

兰花如何养护？

（1）浇水。俗话说“干兰湿菊”、“宁干勿湿”是有道理的。一方面兰花的肉质根和假鳞茎内贮藏有较多的水分，数天不浇水，不致影响正常生长。另一方面兰叶表面气孔下陷，可以减少水分的蒸腾。总的原则是：“干透浇透”。浸盆法浇水。就是将兰盆浸泡在盛水的盆或桶内，盆、桶内水位与兰盆面等高或略高一点。让水慢慢从兰盆底渗入盆内，至盆面表土和覆盖物完全吸透为止。吸透水后，将盆内余水控干，然后摆放在兰架上。这样可以间隔1 ～ 2周，待盆土干后再用浸盆法浇水。

（2）施肥。一般说来，采用富含有机质的腐叶土来栽种兰花，而每年或隔年就进行一次翻盆换土，土中所含养分已足够兰花生长发育所需，不需另加基肥或追肥。若兰盆已连续3 ～ 4年不换土，就需给兰花施肥。

（3）修剪。在兰花栽培管理过程中，应不断剪去正常枯老的叶片和因管理不善而引起的烧尖、糊叶，以及病虫感染的叶片等。花开谢后也应及时连秆剪除，以免结实消耗养分。形成的花芽过多时，也可剪除部分花芽以集中养分，使留下的花朵开得更好。

（4）遮阳、防雨。兰花是半阴性植物，对于在露地或朝南、朝西向阳台栽种的兰花，需要进行必要的遮阳。露地栽培的兰花，雨季或梅雨季来临时必须用塑料瓦、塑料薄膜等防雨，以免雨水过分集中造成盆内长期积水。要注意塑料棚四周必须保持通畅，仅将兰棚顶部用薄膜覆盖，以利通风。

蝴蝶兰如何养护？

蝴蝶兰属（*Phalaenopsis*）是著名热带兰花，原种40多种，主要产于亚洲热带和亚热带，分布于亚洲及澳大利亚等地森林，我国台湾、云南、海南有原生种分布。多年生常绿草本，喜高温多湿，喜阴，忌烈日直射，全光照的30% ～ 50%有利开花。生长适温25 ~ 35℃，夜间高于18℃或低于10℃出现落叶、寒害。生长期喜通风，忌闷热，根系具较强耐旱性。

土壤忌黏重不透气，可用疏松保湿的植料，如树皮、椰糠、椰壳、陶粒、水苔、细砖石块、腐殖土等材料中2种以上混合而成，栽培容器底部和四周应有许多孔洞，选用木框、藤框、兰盆利于根条生长。生长期温度控制在日温28 ~ 30℃，夜温20 ~ 23℃，高于35℃或低于18℃生长停滞。缓苗期空气相对湿度控制在85% ~ 95%，生长期宜保持在75% ~ 80%，浇水要“见干见湿”，盆土表层干燥时再将水浇透，水温要接近于室温。若室内空气比较干燥，可采用向叶面喷雾的措施让叶面保持潮湿即可，但在花期时不能将水喷到花朵上。自来水使用前应先贮存72小时再使用。花后的休眠期应少量浇水。栽培期间应适时通风。施用薄肥，忌施未腐熟的家禽肥、人粪尿。

兜兰怎样繁殖？

兜兰采用分株繁殖，花后结合换盆进行分株，一般2年进行一次，先将植株从盆中倒出，轻轻除去根部附着的植料，用消过毒的利刀从根茎处分开，2 ~ 3苗一丛，切口用药剂涂抹处理，稍晾后分别上盆。

兜兰如何养护？

兜兰又称拖鞋兰，原种70余种，主要产于东南亚的热带和亚热带地区。兜兰属为地生或半附生兰类，生于林下涧边肥沃的石隙中，喜半阴、温暖、湿润环境。耐寒性不强，冬季仅耐5 ~ 12℃的温度，种间有差异，少数原种可耐0℃左右低温，生长温度18 ~ 25℃。根喜水，不耐涝，好肥。

土壤应疏松肥沃，选择蛇木、树皮、椰糠、泥炭、腐叶土、苔藓等2 ~ 3种混合，各成分比例随种的不同加以调整。盆底加垫木炭、碎砖、石块排水。需常施肥、浇水，夏季属于生长期，每天应浇水2次，春、秋两季浇水次数以每天1次为宜，冬季大多数兜兰已进入半休眠期，浇水次数可3天1次，以盆土保持30%的湿润度即可。生长期每月施肥1 ~ 2次，依生长的不同时期调整肥料成分。注意维持土壤空气湿度，酷暑时应喷雾加湿，忌干热。夏季遮阴70% ~ 80%，春、秋遮阴50%，冬季可全日照。兜兰在通风不良的条件下易发生病害，应保持场地清洁透气。

万代兰如何养护？

万代兰在东南亚国家又称梵兰，意为“长在树上的附生植物”，广泛分布于自亚洲的印度以东至大洋洲巴布亚新几内亚、澳大利亚的热带及亚热带林地。多年生草本，是热带附生兰，原生种多附生在林中树干或石壁上，喜光喜湿，不耐寒。气生根粗壮发达，好气好肥。

栽培基质忌用土壤，宜用颗粒较粗的植料，如树皮、木炭、椰壳、蕨根等，置于木框、藤框等利于根条伸出的网格状容器中。栽培万代兰要求给予充足的光照，夏季遮阴30%，其余时间不必遮光。浇水量依季节和温度调节，在旺盛生长期应给予高湿高温条件促使茎叶生长，7 ～ 10天施液肥一次，间或给予叶面肥。当温度降至20 ～ 25℃时生长趋缓，施肥间隔时间拉长；15 ～ 20℃时少浇水、施肥，防止烂苗；低于15℃基本不施肥，并只叶面喷水；10℃以下气温对产于热带地区的种和品种将产生冻害。

大花蕙兰怎样繁殖？

家庭种植时常用分株繁殖。当大花蕙兰长满盆并开始向盆边生长时，需对其进行分株换盆。通常在春季花谢后或秋季进行。由于大花蕙兰的根系较发达，往往缠绕在盆上不易取出，为了不伤及根系，可先将旧盆打破，再取出植株。分株时，一般1个老的假球茎带2 ～ 4个新芽为1株，清除旧的基质、完全落叶的老假球茎和坏死的根系，修剪去一些多余的根系。植株分好后，选择可供种植3年的盆进行种植。种植时，盆底放入较粗的基质，以利透水，基质以装满盆的3/4为宜，并将假球茎的1/3种入基质，压紧，然后用杀菌水浇透，置于较阴的环境下，在阴凉且稍干的基质下种植几周，以促进新根的生长。分株换盆后1个月内可不施肥，待兰根恢复生长后才可施肥。分株后的植株一般隔年才开花，但若分得太小，则需经过2～3年甚至更长时间的种植才能开花。

大花蕙兰如何养护？

大花蕙兰（*Cymbidium hybrida*），原产印度、缅甸、泰国、越南和中国南部等地区。大花蕙兰性喜凉爽高湿的环境，生长适温为10～25℃，夜间温度以10℃左右为宜，尤其是开花期温度维持在5～15℃，花期可长达3个月以上。喜光，光照充足有利于叶片生长，形成花茎和开花，盛夏需遮阴50%～60%。对水质要求比较高，喜微酸性水，对水中的钙、镁离子比较敏感。

大花蕙兰栽培基质要具有较好的通气性、排水性，同时又具有较好的保湿性和保肥性，通常采用树皮、蕨根、木炭、水苔、椰子壳、陶粒等材料中的1种或多种混合。对温度的适应性较强，以日间20～30℃、夜间8～20℃最适宜。要求较高的空气湿度，最佳湿度80%～90%，空气湿度过低不利于生长发育，栽培场地可用喷雾、设置水池、放置水盆等办法增加空气湿度。植株高大，需肥较多，每周施液体肥料1次。大花蕙兰喜欢阳光，但不能受阳光直射，小苗需遮阴70%～80%，大苗60%，春、秋宜遮阴40%～50%，夏季遮阴60%，而深秋之后宜多见光，以利于花芽分化和孕蕾开花。大花蕙兰生长需要较高的空气湿度和充足的水分。小苗生长适宜的空气相对湿度为80%，花期前半年停施氮肥，促进植株从营养生长转向开花。

大花飞燕草喜欢什么样的生长环境？

大花飞燕草（*Consolida ajacis*）有一则充满血泪的传说：古时一族人因受迫害，纷纷逃难，但都不幸遇害，纷纷化作飞燕，飞回故乡，并伏藏于柔弱的草丛枝条上。后来这些飞燕便化成美丽的花朵，年年开在故土上，渴望能还给它们“正义”和“自由”。这也成了大花飞燕草的花语，正义和自由。

大花飞燕草为毛茛科飞燕草属。原产中国及西伯利亚地区。多年生草本植物，株高80 ～ 100厘米。总状花序顶生，花色有白、红、淡黄、紫、蓝、淡红、粉红以及斑纹等各种花色，花期5 ～ 7月，因其花形别致，酷似一只只燕子而得名。喜冷凉气候，忌炎热。喜阳光充足，耐寒、耐旱、耐半阴。宜用含腐殖质黏质土，pH以5.5 ～ 6.0为宜。种子发芽的适温为15℃，生长期适温白天为20 ～ 25℃，夜间为3 ～ 15℃。

大花飞燕草如何养护?

飞燕草常用播种繁殖。以秋播为好。发芽适温20 ～ 23℃。为直根性花卉，以直播为好，不耐移栽。如移植时须带土团，待苗长大后再换一次盆，并施入基肥。为防止植株长得太高，可施一次500毫克/千克的多效唑，每半月1次，直至现蕾，此时应施用磷、钾肥。浇水要掌握间干间湿，生长期每半月施肥1次，花前增施2 ～ 3次。夏季炎热地区需至于冷凉处，并遮阴降温，冬季在南方可不加防护，在北方需要覆盖或培土。花后需剪去花梗，以利于其生长。8 ～ 9月种子成熟，因其种子成熟期不一致，故要及时采收。

耧斗菜如何养护?

耧斗菜（*Aquilegia viridiflora*）毛茛科耧斗菜属，原产欧洲及西伯利亚地区。生长适温为15 ～ 20℃，冬季能耐−15℃低温；30℃以上高温，茎叶出现枯萎。喜富含腐殖质、湿润而又排水良好的土壤。宜较高的空气湿度，夏季宜于半阴之地。花期5 ～ 7月。

播种繁殖为主，6 ～ 7月种子成熟后即可播种，发芽温度15 ～ 20℃，约1个月出苗。苗高10厘米时定植，株行距30厘米×40厘米。盆栽常用直径为12 ～ 15厘米花盆。花前可施二次追肥，生长期保持土壤湿润和较高的空气湿度。每月施1次肥，开花前增施磷、钾肥1次。植株长高时应设支撑，防止花枝折断或倒伏。种子成熟后即采收，防止散落。栽培3年以上的植株生长势明显下降，应在秋季结合分株进行复壮。

非洲菊喜欢什么样的生长环境？

非洲菊（*Gerbera jamesonii*），别名扶郎花、灯盏花，菊科大丁草属，原产南非。多年生常绿草本。花色有白、黄、橙、粉红、玫红等，可四季开花，以春、秋为盛。非洲菊性喜冬季温暖、夏季凉爽、空气流通、阳光充足的环境；要求疏松肥沃、排水良好、富含腐殖质且土层深厚、微酸性的沙质壤土，忌黏重土壤，在碱性土壤中，叶片易产生缺铁症状。对日照长度不敏感，生长期最适温度20～25℃，低于10℃停止生长，不耐0℃以下的低温。冬季若能维持在12～15℃以上，夏季不超过30℃，则可终年开花，以5～6月和9～10月为盛。

非洲菊如何养护？

非洲菊是重要的切花种类。矮生种可盆栽观赏。非洲菊根系发达，栽植要有厚度25厘米以上土质疏松、肥沃的壤土层。定植前应施足基肥，栽植时不宜过深，以根颈部略露出土面为宜，否则易引起烂根。苗成活后可适当控水蹲苗，促进根系生长。生长期应供给充足水分，遵循“见干见湿”，切忌积水。但冬季浇水时应注意勿使叶丛中心沾水，否则易使花芽腐烂，保持土面湿润。露地栽培常撒布硫黄粉，以防治灰霉病；连作易发病，因此忌连作。夏季适当遮阴并加强通风，以降低温度，防止高温引起休眠。非洲菊为喜肥花卉，氮、磷、钾的适宜比例为15∶8∶25。追肥时要特别注意钾肥的补充。春、秋季每5～6天追肥一次，冬、夏季每10天追肥一次。若植株处于半休眠状态，则应停止施肥。叶片生长过旺，开花减少甚至不开花；叶片过少，也会影响开花。剥去病叶与老叶；每株留4～5片功能叶，剥去多余的重叠叶、交叉叶；花蕾过多时应适当疏蕾，一般幼苗未达到5片功能叶或叶片很小时应摘除花蕾，暂时不让其开花。

非洲菊瓶插养护要点是什么？

（1）勤换水。一般2天换水一次，后期需要每天都进行换水。

（2）及时修剪。在插花前，将非洲菊的茎部用剪刀斜剪插进水中。瓶插的非洲菊需要经常的观察它的生长状况，发现花茎腐烂就要剪去腐烂的部分。随着修剪，花茎越变越短，这时候就需要更换花瓶。

（3）避免阳光直射。瓶插非洲菊还是很脆弱的，避免阳光直射，以免非洲菊的花枝过早的死亡。

红掌喜欢什么样的生长环境？

红掌又名花烛、安祖花、灯台花，天南星科花烛属（*Anthurium*），原产美洲热带雨林地区。多年生常绿草本植物。佛焰苞着生在花茎顶部，肉穗花序自佛焰苞中伸出，直立或扭曲，犹如动物尾巴或似灯盏中的蜡烛。红掌喜温暖，不耐寒，生长适温为日温25 ~ 28℃，夜温20℃。夏季高于35℃植株生长发育迟缓，冬季所能忍耐的低温为15℃，18℃以下时生长停止，在13℃以下易发生寒害。喜多湿环境，但不耐土壤积水，适宜的相对空气湿度为80% ~ 85%。喜半阴，但冬季需充足光照根系才能发育良好，植株健壮。要求疏松、排水良好的腐殖质土。环境条件适宜可周年开花。

红掌如何养护？

盆土可用泥炭或腐叶土加腐熟马粪与适量珍珠岩混合，盆底垫砾石、瓦片，保持通气、排水。每2 ~ 3年换盆一次，春季进行较好。浇水以滴灌为主，结合叶面适度喷灌，否则喷灌过多易引起病害发生。红掌对氮、钾肥的需求较多。生长季节应薄肥勤施，可以随水滴灌或叶面喷施。

鹤望兰是什么样的植物？

鹤望兰（*Strelitzia reginae*），别名极乐鸟花、天堂鸟花，旅人蕉科鹤望兰属，原产南非。多年生常绿草本。肉质根粗壮，茎极短而不且明显，株高1 ~ 2米。叶两侧排列，革质，蓝绿色，叶背和叶柄被白粉。花茎于叶腋间生出，高出叶片，佛焰苞横生似船形，绿色，边缘具暗红色晕。总状花序，下部的小花先开，依次向上开放，花形奇特，好似仙鹤翘首远望。

鹤望兰喜欢什么样的生长环境？

鹤望兰喜温暖而不耐寒，最适

生长温度为23 ～ 25℃，秋冬季夜温5 ～ 10℃、昼温20℃条件下可正常生长，0℃以下易受冻害，也不耐热，超过30℃导致休眠。喜光照充足，秋冬至春季应给予充分光照，否则植株徒长，叶片细弱，开花不良或不开花；而夏季应避免强光直射，否则易产生高温障碍，使叶片卷曲呈萎蔫状。喜湿润气候，空气相对湿度宜在60% ～ 70%，但又怕积水，要求富含腐殖质和排水良好的土壤，忌地下水位过高。

鹤望兰如何养护？

盆栽鹤望兰为直根系，需用高盆栽培，盆底多垫瓦片或石砾以利排水。盆土用疏松肥沃园土、草炭加少量粗沙，与腐熟有机肥混合。栽后充分灌水，置阴处数日，成活后置阳光充足处，平时保持盆土湿润，但需防止浇水过多造成烂根。花茎发育期追施稀薄液肥。每2 ～ 3年翻盆一次，随株型增大换大盆。作室内装饰时宜置于南向窗前阳光充足处，保持中等空气湿度。鹤望兰易发生介壳虫，可人工刷除或喷洒药剂防治。也较易发生细菌性立枯病，注意保持空气流通，及时清理枯叶、病叶，定期喷施杀菌剂防治。

荷包牡丹喜欢什么样的生长环境？

荷包牡丹（*Dicentra spectabilis*），别名铃儿草、兔儿牡丹，罂粟科荷包牡丹属。原产中国北部及日本。多年生草本。花期5 ～ 6月。蒴果。荷包牡丹耐寒性强，喜向阳，也耐半阴，喜湿润、富含腐殖质、疏松肥沃的沙质壤土，忌高温、高湿。

荷包牡丹怎样繁殖？

荷包牡丹可采用分株、扦插和播种繁殖。播种繁殖主要用于杂交育种，且实生苗生长缓慢，约3年才能开花。因此一般采用分株繁殖和扦插繁殖。荷包牡丹3年左右分株一次。方法是将根掘出，用刀切分为2 ～ 4株，栽植于备好的土地或花盆中覆土压实、浇水。春季分株的当年可开花，但花序小，秋季分株的生长较好。分株不但可繁殖新株，同时又可使老株得到更新。

扦插应在花全部凋谢后，剪去花序，取枝下部具有腋芽的嫩枝作为插条，长12 ~ 15厘米，插入土中，浇透水并遮阴，一般30 ~ 40天可生根。

荷包牡丹如何养护？

荷包牡丹的养护较为容易，不需特殊管理。栽植最好秋季进行。栽植前整地，施基肥，根据植株的大小挖穴栽植，栽植后踩实浇水，若为庭院栽培株行距50厘米 × 60厘米。植株生长旺盛期每周浇一次水，保持地面湿润。花蕾形成期应追肥1 ~ 2次，促使其花大、色浓。秋季和早春可在根的四周开沟施入有机肥。秋季枝叶枯黄后，应将地面植株全部剪掉，以防止病虫潜伏。每隔3年分株一次，时间过长则影响植株生长及开花。

荷兰菊如何养护？

荷兰菊（*Aster novi-belgii*），菊科紫菀属，原产北美。花径2 ~ 4厘米，花色有蓝、紫红、粉等色。花期9月中下旬。选择向阳、肥沃、排水良好的地方栽植，要求富含腐殖质的疏松肥沃、排水良好的土壤。地后施足堆肥作为基肥，株行距30厘米 × 40厘米，栽植密度过大时，由于植株下部湿度过大而易发生紫菀白粉病，穴植后踩实、浇水。出苗后与开花前需追肥，浇透水。荷兰菊喜干旱，但天旱时注意浇水。生长期间可根据修剪目的进行整形修剪，但需要注意9月后不再修剪，防止剪掉花蕾影响开花。

玉簪是什么样的植物？

玉簪（*Hosta plantaginea*）别名玉春棒、白玉簪，百合科玉簪属，原产我国。多年生草本。株高可达50 ~ 70厘米。叶基生或丛生，卵形至心状卵形，平行脉。顶生总状花序，花被筒长13厘米，下部细小，形似簪，白色，具芳香。花期7 ~ 8月。有重瓣及花叶品种。玉簪忌直射光，在强光下栽植叶片有焦灼样，叶边缘枯黄。适宜于种在树下、建筑物背阴处。

玉簪的养护禁忌是什么？

（1）忌浇水过多。盆栽浇水过多，会引起肉质根腐烂，叶片也会变黄。夏季空气过于干燥，要经常向叶面喷水，以免叶片干尖；冬季不能长时间干旱，整个冬季浇1～2次透水即可。

(2) 忌强光直射。玉簪为典型的阴生植物，阳光直射会导致日灼病，夏季更为严重。轻者叶片变薄，叶色变黄；重者叶缘枯焦。

(3) 忌多年不分株。若多年不分株，生长不旺盛。采用分株繁殖极易成活，当年即可开花。

天竺葵喜欢什么样的生长环境？

天竺葵（*Pelargonium hortorum*），牻牛儿苗科天竺葵属，原产南非。多年生草本。株高30～60厘米。伞形花序顶生，花色有红、淡红、白、肉红等色。有单瓣和重瓣品种，还有彩叶变种，叶面具黄、紫、白色的斑纹。花期10月至翌年6月，最佳观赏期4～6月。除盛夏休眠外，其他季节只要环境条件适宜，皆可不断开花。天竺葵喜凉爽，怕高温，也不耐寒；要求阳光充足；不耐水湿，而稍耐干燥，宜排水良好的肥沃壤土。

天竺葵为什么叫臭牡丹？

马蹄纹天竺葵别名为臭牡丹，臭绣球，这是因为天竺葵过去的品种有一种独特的腥臭气，这种气味在折断枝条、损伤叶片时特别明显，很多人不喜欢这个味道，其实这是植物的一种自我保护措施，这种腥臭气可以驱赶很多啃食性的害虫。近年来新问世的品种改良上特别注意了去掉味道，如今天竺葵的腥臭已经可以说明显减轻，不存在了。

天竺葵常见品种有哪些？

我们常见的天竺葵，基本上都是从南非的天竺葵原生品种马蹄纹天竺葵（*Pelargonium zonale*）和小花天竺葵（*Pelargonium inquinans*）改良而来的园艺杂交种。马蹄纹天竺葵顾名思义，叶子上有像马蹄一样的花纹，很多园艺种的叶子上也可以看到这个特征，这表明该品种继承了较多马蹄纹天竺葵的血统。而小花天竺葵的花色血红，在天竺葵大家族中有着很多花色艳丽的红花品种，这些天竺葵多半就是继承了小花天竺葵的血缘。根据观赏部位，可以分成观花天竺葵和观叶天竺葵，通常分成6大类群：马蹄纹群天竺葵、盾叶群天竺葵、帝王群天竺葵、天使群天竺葵、方向群天竺葵、特殊群天竺葵。

天竺葵怎样繁殖？

天竺葵可采用扦插、播种繁殖。

（1）扦插繁殖。选择健壮、分枝多的母本作为扦插的材料。扦插最好的部分是顶芽，顶芽下面的枝条也可以生根，但是生根率不如顶芽好。用剪刀剪取顶芽下方第三节左右的位置。剪下的插条，如果叶子太多，可以除掉底下几片。

将插条稍微放置几个小时，等待伤口干燥，形成一层膜，这样就不容易腐烂。准备扦插基质，这里用的是椰糠+珍珠岩，以及盆底的底石。在盆底放好底石，在盆子中间放一个小花盆，加入基质。沿着两只花盆中间的部分用木棍开孔，再把插条插进去。在花盆中间放另一个小盆的目的是通风透气，防止烂根。插好的天竺葵，2 ~ 3周就会生根，开始新的生长。

（2）播种繁殖。宜用疏松沙质培养土，在13℃下，7 ~ 10天发芽。播种后半年至1年即可开花。

天竺葵如何养护？

春、秋季节天气凉爽，最适于天竺葵生长。冬季在室内白天15℃左右、夜间不低于5℃，保持充足的光照，即可开花不绝。光照不足时不开花；但应避直射强光。浇水要见干见湿。在生长期间，每隔10 ~ 15天施一次液肥，而旺盛生长的春、秋两季，每7 ~ 10天施一次液体肥料；现蕾前以氮肥为主，现蕾后以磷、钾肥为主，浓度以0.1% ~ 0.2%为宜。若冬季室温比较高，没有停止生长，也应施肥。夏季高温时期植株处于半休眠状态应停止施肥。因其茎叶有柔毛，施肥后要立即用清水冲洗。

夏季炎热，植株处于休眠或半休眠状态，要置于半阴处，注意控制浇水并注意防涝。花后或秋后适当进行短截式疏枝，使其重新萌发新苗，有利于翌年生长开花。

如何防止天竺葵烂根？

天竺葵根系多肉质，性喜干燥，忌水湿。由于浇水不当而引起天竺葵烂根是养护管理中常见的问题。防止天竺葵烂根，除了科学浇水外，还应选择好土壤。黏重土结构不良，排水透气性差，因而不可用来栽植天竺葵，宜选择富含腐殖质、排水透气性良好的沙质壤土。另外在移栽时，要尽可能使根系完好无损，损伤了的根系，浇水后极易发霉腐烂。

天竺葵被线虫为害怎么办?

气温在25 ～ 35℃、相对湿度40%左右时，是线虫侵入天竺葵根部的最宜时期，可用3%呋喃丹10倍液浇灌。或者在盆花浇透水后，在盆上盖一层2厘米厚拌有农药的细沙，线虫因土中空气不足，很快就从湿盆土中钻入沙中呼吸，然后把沙子去掉，2 ～ 3次可以根治。

薰衣草常见品种有哪些?

薰衣草（*Lavandula angustifolia*），唇形科薰衣草属，多年生草本或亚灌木。

薰衣草属有28个种，但以从法国薰衣草和狭叶薰衣草中提取的精油品质最好。由于栽培时间长，用途广，薰衣草形成了很多栽培品种，但多数为狭叶种，平常所说的薰衣草一般指的是狭叶薰衣草。有些薰衣草的品种是用来作观赏用。

（1）英国薰衣草。原产英国，叶灰绿色，地栽株高可以达到75厘米，开紫色、淡蓝色或白色的花。香味比较淡雅，不耐热。

（2）法国薰衣草。原产法国南部的普罗旺斯，这个品种香味浓郁，多为香水工业的原料，比较耐热。其中的齿叶品种，生长比较快速，花朵紫罗兰色，芳香淡雅，耐热，适合庭院种植观赏。

（3）羽叶薰衣草。原产西班牙，花紫罗兰色，生长比较快，耐闷热却不香，仅作为一、二年生的观赏草花，不能食用或药用。

（4）甜薰衣草。英国薰衣草和齿叶薰衣草的杂交品种，生长快速，环境适应能力强。

薰衣草如何栽植?

（1）选地。选择光照条件好、土壤疏松、肥力中等的场地。深翻的土地达25 ～ 30厘米。深翻前每667米^{2}施优质农家有机肥500千克、磷肥15千克、尿素10千克，做基肥。

（2）播种。薰衣草种子细小，采用穴盘育苗较好，家庭园艺爱好者可以自己采种播种，一般7月种子成熟后即可采收。春播一般在3 ～ 4月，秋播一般在9 ～ 10月。播种时采用专用播种介质较好；也可以用泥炭土加少量的珍珠岩配制。薰衣草的种子播种后，播后不覆土或覆1～2毫米的蛭石均可，大约10天可以出土。

（3）定植。一般在10月下旬至11月中旬定植，一穴1株苗，种植深度要达幼苗分枝处，使其产生再生根，行株距90厘米×70厘米，每667米^2 900～1 000株苗。

（4）水肥管理。在现蕾至初花前，用磷酸二铵为主追肥2～3次，注意钾肥不能过多，以免影响薰衣草的香气和品质。在水分供应上，具前期和中期多、后期适量的特点，在返青、现蕾、抽穗至初花前需保证足够的水分供应，不能受旱。北方生产区，花采收后应及时灌水，以促进植株正常生长；11月中旬应浇水，以利安全越冬。在生长期内，要松土除草4～5次。

（5）整形修剪。在定植的第一年，为促进薰衣草幼苗的枝条生长，减少营养消耗，在6月上旬可剪掉第一批花蕾，以促进生长，为后期盛花提供条件。多年生的薰衣草，如3年以上植株，在每年返青前，将距地面15厘米以上的顶端枝条进行修剪平茬，对植株中部进行重剪，以促进侧枝萌发和更新。

猪笼草是什么样的植物？

猪笼草（*Nepenthes* sp.）是猪笼草属全体物种的总称。产于热带地区的多年生草本或半木质化藤本食虫植物。叶互生，长椭圆形，全缘，中脉延长为卷须，末端有一小叶笼，叶笼小瓶状，瓶口边缘厚，上有小盖，成长时盖张开，不能再闭合，笼色以绿色为主，有褐色或红色的斑点和条纹，甚为美观，笼内壁光滑，笼底能分泌黏液和消化液，通过美丽的外表和气味以引诱小动物，小动物一旦落入就会滑跌至笼底很难逃出，终被消化和吸收；雌雄异株，总状花序。性喜疏阴较湿润，生长适温22～30℃，越冬温度18℃以上，阳光强烈时要遮阴，在高温、多雾处生长良好。

猪笼草如何养护？

（1）土壤配制。猪笼草喜欢微酸性土壤，栽培时，不宜用过肥的基质，也不能用普通的营养土栽培，最好用泥炭土、珍珠岩（蛭石）按6∶4混合，珍珍岩及蛭石的颗粒不宜过细。

（2）空气湿度。猪笼草喜较高空气湿度，在家庭栽培中，很难达到它所需的空气湿度，湿度不足往往造成猪笼草出笼的时候小猪笼干掉或不结笼的现象。可以把猪笼草置于水盆之上，但不能把猪笼草的盆浸入水中；或者用加湿器加湿。

（3）浇水。在生长期需要经常向植株及周围环境喷水，春、秋季每天2～3次，夏季每天5～6次，最好不要单独摆放，将其挂于其他较高大的花木之间，对其生长有利。盆土浇水不要过勤，春、秋每2～3天1次，夏季每天1～2次，保持基质湿润即可。最好能用雨水，若用自来水，需放置一些时候，让里边氯气挥发掉再用。切忌含石灰质的水。切记不要积水。

（4）光照。猪笼草不能强光直射，最好早晚见几个小时光照，也可置于散射光充足的地方。

（5）温度。猪笼草属高温型花卉，生长适宜温度25～30℃。温度低于15℃以下，生长受到抑制，越冬温度最好保持在18℃以上。夏季尽量置于通风荫蔽的环境下，冬季尽可能地多见阳光，放于温暖背风的地方。

（6）施肥。通常腐叶土中所含养分，可以供其生长需要，若能在生长旺季，追施2～3次氮肥即可。

捕蝇草是什么样的植物？

捕蝇草（*Dionaea muscipula*），茅膏菜科捕蝇草属，原产北美东南部，为多年生草本食虫植物。其拥有1对像贝壳状的叶片，叶缘长有18条刺毛，两叶中央长有3条感应触毛，当昆虫被其叶缘的香甜蜜腺吸引，踏入两叶中间，触动了其感应触毛，它就会将信息传到植物体，使叶片迅速合拢，将虫体紧紧夹住，被夹住的昆虫越是挣扎，叶片就夹得越紧，直至昆虫在其内困死而成为额外养分被吸收。要求高湿，夏季凉爽低温，光线充足或轻微遮阴，冬季需防霜冻。

捕蝇草如何养护？

（1）土壤配制。用水苔、泥炭土和河沙各1份拌成培养土应用，pH 4～5，呈强酸性。

（2）温度。生长温度应维持在20～30℃，冬季休眠期可调节至1～10℃。在炎热的夏季，为了降温，最好将盆栽植株置于浅水盆中，浸于齐盆腰的水里，会起到增湿和降温的目的，有利于生长。

（3）浇水。由于捕蝇草生长要求较高的湿度，浇水最好每天进行，保持土面有少量积水。

（4）施肥。捕蝇草的施肥可在生长旺盛期内将一些诸如面包虫、粉虫或苍蝇等放入捕虫叶内让其消化吸收而达到补充养分的目的。

（5）光照。要求充足的散射阳光。光照不足，植株会徒长瘦弱，叶片会失去红色而变成暗绿色。要注意的是，在盛夏的季节应避开直射的阳光，以免高温灼伤叶片和幼嫩的植株，影响完美的外观。

球根花卉

百合喜欢什么样的生长环境？

百合（*Lilium* spp.），百合科百合属，主要分布于北半球的温带和寒带地区。多年生草本，地下具鳞茎，外无皮膜。多数地上茎直立，少数为匍匐茎，高50～100厘米。花大，有漏斗形、喇叭形、杯形和球形等。花被片6枚，花色丰富，花瓣基部具蜜腺，常具芳香。花期初夏至初秋。百合大多性喜冷凉、湿润气候，耐寒，大多数种类品种喜阴。要求腐殖质丰富、多孔隙疏松、排水良好的壤土，多数喜微酸性土壤，适宜pH为5.5～7.5，忌土壤高盐分。生长适宜温度15～20℃。

百合怎样繁殖？

百合繁殖方法较多，以自然分球繁殖最为常用。

（1）母球选择。选择无腐烂、无损伤、无病毒感染的径围16厘米以上健壮的母球。母球在16℃热水中处理2小时。立即用冷水淋洗半个小时进行降温，室温下放置7天，使鳞片便于剥取，春、夏、冬季均可剥取，保证鳞片伤口处平整。鳞片用清水洗净后装入塑料箱，在25％多菌灵600倍液+50%甲基嘧啶磷600倍液中浸泡消毒10～20分钟。然后放置阴凉处晾干。为了保证扦插生根，可在扦插前用IBA（吲哚丁酸）50～100毫克/升浸泡4小时。

（2）基质配置。一般颗粒泥炭加粗沙或颗粒泥炭加蛭石，比例1：1。基质需消毒，可用高温蒸汽（80～90℃）消毒。

（3）操作方法。经过消毒阴干的鳞片下部斜插入基质中，鳞片凹面均朝向同一侧。鳞片间距约3厘米，扦插深度为鳞片长度的1/2～2/3。扦插后立即喷水，之后尽量少浇水，温度保持10～30℃。鳞片扦插40～60天后，可产生带根的小鳞茎。当原扦插鳞片开始萎缩，小鳞茎长大，即可移植。一般经3年培育可成开花球。

百合如何养护？

百合对土壤盐分很敏感，最忌连作，故以新选地并富含腐殖质、土层深厚疏松且排水良好者为宜，东西向做高畦或栽培床。

盆栽百合，一般选择12～14厘米口径的花盆，定植百合鳞茎1个，16～18厘米的定植3个，20～22厘米的定植5个。露地栽培百合9～10月定植，早春2～3月也可。但最忌在春末移栽。

百合属浅根性植物，但种植宜稍深，一般种球顶端到土面距离为8～15厘米，约为鳞茎直径的2倍。种植密度随种系和栽培品种、种球大小等的不同而异。种前需施入充分腐熟的基肥，百合所需的氮、磷、钾比例应为5∶10∶10。种植后3周施氮肥，以1千克/米^{2}硝酸钙的标准施入。种球时土壤应疏松、稍湿润，百合地上茎开始出土时，茎生根迅速生长并为植株提供大量水分和养分。百合春暖时分抽薹并开始花芽分化，追施2～3次饼肥水等稀薄液肥使之生长旺盛；4月下旬进入花期，增施1～2次过磷酸钙、草木灰等磷、钾肥，施肥应离茎基稍远；孕蕾时土壤应适当湿润，花后水分减少。3～5年起球一次。及时中耕、除草并设立支撑网，以防花枝折断。百合喜光照充足，但在其生长过程中注意防止光照过强。

百合花瓶插如何养护？

百合花瓶插，水的高度高过吸水点约3厘米为宜。要想长时间保持新鲜，就要及时的剪枝，避免其腐烂。一般每天都需要对花枝进行修剪，剪掉枝条下端的约1厘米即可，可使百合花每天都能够吸收到新鲜的水分。

要注意勤换水，才能保证水质新鲜。一般夏天的时候2天换水一次，冬天则可以1周换水一次，春、秋的时候3天左右换水一次。为了能够使其生长得更好，我们可以给它加点保鲜液。注意去除花药，否则容易弄脏花朵。

瓶插百合花的花药什么时候去除？

瓶插百合花的花药需要去除，否则这些花药不仅会让对花药过敏的人抓狂，还会弄脏美丽的花朵。掉落的花粉，会在洁白的花朵上留下难看的橙色，用清水是很难去除的。最佳的摘花药时间是当花骨朵刚刚裂开，可以看到里面的花药时。这个时候的花药质地硬，外观和手感有点像橡胶，花粉都还未发育成熟。这时取出花粉非常容易，而且不会弄脏花瓣。

郁金香是什么样的植物？

郁金香（*Tulipa gesneriana*），百合科郁金香属，原产欧洲，我国引种栽培。多年生草本。鳞茎呈扁圆锥形，外被棕褐色膜质。茎、叶光滑，具白粉。花单生茎顶，花冠杯状或盘状，花被内侧基部常有黑紫或黄色色斑。花被片6枚，花色则有白、粉、红、紫、褐、黄、橙、黑、绿斑和复色等，花色极丰富，唯缺蓝色。郁金香的园艺栽培品种多达8 000余个。

郁金香喜欢什么样的生长环境?

郁金香适宜富含腐殖质、排水良好的沙土或沙质壤土，最忌黏重、低湿的冲积土。耐寒性强，地下部球根可耐-34℃的低温，但生根需在5～14℃，尤以9～10℃最为适宜，生长期适温为5～20℃，最适温度15～18℃。郁金香的花芽分化在鳞茎贮藏期内完成，适温为17～23℃。花期3～5月，花白天开放，傍晚或阴雨天闭合。

郁金香怎样繁殖?

郁金香常采用分球、播种和组培繁殖。以自然分球繁殖为主，在秋季9～10月分栽子鳞茎，1～3年可培育成开花球。覆土厚度为鳞茎直径的2.5～3倍。栽植后立即灌透水，入冬前如果土壤较干，应再灌一次水。早春土壤解冻后，腋芽萌动出土，每2周追肥1次，用硝酸钙或硝酸钾2%～3%的液肥结合浇水进行灌根。直至休眠前3周停止水肥。

郁金香如何养护?

将饱满健壮的球根浸泡于百菌清600倍液中20～30分钟。选择富含腐殖质、排水良好的沙壤土。盆栽需根据鳞茎大小来选盆，高度需高于15厘米，一般直径10厘米的盆钵1个种球，居中栽植；15厘米盆，栽3个种球，呈三角状栽；20厘米盆，栽5个种球，呈“十”字形栽。若为露地栽培则需做20厘米以上的高畦。定植前1个月用1%～2%的福尔马林溶液浇灌进行土壤消毒。栽培床底层最好用煤渣等粗颗粒物铺垫，施入充分腐熟的堆肥作基肥，充分灌水。定植前2～3天，耕耙，确保土质疏松。

茎叶生长期需要充足的水分，要

防止干旱和积水。浇水时间应在早晨，浇水后温室内应通风，这样有利于降低温室内温度和湿度，对郁金香的生长极为有利。在鳞茎萌发新芽时，施用硝酸钾肥，10 ~ 15厘米盆施3克，20厘米盆施5克，以水溶液形式施入，现蕾前再增施1次。从新芽出土起至现蕾开花，需充足阳光。午间温度过高时要遮阴、降温，晚间要及时覆盖草帘，注意保温防寒。

风信子喜欢什么样的生长环境？

风信子（*Hyacinthus orientalis*）又名洋水仙、五色水仙，百合科风信子属。原产西亚及中亚海拔2 600米以上的石灰岩地区。多年生草本，鳞茎外被皮膜。花具香气，有蓝紫、白、红、粉、黄等色。花期3 ~ 4月。风信子性喜凉爽、湿润和阳光充足的环境，较耐寒，在长江流域可露地越冬，忌高温。好肥，要求排水良好、肥沃的沙质壤土。

风信子如何栽植？

选取大规格种球（周径12 ~ 14厘米），与郁金香相似，当地温下降到10℃左右时种植。种植深度通常为10厘米，北方寒冷地种植深度为15 ~ 20厘米。早春萌芽及花序伸出期追施以磷、钾为主的液肥一次。花后叶片变黄时起球，置通风处晾干，分级贮藏。栽培地忌连作。盆栽以疏松、排水良好并富含腐殖质的基质上盆，通常10厘米盆每盆1球，15 ~ 18厘米盆每盆3球。覆土后可露出鳞茎顶部1厘米。初期保持10 ~ 15℃，出叶后升温至20 ~ 22℃，追施以磷、钾为主的液肥1 ~ 2次。

风信子如何水培？

选生长充实的大规格鳞茎，于10月下旬至11月将其置于无底孔花盆、

玻璃瓶或塑料容器中，以卵石或网格固定，浸3 ～ 6厘米，放置暗处数日或用黑布遮盖容器以促进生根。当根长至3 ～ 4厘米时除去遮光物，每周换水，保持水面接触鳞茎底部，在室温下2 ～ 3个月开花。

风信子和葡萄风信子是同一物种吗？

风信子为百合科风信子属，而葡萄风信子（*Muscari botryoides*），别名蓝壶花、葡萄百合，百合科蓝壶花属，原产欧洲的中部及西南部。两者不是同一个种。风信子的鳞茎周径较大，葡萄风信子的鳞茎周径较小，风信子鳞茎的膜质外皮色彩主要为紫红色、蓝紫色、粉紫色、白色和粉色等；葡萄风信子鳞茎的膜质外皮则以浅棕色、淡粉色和白色为主。风信子花被先端多裂、裂片向外舒展；葡萄风信子未开放的密闭小花如同一颗颗小葡萄。

嘉兰百合如何养护？

嘉兰百合（*Gloriosa superba*）又名火焰百合，百合科嘉兰属。原产中国云南南部、亚洲热带及非洲热带的河边森林地区，现世界各地均作温室盆栽。嘉兰性喜温暖湿润气候，越冬需10 ℃以上，生长适温17 ～ 25 ℃。喜光，需较高空气湿度。自然花期5 ～ 10月。

早春种植块茎，土壤宜肥沃，结构和排水良好，盆栽则用园土、腐叶土按1 ： 1配制。覆土深度为7 ～ 10cm或离块茎芽眼3cm左右。经常浇水以保持土壤湿润。生长初期即设立支架，以免开花后折枝。室内栽培需光照充足，春夏季进入生长旺盛期，可每2周追施一次液肥。强光下需遮阴，秋后10月地下部开始形成小块茎并进入休眠状态。

值得注意的是：嘉兰百合块茎有毒，勿食用，且对皮肤有刺激作用。

唐菖蒲如何养护？

唐菖蒲（*Gladiolus hybridus*），鸢尾科唐菖蒲属，原产南非好望角、地中海沿岸及小亚细亚。

种植唐菖蒲应该选择沙质土壤，土层深厚，排水良好，不易积水。小苗要每隔10天浇一次水，保证盆土湿润，以免叶尖发黄。开花之后也要及时补充水分。夏季每4天浇一次水，开花后适当控水可延长花期。浇水时水量要严格控制。唐菖蒲是喜肥花卉，种植之后要及时追肥。一般每月追施3 ～ 4次腐熟的液肥，注意氮肥的含量，增加磷、钾肥，以增加花芽的分化率。开花之后，可以选择过磷酸钙作为追肥，促进球茎生长旺盛。生长最适温度白天20 ～ 25℃，夜晚10 ～ 15℃，温度高于27℃，生长受阻，花瓣易遭灼伤，低于10℃，生长缓慢。唐菖蒲不耐阴，为长日照植物，以每天16小时光照最为适宜，但炎热夏季也要避免强烈阳光直射。花谢后要保护好种球，不能拖延。当叶片开始发黄的时候，将种球挖出，晾干后储存。

香雪兰如何养护？

香雪兰又名小苍兰，以分球繁殖为主。温暖地区可露地种植。秋季9 ～ 11月选择饱满且规格大的球茎栽植。盆土用透气、排水良好的腐殖质土、砻糠灰、河沙等配制。生长初期室温保持在5 ～ 10℃，发根后，升至15 ～ 18℃，并加强室内通风。当室外气温降到12℃以下时，需覆盖薄膜保温。在生育后半期，保持在昼温23℃、夜温13℃最为理想。同时，保持室内通风换气，结合遮阴、喷水等措施，以避免白天出现25℃以上的高温。浇水以盆土稍湿为度，其间施2 ～ 3次稀薄肥水，花后待叶片枯黄后，掘出球茎置通风干燥处。

水仙喜欢什么样的生长环境？

水仙（*Narcissus tazetta* var. *chinensis*），石蒜科水仙属，原产北非、中欧及地中海沿岸。多年生草本，地下鳞茎外被棕褐色皮膜。花多为黄色或白色。水仙性喜冷凉、湿润的气候，喜阳光充足，也耐半阴，尤以冬无严寒，夏无酷暑，春、秋多雨的环境最为适宜。多数种类也甚耐寒。好肥喜水，对土壤要求不甚严格，除重黏土及沙砾土外均可生长，但以土层深厚、肥沃湿润而排水良好的黏质壤土最好，土壤pH以中性和微酸性为宜。每一鳞茎单位的寿命约为4年。

水仙如何养护？

水仙多在盆中水养，也可露地栽培。

中国水仙常于室内摆放水养。种球经贮藏运输，鳞茎已完成花芽分化，具进一步发育条件。首先剥除褐色外皮、残根，浸水1～2天，置浅盆中，用卵石固定鳞茎，球体浸水3厘米左右，保持15～18℃以促进生根。当芽长至5～6厘米时降温至7～12℃，晴天白天不低于5℃时可置室外阳光下，使植株矮壮。

水仙为什么要雕刻造型？怎样雕刻造型？

水仙雕刻就是通过除去部分鳞片和人工刻伤鳞茎的方法控制叶片的营养生长。经水养后开花繁密多姿，大大增添了观赏情趣。还可使叶片、花茎等在生长过程中扭曲，按人们的意愿进行各种艺术造型。

（1）剥取鳞茎外皮，去掉根部的泥巴和枯根。

（2）用小尖刀在离根盘2厘米处的鳞茎从左至右轻轻横切一条线，再在左右两侧各切一条竖线，然后逐层剥去横竖线范围内的鳞片，同时要挖去各芽体之间的鳞片，直至叶片和淡黄色花梃裸露。这时可卷曲叶片。对花梃造型处理时，可用小刀在花梃上方、花苞下方处从上到下刮一条线，或用针对花梃从上到下刺几针，花梃生长会发生变态，向伤口一侧弯曲。根据不同造型的要求，刮削的程度和位置不同。

（3）经雕刻造型的水仙头要及时放入水中浸泡，伤口面朝下，可清除伤口分泌出的黏液；每天换水，浸泡2～3天。待黏液清除干净，便可取出并用脱脂棉盖住鳞盘（根盘）。然后，将雕琢面朝上，放入水仙盆中，加水后放在阴凉处养护。每天换水一次，保持水质干净，经常向球茎上喷洒清水。待鳞盘长出长为1厘米左右芽的时候，将水仙盆放在阳光处种养。每天换一次水，喷1 ～ 2次水。一般雕刻后浸养20 ～ 30天即可开花。

如何防止水仙徒长？

水养水仙，最易出现的问题就是水仙徒长，在水养时，要注意以下两个方面：

（1）控水。水养温度白天宜控制在16℃以内，夜温以8 ～ 10℃为佳，如气温超过20℃时，则叶片徒长，同时也会影响花梗的伸出；如果花梗已伸出，则花梗也会徒长。可采用控水的方法来抑制徒长，在晚上将水倒出，第二天早上再换上清水，但放置的地方不宜有风，否则根尖会失水发黑死亡。

（2）增加光照。把水仙置于光照充足处，不宜长期放于室内。白天把水仙放于阳台向阳背风处，可有效防止叶片、花梗徒长，使水仙植株长得矮又壮。同时在阳光下，叶片也会在光合作用下制造养分，供给植株生长，对花梗、花苞的发育有利。

朱顶红喜欢什么样的生长环境？

朱顶红（*Hippeastrum vittatum*），石蒜科朱顶红属，原产南美秘鲁、巴西。多年生草本，地下鳞茎大、球形。花大型，漏斗状，呈水平或下垂开放，花径10 ～ 15厘米，花色红、粉、白、红色具白色条纹等。朱顶红喜温暖、湿润的环境，较为耐寒。冬季地下鳞茎休眠，要求冷凉干燥，适温为5 ～ 10℃。夏季喜凉爽，生长适温为18 ～ 25℃。喜光，但不宜过分强烈的光照。要求排水良好且富含腐殖质的沙质壤土。花期5 ～ 6月。

朱顶红如何养护？

朱顶红以分球繁殖为主。球根春植或秋植。选取高燥并富含有机质的沙质壤土，加入骨粉、过磷酸钙等作为基肥。浅植，使1/3左右的鳞茎露出表土。刚刚种植时少浇水，抽叶后开始正常浇水，开花前逐渐增加浇水量。

如何使朱顶红元旦开花？

要在元旦前后开花，需选大规格、发育充实的鳞茎，在8月中旬使鳞茎干燥，9月初去叶，置于15 ～ 17℃条件下32天，然后转置23℃干燥处4周，11月初上盆，土温约20℃，室温18 ～ 24℃，则可元旦前后开花。

大丽花喜欢什么样的生长环境？

大丽花（*Dahlia hybrida*），菊科大丽花属，原产墨西哥热带高原。多

年生草本，地下部为粗大的纺锤状肉质块根。大丽花的栽培品种已达30 000个以上，其花型、花色、株高均变化丰富。大丽花喜高燥凉爽、阳光充足的环境，但炎夏强光对开花不利。既不耐寒，又忌酷热，低温期休眠。生长适宜温度10 ～ 25℃。不耐旱，又怕涝，土壤以富含腐殖质、排水良好的中性或微酸性沙质壤土为宜。花期长，8 ～ 10月盛花。

大丽花的养护禁忌是什么？

（1）忌积水。浇水要掌握“干透浇透”的原则。大丽花生长要求疏松透气、排水良好的土壤环境，假如土壤板结积水的话容易引起烂根，甚至死亡。但大丽花叶多花大，蒸腾耗费快，在低温枯燥天气，如叶片呈现萎蔫现象，应立刻浇水，且应一次浇透。夏季每日浇水1次，冬季3 ～ 5天浇水一次。

（2）忌阴暗。大丽花喜阳光充足的环境，在光照缺乏的环境中，根系健康，吸收力下降，甚至不开花。

（3）忌酷热，又不耐寒。

（4）忌浓肥。大丽花枝叶多而大，需肥量大。忌施浓肥，以防烧根而死苗。

（5）忌花多。大丽花花朵硕大，因而花量过多会造成植株养分担负过重，花小且花期变短，因而要适当控制花的数量。

仙客来喜欢什么样的生长环境？

仙客来（*Clamen persicum*），报春花科仙客来属，产于中海东部沿岸、希腊、土耳其南部、叙利亚、塞浦路斯等地。多年生草本，肉质块状茎初期为球形，外表木栓化呈暗紫色。仙客来喜凉爽、湿润及阳光充足的环境，不耐寒，也不喜高温。秋、冬、春季为生长季节，生长适温为15 ～ 25℃。夏季不耐暑热，需遮阴，温度不宜超过30℃，否则植株进入休眠期。冬季开花期温度宜在12 ～ 20℃，不低于10℃，否则花色暗淡，易于凋萎。

仙客来如何养护？

选择疏松、肥沃的土壤，在栽植的时候要将土壤进行消毒。10 ～ 15天施肥1次，在翻盆和换土时可以适量施点基肥，施肥一定要薄肥勤施，在夏季温度较高时要停止施肥。生长期间要保持土壤微微湿润，盆内不能有积水。夏季若是没有继续生长，可以正常浇水。

10月下旬进入室内养护，11 ～ 12月可开花。为使花蕾繁茂，在现蕾期间需给以充足的阳光，保持温度在10℃以上，并增施磷肥，加强肥水管理，注意防止肥水沾块状茎顶部而造成腐烂。同时，发叶过密时可适当疏稀，以使营养集中，开花繁多。在温室内保持光照充足，通风良好。已老化变色的花朵需及时剪除，以减少结实对养分的消耗和延缓植株衰老并延长花期。

花毛茛喜欢什么样的生长环境？

花毛茛（*Ranunculus asiaticus*），毛茛科毛茛属，原产欧洲东南与亚洲西南部。多年生草本，地下具纺锤形的小型块根，常数个聚生于根颈部。花色常见鲜黄色。还有大红、玫红、粉红、白、紫等色。花毛茛性喜凉爽和阳光充足的环境，也耐半阴。不甚耐寒，越冬需3℃以上，忌炎热，夏季休眠。要求富含腐殖质、排水良好的沙质或略黏质壤土，土壤pH以中性或略偏碱性为宜。花期4 ～ 5月。花毛茛常采用分球或播种繁殖。分球繁殖春、秋季均可，通常于秋季分栽块根，注意每个分株需带有根颈，否则不会发芽。

花毛茛如何养护？

盆栽花毛茛要求富含腐殖质、排水良好的疏松土壤。立秋后播种，养成株丛，开春后生长迅速，追施2 ～ 3次稀薄肥水，促使花大色艳。种植期间不可缺水，但也不要过湿，同时要避免将水浇在叶面上，否则盆土积水而导致块根腐烂。当地上部分完全枯萎后，就要停止浇水，让盆土变得较干些，然后将花盆移至阴凉且空气流通性较强的地方摆放，若摆在室外，那么要注意躲避雨水。夏季球根休眠，宜掘起块根，晾干后藏于通风干燥处，秋后再种。

马蹄莲喜欢什么样的生长环境？

马蹄莲（*Zantedeschia aethiopica*），又名慈姑花、水芋、观音莲，天南星科马蹄莲属，原产南非和埃及。马蹄莲性强健，喜潮湿土壤，较耐水湿。生育适温为18℃左右，不耐寒，越冬应在5℃以上。生长期间需水量大，空气湿度宜大，喜水喜肥。花期从10月至翌年5月，自然盛花期4 ～ 5月，夏季高温期休眠。马蹄莲以分球繁殖为主。彩色马蹄莲多采用组织培养繁殖。

马蹄莲如何养护?

马蹄莲栽培要求疏松、肥沃的黏质壤土，定植前施足基肥。春、秋下种均可，勿深植，覆土约5厘米。定植采用东西向畦，一般开花大球的株距20 ～ 25厘米、行距25 ～ 35厘米。定植后应浇透水，以利于块茎快速发芽生长。生长期内应充分浇水，通常水温15℃左右，空气湿度也宜大。夏季高温期休眠，需遮阴。马蹄莲为喜肥植物，在生长期间，每2周追肥1次，适宜温度15 ～ 25℃。

彩色马蹄莲多为陆生种，与喜水湿的白花种不同，因此仅能在旱田栽培。喜半阴环境，夏季为休眠期，需充分遮阴越夏，并覆草以防地温上升。施肥量稍多，生长期每10天左右施一次以氮为主的液肥，每15天左右叶面喷施一次0.1%的磷酸二氢钾溶液，特别在孕蕾期和开花前增施磷、钾肥，有助于花大色艳。防止土壤过于潮湿，多雨季节应培土以防植株基部渍水，冬季宜干，尤其在花期要适当控水。

马蹄莲的养护禁忌是什么?

(1) 忌肥水浇入叶柄，否则易造成块茎腐烂。

(2) 忌光照不足。开花后光照不足，佛焰苞将呈现绿色。

大岩桐如何养护?

大岩桐（*Sinningia speciosa*），苦苣苔科大岩桐属，原产巴西热带高原，现世界各地普遍栽培。大岩桐为多年生常绿草本，喜冬季温暖、夏季凉爽的环境。忌阳光直射，生长适温为18 ～ 24℃，冬季休眠，越冬室温在5℃以上，生长期要求较高的空气湿度，宜疏松、肥沃而又排水良好的壤土。花期长，自春至秋。采用播种或扦插繁殖。

自上盆到开花需4 ～ 5个月。大岩桐喜肥，应施足基肥如腐熟的堆肥、骨粉等，春夏生长旺盛期追施腐熟的豆饼水，施肥后需用清水淋洗叶面。夏季忌长期高温多湿，应适当遮阴。若要冬季开花，需保持昼温23℃、夜温18℃，并置光照充足处。大岩桐花叶上有茸毛，一旦沾上水就极易腐烂，所以切记不可向花、叶上喷水，最好使用浸水法浇水。

观叶植物

什么是观叶植物？

观叶植物指以观叶为主的种类，它们四季常青，可长年供人欣赏。观叶植物中许多种类具有很强的耐阴性，适于长期在室内养护，因而备受人们喜爱。

类别	常见品种
草本观叶类	雁来红、银边翠、羽衣甘蓝等。文竹、天门冬、鸭跖草、冷水花、花叶芋、白鹤芋
木本观叶类	橡皮树、榕树、龙柏、南洋杉、爬山虎、扶芳藤
其他	棕榈类和竹类植物

室内观叶植物如何选择？

由于室内的光照条件较差，因此适于室内装饰的花卉多为耐阴观叶植物。而根据花卉耐阴程度不同，可分为以下几类供大家选择。

类别	特点	常见品种
极耐阴	室内极弱光线下也能供较长时间观赏，适宜在离窗户较远的区域摆放，一般可在室内摆放2～3个月	蕨类、虎耳草、白网纹草、八角金盘、蜘蛛抱蛋等
耐半阴	在接近北向窗户或离有直射光的窗户较远的区域摆放，一般可在室内摆放1～2个月	竹芋类、喜林芋、凤梨类、花叶万年青、广东万年青、绿萝、香龙血树、常春藤、马拉巴栗、橡皮树、苏铁、朱蕉、吊兰、文竹、冷水花、白鹤芋、豆瓣绿、龟背竹、合果芋等
中性	在东、西朝向的窗户附近或其他有类似光照条件的区域摆放，一般观赏期为半个月到1个月	鸭跖草类、彩叶草、花叶芋、蒲葵、龙舌兰、鱼尾葵、散尾葵、鹅掌柴、榕树、棕竹、长寿花、叶子花、天门冬等
阳性	适宜在室内短期摆放，摆放期10天左右	变叶木、沙漠玫瑰、虎刺梅等

铁线蕨如何养护？

铁线蕨（*Adiantum capillus-veneris*），铁线蕨科铁线蕨属，分布于世界热带地区铁线蕨喜温暖、湿润、半阴环境，避免阳光直射。盆土用腐叶土、泥炭土加1/3河沙和少量基肥配成，由于铁线蕨有喜钙习性，可加适量石灰等钙质。生长期每月施2 ~ 3次稀薄液肥，施肥时不要沾污叶面，以免引起烂叶。生长季保持盆土湿润和较高的空气湿度，空气干燥时向植株周围洒水，以免叶片萎缩。冬季减少浇水，停止施肥。生长适温17 ~ 26℃，冬季要求7℃以上，持续低温会引起落叶。铁线蕨采用孢子或分株繁殖。常发生叶枯病，初期可用波尔多液防治，严重时可用70%的甲基硫菌灵1 000 ~ 1 500倍液防治。

鸟巢蕨如何养护？

鸟巢蕨（*Neottopteris nidus*），铁角蕨科巢蕨属，产于热带、亚热带地区。鸟巢蕨喜温暖阴湿环境，避免阳光直射，常用孢子或分株繁殖。选盆底多孔的花盆、吊篮做悬挂式栽培或种植在木框中，盆底填充1/3左右颗粒较大的碎砖块，上面用泥炭土、木屑和少量腐叶土配制，将鸟巢蕨的根栽植在盆中，栽前将基质浸透水。鸟巢蕨每隔1年需换盆一次。生长期每1 ~ 2周施腐熟液肥一次。春夏季节，生长旺盛期需水多，除充分浇水外，要经常向叶面喷水，防止叶缘发黄枯焦，空气相对湿度以70% ~ 80%为宜，但盆内不能积水，否则会烂根。冬季室温低时，需保持盆土稍湿润为好。生长适温为白天21 ~ 32℃，夜晚16℃，不耐寒，冬季不得低于5℃，因此要注意防寒。

肾蕨如何养护？

肾蕨（*Nephrolepis cordifolia*）又名蜈蚣草、铁鸡蛋、心叶肾蕨、肾鳞蕨，肾蕨科肾蕨属，多年生草本植物。肾蕨喜温暖潮湿的环境，生长适温为16 ~ 25℃，冬季不得低于10℃。自然萌发力强，喜半阴，忌强光直射，对土壤要求不严，以疏松、肥沃、透气、富含腐殖质的中性或微酸性沙壤土生长最为良好，不耐寒，较耐旱，耐瘠薄。栽培盆土用排水良好、富含腐殖质的土壤。5 ~ 9月，每15 ~ 20天追一次饼肥水，10月下旬入室，4月中下旬出房，冬季保持12 ~ 15℃。盆土要经常保持湿润但不积水，为保持较高的空气湿度，可在植株四周及叶面少量喷水，养护时盆间距不要太密，要保持良好的通风透光，否则叶色枯黄。

波士顿蕨如何养护？

波士顿蕨（*Nephrolepis exaltata* 'Bostoniensis'）又名高肾蕨。波士顿蕨每小时能吸收大约20微克的甲醛，因此被认为是最有效的生物"净化器"。喜温暖、湿润的半阴环境，喜通风，忌酷热，生长适温15～25℃，冬季10℃以上能安全过冬。耐旱，但是盆土也需要保持湿润，一般夏天每天浇水1次，经常向叶面喷水。施肥每2个月1次即可，以氮素为主。

凤梨有哪些种类？

凤梨科（Bromeliaceae）植物为单子叶植物，是非常庞大的一类，分为50多属，原生种约2 500个，主要分布在中南美洲的墨西哥、安的列斯群岛、哥斯达黎加、巴西、哥伦比亚、秘鲁和智利。许多种生在热带雨林中，有的种生在高山上，还有种生于干旱沙漠地区。凤梨科植物适应性强，易栽培，根据其持水特性，可将其分为空气凤梨和积水凤梨。空气凤梨是凤梨科铁兰属耐旱气生种类，植株中央没有持水结构，无需种植在土壤中，只要保持空气湿润就可以生长。积水凤梨具有杯状结构，种植在排水良好的疏松基质中，保持杯状持水结构内有水。

空气凤梨是什么样的植物？

空气凤梨无论大小、色泽、形态、花色、叶数等均变化多端，大小由3厘米至3米不等，叶片颜色有绿、灰白、橙色、紫红等，形态有玫瑰状、线状、章鱼状、海胆状、独生或聚生状等，花色有黄、绿、红、紫、白、紫红等，有些品种的花具有香味。

空气凤梨依靠叶面吸收水分和养分。适宜在温暖湿润、阳光充足、空气流通处生长。叶子较粗硬、叶色较银白的品种，可以适应较干燥且日照较强的环境；叶子较软、叶色略银白的品种，喜欢湿度高但阳光不过分强烈的环境；叶色较绿的品种，则喜欢湿度高且遮阴的环境。空气凤梨在室内栽培应放在有明亮光照处，如果光照不足会导致植株徒长、瘦弱。空气凤梨可在7～38℃的温度条件内正常生长。空气凤梨白天叶片背面的气孔关闭，到了晚上，待周围环境气温降低到适当温度后，气孔开启，吸收二氧化碳，可利用这一特性营造居室绿色氧吧。

空气凤梨生长真的不需要土壤吗？

空气凤梨又名铁兰花，为凤梨科铁兰属多年生常绿草本植物，大部分为气生或附生型。由于该种植物生长在空气中与泥土无关，能对空气起净化作用，所以称之为空气中的凤梨花。大部分空气凤梨品种生长在干燥的环境中，小部分则喜潮湿环境。附生型凤梨以附生的方式栖息于另一种植物或树干上，时间久了，还会逐渐长出根来，藉以固定植株本身，可由种子或侧芽繁殖下一代。气生型凤梨则有完全不同的外形，其植株较小，具针叶或硬叶，通常一整丛群聚而生，借以减少水分蒸发，它们依靠叶表面大量的鳞片吸收雨水、露水或雾气及养分，由于它们靠叶面吸取空气中的水分生存，其植株形态及结构产生了许多变化，包括贮水组织、复杂的鳞片、叶片数量减少、根部退化、体积缩小、增加种子数量等。

空气凤梨应该放置在哪里？

空气凤梨应放置在比较明亮但有遮阴、通风良好的地方，以窗户边、客厅或书房的灯光下、办公室较为适宜。在冬季从12月至翌年的3月底可直接日照。银灰色叶片品种较绿色叶片品种需要光线更多。

空气凤梨应该如何浇水？

空气凤梨水分完全从空气中吸收，浇水多少依气候调整，以喷雾的形式为好。注意根颈处不积水，需通风良好。喷水较多时，应将植物倒过来将水滴干，叶心积水超过72小时，植物容易窒息而死。不浇则已，浇必浇透。大多数品种2天浇一次水，若下雨则无需浇水；若炎热干燥且刮强风，建议每天浇水。室内温度最好保持在15 ~ 25℃。高于25℃则需适当遮阴。如32 ~ 40℃时，则每日喷水一次。冬季室内温度在0 ~ 8℃时，应注意减少喷水次数，每周1 ~ 2次为宜，增强其抗寒性。

空气凤梨如何施肥？

空气凤梨生长缓慢，施肥可促进其生长、开花，并保持良好的景观效果。

（1）施肥时期。植株以适应新环境且温度不超过28℃，最好以春季新芽冒出时和秋季花苞即将形成时施肥，在冬季属休眠期，11月至翌年3月不用施肥。一般有新叶片长出、新芽膨大、有些品种长出假根可判断为植物已经适应新环境。

（2）施肥方法。先用水喷雾一次，再用空气凤梨专用肥稀释1 500 倍后喷雾，隔1小时后再喷一层水清洗残留的肥料。

空气凤梨怎样繁殖？

空气凤梨花期前后会从植株基部或叶腋处会长出1个或数个小苗，待生长至母株1/3 大小时可用手将子苗分开，伤口干1 ～ 2 天方可栽植。可将小苗放置在原木或者铝丝的底座上，也可以用任何黏剂，包括瞬间胶、双面胶、硅胶或细鱼线等，将小苗固定在任何固体之上，最好不要用热熔胶，因为空气凤梨会被烫伤。

蜻蜓凤梨如何养护？

蜻蜓凤梨（*Aechmea fasciata*）又名美叶光萼荷、粉菠萝，光萼荷属。蜻蜓凤梨喜明亮散射光，在夏秋季遮光70% ～ 80%。适宜温热湿润的环境，生长适温18 ～ 22℃，开花温度不低于18℃，不耐寒，低于2℃易引起冻伤，

6℃以上可以安全越冬。

盆栽观赏的盆土可用泥炭、腐叶土、河沙等配制。生长季节应多施液肥并保持湿润，冬季要注意防寒。生长期间应充足浇水，保持盆土湿润，同时在浇水时把叶筒灌满水。在生长旺 盛及开花期，叶筒必须贮满清水，并要定期换水，以防止变质发臭。耐阴，但过分荫蔽叶片会徒长伸长，色斑暗淡，忌暴晒。喜排水良好、富含腐殖质和纤维质的土壤，耐旱。蜻蜓常采用分株繁殖，大量繁殖时用组培法。

艳凤梨如何养护？

艳凤梨（*Ananas comosus* ‘Variegatus’）又名斑叶凤梨、金边凤梨，凤梨属。艳凤梨喜强光，适宜在温暖、湿润、通风的环境中生长，稍耐阴。生长适温23 ～ 30℃，可耐炎热，稍耐寒，5℃以上可安全越冬。

艳凤梨适于腐叶土或泥炭土加少量河沙和基肥配成培养土盆栽。盆底部1/4 ～ 1/3的深度填以颗粒状的碎砖块等物，以利排水。花盆宜小不宜大。每年春季换盆一次。3 ～ 10月是生长

期，每1～2周施一次液肥，莲座状的叶筒中也可少量施肥，其浓度应是根部施用浓度的1/2以下。生长季节需充足的水分和较高的空气湿度。浇水时，莲座状的叶筒中也应同时灌些水。冬季室内温度低，应适当干燥。艳凤梨有较强的耐干旱能力，数日不浇水，对生长影响不大，更不会干死。

常用根出芽分株繁殖。

果子蔓如何养护？

果子蔓（*Guzmania lingulata*）又名擎天凤梨、西洋凤梨、鸿运当头，果子蔓属。果子蔓喜半阴、温热和湿润的环境，不宜暴晒。生长适温18～25℃，不耐寒，冬季8℃上可安全越冬。宜选择直径12～15厘米左右的中小盆。

要求排水良好且富含腐殖质的栽培基质，如草炭：珍珠岩：陶粒=2：2：1作为盆栽土。果子蔓对水分的要求较高。除盆土保持湿润外，空气相对湿度应保持在65%～75%，同时莲座叶丛中不可缺水，这样才有利于果子蔓叶丛的生长。生长期需经常喷水和换水，保持高湿和清洁环境。果子蔓每半月施肥1次。可加入盆内或喷在叶面和注入叶丛中。定植半月后喷洒0.05%～0.1%的矮壮素1～2次，以控制株高。苗高18厘米左右时摘除顶心，以促使分枝。花期随时摘除残花，剪掉徒长的细枝，株型保持橄榄球型。常用分株繁殖。

铁兰如何养护？

铁兰（*Tillandsia cyanea*）又名紫花凤梨，铁兰属。铁兰喜明亮的散射光，怕阳光直射，喜温热气候。生长适温18～30℃，冬季18～20℃，最低不低于10℃，可耐短暂的5℃低温。喜湿度较高的环境，要求空气湿度60%以上。

铁兰在生长期内需要大量的水，所以要保持充足的水分。夏天高温时要保持每天浇水2次，冬季的时候保持盆土湿润即可。开花后将残花和花茎剪掉，防止这些残花残茎消耗过多的养分导致其生长不良。花后可以换盆换土，若不换盆换土，松土后1个月要在土壤中加一些肥料，来补充养分。铁兰采用分芽扦插繁殖。

花叶竹芋如何养护?

花叶竹芋（*Maranta bicolor*）又名二色竹芋、豹斑竹芋，竹芋属，原产巴西和圭亚那。花叶竹芋叶片有美丽色斑，叶形优美，叶色多变，植株小巧玲珑，是一种很雅致的室内观叶植物。花叶竹芋为多年生常绿草本，喜半阴、温暖、多湿环境，喜充足散射光，但不耐强光直射。生长适温20 ~ 30℃，怕炎热，35℃以上高温叶片会灼伤，畏寒，低于5℃叶片易冻伤。喜肥沃、疏松、保湿而又不积水的土壤。盆栽以泥炭和园土以及少量的基肥混合作为基质。要注意遮阴。生长季节要保持高湿，夏季还需向叶片喷水增加湿度并降温，每月施肥1 ~ 2次。要求较高的空气湿度。花叶竹芋采用分株或扦插繁殖，宜在春季进行。

合果芋如何养护?

合果芋（*Syngonium podophyllum*），天南星科合果芋属，多年生常绿草本植物，原产于热带美洲地区。合果芋一般不易开花，宜半阴，对光适应性强，喜欢散光，阳光太强叶边会枯黄，光线太暗则会让叶片无光，冬季无需遮光。长期处于光照不足的位置，叶片会疯狂生长，花纹也会很快褪去。喜欢湿润，害怕干燥，夏季要充分浇水，保持盆土湿润，利于根茎快速生长，冬季不可太湿。否则会因为低温环境下根烂叶枯。喜欢疏松、肥沃、排水好的微酸性土壤。合果芋生命力极强，任何一段枝条都会成活，可以水培，主要采用扦插法繁殖。

肖竹芋如何养护?

肖竹芋（*Calathea ornata*）又名大叶蓝花蕉，肖竹芋属，原产圭亚那、哥伦比亚、巴西等地。多年生常绿草本。喜温暖、高湿、半阴环境。生长适温20 ~ 30℃，怕炎热，越冬温度在12℃

以上，低于12℃易受冻害。夏季遇高温，叶尖及叶缘易出现焦状卷叶，一旦发生就难以恢复，应注意夏季降温。需水较多，但土壤不宜太湿，保持空气相对湿度60%以上。采用富含腐殖质的壤土，土壤pH5.5左右。生长期每2～3个月施稀薄液肥一次，肥料中氮、磷、钾的比例为4∶2∶3。选择盆器不要过大，因为肖竹芋的根并不发达，过大的盆并不利用它的生长，所以选盆时要根据根的大小来定。

羽衣甘蓝喜欢什么样的生长环境？

羽衣甘蓝（*Brassica oleracea* var. *acephala* f. *tricolor*），别名叶牡丹、牡丹菜、花菜，十字花科芸薹属，原产西欧。因其耐寒性较强，且叶色鲜艳，是南方早春和冬季重要的观叶植物。二年生草本，株高可达30～60厘米。叶呈宽大匙形，且被有白粉，外部叶片呈粉蓝绿色，边缘呈细波状皱褶，内叶叶色极为丰富，通常有白、粉红、紫红、乳黄、黄绿等色。花茎比较长，总状花序顶生，有小花20～40朵。花期4月。角果扁圆柱形。

羽衣甘蓝喜阳光，喜凉爽，耐寒性较强，极喜肥。气温低反而叶片更美，且只有经过低温的羽衣甘蓝才能结球良好，于翌年4月抽薹开花。

羽衣甘蓝如何养护？

羽衣甘蓝常播种繁殖。南方一般于秋季8月播于露地苗床，北方一般早春1～4月在温室播种育苗。由于羽衣甘蓝的种子比较小，因此覆土要薄，以没种子为度。播种后应及时浇足水，若阳光太强，可用草苫进行覆盖遮阴，防止土壤变干。若表土变白发干，要及时浇水。保持温度在15～20℃，约7天就可以出苗。栽培用地要选择向阳且排水良好的疏松肥沃的土壤。播种苗一般在长出4～5片真叶时进行移植，定植前通常进行2～3次移植，南方于11月中下旬进行定植，北方于5月中旬定植。羽衣甘蓝极喜肥，因此在生长期间要多追肥，以保证肥料的供应。若不想留种，需将刚抽出的花薹及时剪去，以减少生殖生长的营养消耗，可以达到延长观叶期的目的。

羽衣甘蓝可以吃吗？

羽衣甘蓝是食用甘蓝（卷心菜）的园艺变种。结构和形状都与卷心菜非常相似，但羽衣甘蓝的中心不会卷成团。羽衣甘蓝既是观赏类植物，也可以食用。羽衣甘蓝被誉为“蔬菜女王”（The Queen of Greens）。除了低脂、低热量、高膳食纤维外，羽衣甘蓝还含有大量的维生素A、维生素C、维生素K，钙和铁的含量也非常高。可以拌沙拉、榨果汁，或是烤成脆片，但是有人觉得口感不好。

彩叶草如何养护？

彩叶草（*Coleus blumei*），唇形科鞘蕊花属，原产印度尼西亚。多年生常绿草本，作一年生栽培。彩叶草生长健壮，栽培管理也较粗放，生长适温为18 ～ 20℃。苗期应进行1 ～ 2次摘心，促使多分枝，增大冠幅，使株形丰满、美观。生长期间叶面宜多喷水，保持湿度，浇水应以见干见湿为原则，不需大肥、大水，切忌施过量氮肥。经强光照射，彩叶草叶色易发暗，但过于荫蔽叶色则变绿，失去观赏效果，将作为盆栽观赏的彩叶草放置在室内散射光处为好。彩叶草以观叶为主，除留种母株外，都应摘除花茎。

三色苋如何养护？

三色苋（*Amaranthus tricolor*），别名老来少，苋科苋属，原产美洲热带地区。一年生草本。花期7 ～ 10月。三色苋生活力强，管理粗放。生长适温为20 ～ 35℃。肥水不宜过多，若施肥过多会引起徒长并且影响叶色。喜阳光充足、湿润及通风良好的环境，耐旱、耐碱，不耐寒。对土壤要求不严，在排水良好的肥沃沙壤土中生长茁壮。栽培时应设立柱，防倒伏。

广东万年青如何养护？

广东万年青（*Aglaonema modestum*），广东万年青属，原产我国南部、马来西亚和菲律宾等地。肉穗花序，花小，白绿色，花期夏秋。浆果成熟时由黄变红。广东万年青喜温暖，生长适温20 ~ 27℃，越冬保持4℃以上，可耐0℃低温。夏季注意遮阴，忌阳光直射，在微弱光照下也不会徒长。喜阴湿环境，叶面应经常喷水。当空气干燥时，叶片发黄并失去光泽。能在浅水中生长，冬季应减少灌水。夏季应加强通风，防暑降温，及时剪除基秆下面的枯黄老叶。土壤宜微酸性，适宜的土壤pH5.5 ~ 6.5，以园土与腐叶土混合配制。生长期每半个月施肥一次，以氮、钾肥为主，其氮、磷、钾肥的比例为2 ∶ 1 ∶ 2，对钾、镁和铜的要求高，要注意补给。若万年青的植株过于高大，株形不好，可进行短截，重新萌发的植株生长将更旺盛，剪下的带顶尖的枝条可直接插于水瓶中观赏，大约经过30天可长出白色的嫩根。此外，在立夏前后应把成株外围的老叶剪去几片以利萌发新芽、新叶和抽生花草。

花叶芋如何养护？

花叶芋（*Caladium bicolor*），别名二色花叶芋、彩叶芋，花叶芋属，原产南美热带地区，我国广东、广西、福建、云南、台湾等地常见栽培。花叶芋多年生草本，叶大型，肉穗花序黄至橙黄色，浆果白色。花期4 ~ 5月。花叶芋喜高温、高湿、明亮、半遮阴光照。全光照栽培中午会引起日灼，光照太弱导致徒长，叶色不艳，夏季应遮阴。不同品种对光照度要求不同，红色和粉色品种需较高光照度。生长适温21 ~ 32℃，18℃以下停止生长，12.8℃植株受冻害，2℃下植株冻死。低温条件下，植株落叶休眠，以块茎休眠越冬。要求疏松、肥沃、排水良好的土壤，不耐积水。栽培基质为2份泥炭、2份腐叶土及1份沙组成，pH5.5 ~ 6.5，肥料中氮、磷、钾肥比例宜为1 ∶ 1 ∶ 1，氮肥过多，叶色不艳。对钾、镁、钙和硼有较高的要求。空气干燥、低温易引起叶缘和叶尖枯焦。怕冷风吹袭。花叶芋以分株繁殖为主。

一品红如何养护？

一品红（*Euphorbia pulcherrima*）又名圣诞花，大戟科大戟属，原产墨西哥。常绿灌木。杯状花序顶生，总苞淡绿色，每苞片有大而黄的腺体，散布于红叶中央。喜温暖、湿润，一品红必须放在阳光充足处，不耐强光直射，不耐寒，怕霜冻。

常用混合基质：70%的泥炭土、20%的珍珠岩、10%的蛭石。一品红对水分十分敏感，生长初期气温不高，植株不大，浇水要少些，浇大水会烂根。夏季每天早晚各浇一次水，但水量宜少些。春、秋季节一般1～2天浇1次水。一品红喜肥，生长初期适当控肥，旺盛生长期7～10天施1次饼肥水。8月以后直至开花，每隔7～10天施一次氮、磷结合的液肥，接近开花时，增施磷肥，可使苞片更大、更艳，但每次施肥都不能太浓，更不能施生肥，施后每天早晨浇1次水。一品红10月中旬移入室内越冬，冬季温度不得低于10℃。

一品红落叶是什么原因？

（1）光照过强。一品红喜光，在适宜的光照度下，叶色会更加红艳，但夏季阳光太强，若不及时通风，增加空气湿度，就会造成植株萎蔫，叶子发黄，掉叶。

（2）温度过低。一品红不耐寒，温度控制不当，就会造成落叶。

（3）浇水不当。浇水过多或浇水过少都会导致落叶

（4）施肥不当。一品红喜肥，生长需要各种微量元素，氮肥不足叶片颜色暗淡，而且容易脱落。

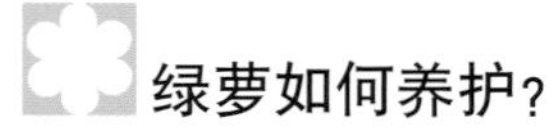

绿萝如何养护？

绿萝（*Epipremnum aureus*），天南星科麒麟叶属，原产所罗门群岛。多年生常绿藤本。绿萝喜高温、高湿、有明亮散射光的环境。耐阴性强，但过阴时叶片上色斑消失或不明显，怕强光直射。生长适温20～32℃，稍耐寒，10℃以上可安全越冬。土壤以肥沃、疏松的腐叶土和含腐殖质丰富的沙质壤土为佳。较耐水湿，可用水插莳养，稍耐旱。生长季节保持盆土湿润，每2周施肥1次，并补施1～2次磷、钾肥。每年5～6月换盆时，摘除下部萎黄的老化叶，并更新修剪，促发新梢，重新造型。也可用吊盆悬挂栽培。绿萝常用扦插繁殖，成活率高，只要保持温度25～30℃，同时保持湿润约1个月即可生根并萌发新芽。

富贵竹如何养护？

富贵竹（*Dracaena sanderiana* 'Virens'），龙血树属，原产非洲西部的喀麦隆及刚果一带。常绿灌木，株高1～1.2米，植株细长，直立不分枝。富贵竹喜高温多湿和阳光充足的环境。生长适温20～28℃，12℃以上才能安全越冬。不耐寒，耐水湿，喜疏松、肥沃、排水良好的轻壤土。施用氮、磷、钾肥的比例以3∶1∶2为宜。忌夏季炎热时烈日暴晒，需遮阴。冬季注意保温和提高空气湿度，避免叶尖干枯。富贵竹可采用扦插或分株繁殖。若用水培，则水加到瓶子的1/3

处，自来水需放1天再用，放在室内明亮通风处，3天左右换一次水。刚生根的富贵竹最好不要换水，要及时加水。土培换水培直接把根部洗干净就可以插在瓶子里正常养护了。

文竹如何养护？

文竹（*Asparagus setaceus*），百合科天门冬属，原产南非。文竹喜温暖湿润半阴环境，不耐干旱，忌积水。既不耐寒，也怕暑热，冬季室温不得低于10℃，5℃以下受冻而死，夏季室温如超过32℃，生长停止，叶片发黄。在通风不良的环境下，大量落花而不能结实。适宜种植在富含腐殖质、排水良好、肥沃的沙质土壤中。盆栽用土以50%腐叶土、20%园土、20%沙、10%腐熟厩肥，再加适量的磷、钾肥配制而成。冬季要求阳光直射，宜置半阴下。每次浇水要浇透，不能浇半截水，以免根茎吸收不到水分而枯死，浇水量不宜过多也不宜过少。冬季天气寒冷，水分蒸发较慢，应减少浇水量，以免冻伤根茎。室内过干应及时往叶片喷水，增加空气湿度。施肥不宜多，以氮、钾薄肥为主，以防徒长。

吊兰如何养护？

吊兰（*Chlorophytum comosum*），百合科吊兰属，原产南非。我国各地多于室内盆栽。多年生常绿草本，白色，花期夏、冬季。吊兰喜温暖、湿润和半阴环境，适宜疏松、肥沃、排水良好的土壤。生长旺盛期每月施稀薄熟液肥2～3次，保持盆土湿润，冬季控制灌水。适宜温度20～25℃，30℃以上生长停止，冬季室温应保持12℃以上，低于6℃就会受冻。吊兰耐阴力强，怕阳光暴晒，在疏阴下生长良好。室内栽培时应置光照充足处，光线不足常使叶色变淡呈黄绿色。吊兰以分株繁殖为主，以春季换盆时进行为宜。

网纹草如何养护？

网纹草（*Fittonia verschaffeltii* van Houtte）是爵床科网纹草属植物。网纹草植株矮小，匍匐生长，叶片娇小，叶面具有白或红的细致网纹。疏松的腐叶土或泥炭土小盆栽植。生长期每2周左右施肥1次，经常保持盆土中有充足水分。喜半阴和湿润环境，遮阴50% ～ 70%，并保持较高的空气湿度。阳光过强和干燥的环境是其生长不良的主要原因。怕低温寒冷，越冬最低温度应在15℃以上。

龟背竹如何养护？

龟背竹（*Monstera deliciosa*），天南星科龟背竹属，多年生常绿灌木。喜温暖潮湿环境，忌强光暴晒和干燥。龟背竹耐阴，易生长于肥沃疏松、吸水量大、保水性好的微酸性壤土，以腐叶土或泥炭土最好。适宜的生长温度为20 ～ 25℃，低于5℃易发生冻害，当温度升到32℃以上时，生长停止。要保持盆土湿润，夏季生长期间，早、晚各浇1次水，叶面也要时常洒水。冬季水分蒸发慢，每3 ～ 4天浇1次水。其他季节每日1次即可。生长期间，每15天施1次稀薄饼肥水。日常可根据龟背竹的长势，灵活施肥，但忌肥大。龟背竹每年需要换盆一次，可在3 ～ 4月进行。换盆时去掉一部分的旧土，换成新土，将枯根剪掉，然后在盆内加入腐熟有机肥或磷、钾肥作基肥。换盆后龟背竹会有1 ～ 2周的适应期方可茁壮成长。

龟背竹叶片为什么有孔洞？

龟背竹原产于墨西哥，喜暖畏寒耐阴，好生于环境湿度较高的地方。

研究发现龟背竹叶片上的空洞可以帮助植物在不确定的环境中更可靠地获取阳光。在热带林下，斑驳的阳光间歇性地、不规律地透过树冠照耀到植株上。这些洞使得叶片能够伸展到更大的面积而又不需要消耗能量和养分长出更多叶子来填补这些空间。这样反而可以提高植株获取阳光的概率。

龟背竹如何修剪？

一般龟背竹只有一个生长点，通常不宜修剪。如果植株上有一个主茎长到3厘米粗，且茎上已经长了一个芽包，才可以修剪。

若龟背竹长得很茂密，可以在距离植株的基部2 ~ 3厘米的地方用刀割下它的叶片和枝蔓。若顶部过高的枝条，用刀割断。若植株长歪，砍去植株多余的负重的侧芽，并且将主茎绑缚一段时间。若植株有枯萎的叶子需修剪掉。注意修剪的工具千万不要用剪刀，否则，伤口会难以愈合，最好用锋利的刀。

龟背竹怎样繁殖？

（1）扦插繁殖。于4 ~ 5月进行。从茎节先端剪取生长健壮的枝条，剪成长7 ~ 10厘米一段，每段带2 ~ 3个茎节，去除气生根，带叶或去叶插于插床中。扦插用培养土可用河沙或蛭石，亦可用园土和砻糠灰各半混合或园土和腐叶土各半混合。保持一定的温度和湿度，约半月后即可生根，生根后移入盆钵中培养。亦可在春、秋季节，将龟背竹的侧枝整枝劈下，带部分气生根，直接栽植于木桶或水缸中，成活率高，成型迅速。

（2）利用气生根进行繁殖。龟背竹的茎似竹节，在节和节间长有大量气生根，可以从空气中吸取游离氮素。利用气生根繁殖，首先应让龟背竹的蔓茎横向生长，然后在每一节的气生根下放一个盛满营养土的小花盆。小花盆要经常给水，但要间干间湿。这样，可增加根部吸收营养的能力。当根系长满小花盆时，就将蔓茎剪成小段，剪口要在气生根下一点，并带有叶片。这样，每段蔓茎就是一棵独立的有根有叶的小植株。然后再将植株种于大一点的花盆中。

袖珍椰子如何养护？

袖珍椰子（*Chamaedorea elegans*），棕榈科竹节椰属，原产墨西哥和危地马拉。袖珍椰子为常绿小灌木。花期3 ~ 5月，果期9 ~ 11月。袖珍椰子喜温暖、湿润、通风、半阴环境。要求较强光照，但忌夏季阳光直射。生长适温24 ~ 32℃，温度过高生长不

良，7℃以上可安全越冬。要求肥沃、疏松、排水良好的土壤，不耐干旱、瘠薄。吸水能力强，尤其夏季应供给充足水分，生长期每月施肥1次，肥料氮、磷、钾肥的比例以3 ∶ 1 ∶ 2为宜。定期喷洒温水，以防除红蜘蛛，并使叶片保持清洁。

散尾葵如何养护？

散尾葵（*Chrysalidocarpus lutescens*），棕榈科散尾葵属，原产马达加斯加群岛。散尾葵为丛生常绿灌木至小乔木，喜温暖、湿润、半阴环境。生长最适温度21 ～ 27℃，不耐寒，5℃低温会引起叶片损伤，使叶片变成橙色甚至干枯，10℃以上可安全越冬。要求疏松、肥沃、深厚的土壤，不耐积水，也不甚耐旱。对镁和微量元素有相当高的要求，叶面喷洒镁和微量元素可改善叶色。

豆瓣绿是什么样的植物？

豆瓣绿属胡椒科草胡椒属（*Peperomia*），也称椒草、翡翠椒草、青叶碧玉、豆瓣如意，主要分布于热带与亚热带地区，约有1 000种之多，因叶形酷似豆瓣，所以中文名译为豆瓣绿，为常绿多年生草本植物。豆瓣绿耐阴能力强，而且茎、叶稍肉质，具有蓄水的功能，较耐干旱，适合直接栽植于庭院灌木丛下或点缀于花坛，但由于性喜温暖（生长适宜温度为20 ～ 28℃）、湿润和半阴环境，不耐寒，不耐高温，怕强光直射，盆栽观赏会更有利于夏、冬两季的管理。多用扦插和分株法繁殖。市面上最为常见的皱叶豆瓣绿（*Peperomia caperata*）和西瓜皮豆瓣绿（*Peperomia argyeia*）。

皱叶豆瓣绿

西瓜皮豆瓣绿

豆瓣绿如何养护？

（1）放在散射光处栽培，也可放在树冠较大的灌木群落下或朝北向的窗台，但不要过于荫蔽，日照不足也会导致茎节徒长，失去光泽，对一些具斑纹的品种会因叶绿素增多，美丽的斑纹还会逐渐消失。

（2）刚买回家的豆瓣绿需要缓苗，应该避免强光照射。等过几天再放在阳台养护。

（3）避免在高温的环境中养护。

高温容易使基部叶片出现斑点，重则变黑掉落甚至植株死亡。

（4）避免浇水过多。盆土积水会导致烂根、叶片发黄、脱落。浇水要保持“宁少勿多”的原则。

冷水花如何养护？

因多生长于山间冷水旁，所以称为冷水花（*Pilea notata*），别名白雪草、叶荨麻，属荨麻科冷水花属。多年生常绿草本或亚灌木，原产于越南。在我国华南地区可地栽，大部分地区只适宜盆栽。

（1）土壤。冷水花生性强健，虽不择土壤，较为粗放，但以60%泥炭土、20%腐叶土、20%珍珠岩混合配制作为栽培介质较为理想。

（2）光照和温度。生长适宜温度为20 ～ 28℃，性喜温暖且耐阴性强，喜欢生长在空气湿度较高的环境处，耐寒性不好。夏季盛夏高温，最忌盆栽置于西晒阳台上，接受强烈日光直射。

（3）肥水。冷水花盆栽后生长较快，肥水必须充足供给。夏季除适当遮阴，每天浇水外，叶面还需经常喷水。生长期应置于通风良好，而且散射光充足之处。每半月施肥1次，并增施2次磷、钾肥，叶片色彩将更加光亮新鲜。但不能过于频繁，否则会造成施肥过多而引起徒长。忌过多施用氮肥，否则株形松散，容易倒伏。入秋后需充足阳光，适当减少施肥和浇水。越冬期间停止施肥，控制浇水。

（4）修剪。为了促使生长更多的侧枝以达到株形饱满，应注意及时摘心，2 ～ 3年的老枝要于早春萌芽前，从茎部重新修剪，促进抽生新枝，否则降低观赏价值。

吊竹梅如何养护？

吊竹梅（*Tradescantia zebrina*）又名甲由草、吊竹兰，鸭跖草科吊竹草属，多年生常绿草本植物，原产于中美洲热带地区，墨西哥分布居多。其代表品种四色吊竹梅（*Zebrina pendula* ‘Quadricolor’）、小吊竹梅（*Zebrina pendula* ‘Minima’）、紫吊竹梅（*Zebrina purpusii*）。吊竹梅耐高温多湿的环境，耐阴，畏惧烈日直晒，所以夏季管理上需特别注意。4 ～ 10月生长适宜期需要充足的水分和养分。同时对干燥的空气十分敏感，北方地区如果湿度低于40%，植株的叶尖就容易产生焦枯、枯黄等现象。若置于过于荫蔽的环境下生长，则叶面条纹将会褪色，时间过久，叶色将全部变为绿色，出现返祖现象。

生长期每隔15天追肥1 ~ 2次，施加稀释1 000 ~ 2 000倍的尿素和磷酸二氢钾混合而成的水溶液。而6月上旬至9月下旬，正是盛夏酷暑，以不施肥为好。另外，值得一提的是，可以将修剪下的枝蔓、茎叶经剪碎处理后，回归土壤，通过腐殖化的过程，养分可重新得以补充。春、夏两季在生长过程中，须及时摘除基部已经老化、变黄的枝叶。

常春藤如何养护？

（1）土壤。选用排水良好、肥沃、疏松的微酸性栽培介质，盆栽可用70%腐叶土、20%园土、10%珍珠岩的比例混合配制，效果更佳。

（2）浇水。常春藤喜欢湿润，要时刻保证土壤处于湿润的状态，春夏季节可以向叶面或四周喷水，增加空气湿度，秋冬季节要减少浇水量，冬季最好让土壤保持干燥的状态。

（3）施肥。春、秋生长期，应每隔10 ~ 15天施1次以磷、钾为主的肥料，也可用颗粒状的长效控释肥掺入介质中，具体方法是用螺丝刀在介质中打3个洞，深5厘米，放入5 ~ 10粒控释粒肥即可。但在盛夏高温休眠状态及冬季低温期，都不要施肥。

（4）光照。栽植常春藤光照一定要充足，如果是在室内养最好放在南窗位置，可以更好地接受阳光照射，才能生长更快，叶色也会更鲜艳，但

是不能被强光暴晒。

（5）温度。适宜其生长的温度为18～20℃，耐寒能力很好，就算是0～5℃也不会受到危害，一般10℃以上最佳，气温若高于35℃就会停止生长，叶子也会变黄。

紫叶酢浆草如何养护？

紫叶酢浆草又名堇花酢浆草，为酢浆草属多年生宿根草本植物，原产非洲南部。紫叶酢浆草性喜温暖、湿润和半阴的环境。较耐干旱且较耐寒，不仅适合露地栽培，而且还适合于盆栽观赏，管理粗放，很少产生病害。

（1）光照。盆栽于春、秋、冬三季都可置于阳光充足处，此时的日照强度较为柔和，不会对株苗造成伤害，反而会利于生长，开花不断。夏季，日照强度大，可放置在朝东的窗台附近，接受早上3～4小时的日照。

（2）温度。生长适宜温度为15～30℃，不宜超过35℃。

（3）浇水。春、秋两季生长旺盛季节，都要保持盆土湿润，勿让水分缺乏。盆土表面发白且茎叶下垂，植株出现临时萎蔫现象，就需要迅速补充水分，直到有多余水分从盆底排出。若是土壤出现板结，使用“浸盆法”时间不宜超过20分钟，否则会出现根系缺氧，而导致

最后死亡。炎热的夏季，盆栽则不宜浇水过多，保持稍润的状态，以接触栽培基质不粘手但有润的感觉为宜。可适当提高空气湿度。冬季气温下降，盆栽尤为注意，植株停止生长，进入休眠期，控制浇水，鳞茎可仍置于盆内过冬，不可过分潮湿，以防止鳞茎腐烂。

（4）施肥。上盆时，要施足基肥。生长季节为使植株健壮生长，保证叶片肥厚有光泽，每月施1次氮、磷、钾复合肥。施肥时注意浓度，浓度过大会灼伤球茎，影响生长。7~8月停止施肥。注意不要施单一的肥料，尤其是氮肥，会使叶片由紫返青，影响观赏。施肥时不要将液肥溅到叶面，容易引起叶片疾病。

观果植物

哪种观果植物观果期可长达数年？

代代橘的果实可挂果数年而不落，其果实一般可挂2 ～ 3年，多则挂5年，隔年花果同存，几代果实同挂，其观果期之长是罕见的。为使植株年年挂果，需要采取以下措施：

（1）适当疏花、疏果。

（2）合理修剪。每年早春修剪1次，剪去过密枝、徒长枝、内膛枝、纤细枝、病枯枝，留下去年生粗壮枝条，从基部留2 ～ 3芽短截，培育粗壮新梢着花挂果。

（3）适施肥水。除施越冬肥、催芽肥、促花肥外，生长期应追肥。浇水以保持盆土湿润为宜。花果期要比平时浇水量略少，不能施肥，以防落花、落果。待果实坐稳后，应施几次含磷液肥，以促果实增大。

（4）1 ～ 2年需要换盆1次，并适当修根。

如何延长盆橘的观果期？

家庭养护的盆橘有金橘、蜜橘、香橼、代代、佛手等。不同品种的盆橘，果实从成熟到脱落是不同的。代代的果实可挂果多年不落，香橼的果可挂1 ～ 2年，四季橘的果可挂半年，但金柑的果只能挂3 ～ 4个月，而蜜橘的果成熟后，挂不多久就脱落了。

要延长盆橘的观果期，可采取如下措施：

（1）保持盆土适宜的湿度。一般保持盆土湿度在40% ～ 50%最为适当。当盆土表面发白，表土下2 ～ 3厘米处也带白色时，才可浇水，浇至全盆湿润为止，不浇透。

（2）适当光照。

（3）适量根外追肥。每隔5天施叶面肥1次。

（4）施用植物生长调节剂。在果实刚开始退绿时，喷施20 ~ 30微克/克的赤霉素加0.4%的尿素，可推迟果实的成熟；在果实完全转红后，喷施20微克/克的赤霉素于果柄处，可推迟果蒂离层的形成，则防止落果的效果更佳。这样都能延长果实的观赏期。

观赏辣椒如何养护？

观赏辣椒（*Capsicum annuum*），别名樱桃椒、朝天椒、佛手椒、五色椒、珍珠椒。茄科辣椒属，原产美洲热带地区。观赏辣椒为多年生亚灌木，作一年生栽培，栽培品种很多。花期7 ~ 10月，果熟期8 ~ 11月。

观赏辣椒不耐寒，适宜在阳光充足的温热环境栽培。要求排水良好，在潮湿、肥沃、疏松的土壤中生长最佳。若栽培管理得当，观果期可持续6 ~ 10个月。

观赏辣椒一般用播种繁殖。早春播种，种子发芽适温25℃，2周内发芽，待有5 ~ 6片真叶时定植。春末要摘心，以使株形丰满，到夏季便能开花结实。生长期要保持水分充足，但花期水分不能过多。两次浇水之间土壤要有一段干燥期，但勿使植株脱水，以免落花。生长期间多施液肥，每周施肥一次，使植株冠径增大，促进花果生长。放在阳光充足、空气流通的地方，如果光照太弱，将影响植株的花芽分化。果熟时要选有特色的留种，晒干脱粒收藏。

珍珠橙如何养护？

珍珠橙（*Nertera depressa*），别名红果薄柱草，茜草科薄柱草属。早春珍珠橙会开出细小绿白色的花朵，然后就结出可以长期保持的橙红色的果实。

珍珠橙适宜生长温度为10 ~ 20℃，喜欢明亮的光线和少量阳光，喜阴凉。如果房间太温暖，珍珠橙可以生长良好，但不会结果。珍珠橙喜潮湿土壤，以肥沃、富含腐殖质和排水良好的沙质土壤为好，盆栽常用腐叶土1份、肥沃园土2份和河沙1份混合。当表层

土壤略干后再浇水，天气热的地方果期可以每天浸盆或者用接水盆接超过底孔高度2厘米左右的水浸泡。平时可适当施加钾肥含量较多的有机肥，增施肥也要适度，生长期需要每1 ～ 2周施1次肥。

金橘如何养护？

盆栽金橘，宜放置于日照充足处养护，如果光照不足，容易造成植株徒长，开花结果较少。夏季气温高、光照强时，应将金橘放在遮阴的地方。冬季室内温度以不结冰为宜。如果室温过高，植株得不到充分的休眠，第二年生长衰弱，易落花落果。金橘喜湿润但忌积水，浇水过多容易导致根系腐烂。春季干燥时应每天向叶面喷水1次，增加空气湿度。夏季每天喷水2 ～ 3次，并向地面喷水。浇水时应避免水珠落到花上而导致花朵腐烂影响结果。一般隔2年换盆1次，适当修整树形。换盆后需浇1次透水。为了达到观果目的，要适当增施磷肥，以利花芽分化。一般开花时需施追肥保花，并适当疏花、疏果，每枝上结果3 ～ 4个或稍多，并及时抹除秋梢，不使二次结果，以提高观赏价值。盆栽金橘要求水肥管理得当，枝条长齐时施一次速效性磷肥，如过磷酸钙，防枝叶徒长，促进花芽分化及开花结果。

金橘如何修剪？

修剪是使金橘花繁果硕的一项重要技术措施。修剪可使树形优美，多结果。幼树主要是轻剪，一般只需要修徒长的枝条、枯枝、病弱枝。成年树需要剪去衰老枝、徒长枝，从基部剪除；修剪绿色的枝条的时候，一般是要留强去弱，在同一个先端会长出2 ～ 3个枝芽，可以适当的疏枝；在春芽萌发前，剪除部分上年生枝，健壮者留2 ～ 3个芽，每株留3枝经修剪的一年生枝条，有利于春梢萌发，待新芽长到15 ～ 20厘米时摘心，使枝条饱满。

佛手如何养护？

佛手（*Citrus medica* var. *sarcodactylis*），芸香科柑橘属，原产亚洲，主产我国广东、广西、福建、台湾、浙江等地。佛手为枸橼的变种，常绿灌木或小乔木。株高可达3 ～ 4米，果实形如人手，姿态奇特，又能散发出醉人的清香，而且越放越香。

佛手喜高温、湿润的气候，不耐寒，最适宜的生长温度为25 ～ 35℃。喜阳光，不耐阴，但畏灼日。高温季节要移至凉爽通风而又遮阴的地方，这对幼苗尤其重要。佛手喜排水良好、肥沃、富含有机质的沙质壤土，最忌盐碱土和黏性较大的土壤，pH 5.5 ～ 7.0。

用土配方：2份细沙＋1份锯末粉，1份沙土＋1份红黄壤土，1份腐叶土＋1份沙土，6份腐殖土＋3份河沙＋1份泥炭土或炉灰渣等。佛手苗上盆后，立即浇透定根水，以后土见干浇水，然后置于阴凉处养护。养护期间保持土壤湿润，10天左右后再放在全光照条件下进行正常管理。在生长旺盛期表土一干即进行浇水，尤其在高温炎热干燥期，除早晚要浇一次水外，还要注意进行喷水，以增加空气中的湿度。开花与结果初期则浇水少些，以防落花落果。冬季休眠期可等盆土全干了再进行浇水。生长前期可用腐熟的饼肥或氮、磷、钾复合肥稀释液浇施，15天左右追1次，促进迅速生长，生长期使用氮、磷、钾复合肥，促进花芽分化和开花结果。一定要注意防止施肥过重，否则造成落叶、枯枝或整株死亡。

佛手如何修剪？

佛手萌芽力很强，树形定型后以及结果株换盆后，还要经常进行修剪。在花果盛期，一般在3月开始萌芽以及秋冬季果实采收后进行修剪。在采果后及3月萌芽前进行修剪整形，剪去交叉枝、枯枝、病枝和徒长枝。应尽量保留短枝，因为短枝很多为结果母枝，除了个别为了扩大树冠需要外，其余夏梢应全部剪去。当如果11月的气温偏高，还会抽发少量纤细的枝梢，一般应将这些冬梢抹掉。4～5月开的花称为春花，数量多，但大多是单性花，为减少不必要的营养消耗，应全部摘去。

飞碟瓜如何养护？

飞碟瓜（*Cucurbita pepo* var. *patisson*）别名碟瓜、碟形瓜、齿缘瓜、扁圆西葫芦。

用草炭：蛭石：珍珠岩＝1：2：1的营养土育苗。播种前用1%磷酸三钠液浸种15分钟，以消灭种籽上的病菌，再用25～30℃水浸种3～4小时，后捞出置于纱布中，放入25～30℃的环境中催芽，芽长到0.5厘米即可播种，覆盖地膜保湿。

当植株展开1～2片真叶即可定植。盆土用园土4份，腐叶土4份，沙土2份配制而成，底部加一层炉渣，施入厩肥500克或饼肥、骨粉100～200克，上覆培养土，将具有2～3片真叶的幼苗栽入盆中，盆要求上口径具有40～50厘米的大盆。浇足定植水。生长期内要保持土壤湿润。将盆置于通风良好、光线充足的地方。

飞碟瓜喜欢较充足的肥水，生长期间要经常补充液肥，一般用饼肥水，前期加尿素，后期加磷酸二氢钾，为促进坐果，可于根瓜坐住前适当控制水分，待瓜坐住后处于膨大期时增加肥水，飞碟瓜喜温耐寒，一般保持温度15 ~ 25℃，早春栽培中要适当保温，夏秋高温期间，可覆盖遮阳网，并用喷水、通风等方法调节，如开花结果遇低温、高温天气，可辅助人工授粉或用2，4-D蘸花以保花保瓜，飞碟瓜叶片较大，长势旺，要适时疏叶，将病叶、残叶、老叶及时打掉，如遇化瓜多应及时疏瓜，并于瓜膨大后及早采收，以利植株生长和成瓜。

乳茄如何养护？

乳茄（*Solanum mammosum*），又名五代同堂、五指茄，茄科茄属，多年生草本植物或亚灌木，原产中美洲热带地区，常作为一年生栽培，是春节期间的观果佳品。

乳茄喜温暖，生长适温为20 ~ 30 ℃，夏季能忍耐35 ℃左右的高温，但不宜持续时间过长；5 ~ 10℃生长缓慢。乳茄喜光照，如果长期遮阴，植株会徒长，叶片黄化脱落，开花结果不良。乳茄对土壤要求不很严格，但排水一定要良好，在疏松肥沃的沙壤土上长势良好。乳茄植株高大，只适合于大盆栽种。幼苗上盆后浇足定根水，放在有遮阴的地方养护，期间保持盆土湿润。5 ~ 7天再置于全日照下进行正常的管理。当植株长至25 ~ 30厘米高时适当摘心1 ~ 3次，促其多发侧枝、多挂果。待表土干了才可进行浇水，要防止盆内积水。每隔20天左右施1次氮、磷、钾复合肥。株侧芽长高时应插竿、绑线，保持株形，防止植株折断、倒伏，同时加强打杈工作。当植株坐果数达到一定数量时，可以疏去再开的花，并且摘去顶端部分，使植株不再长高。如果果实太多，需要进行疏果，要先疏去畸形果、僵化果、带虫斑病斑果。结果后的植株若要继续栽培下去，可把植株进行重剪矮化，仅留下20 ~ 30厘米长的茎部，让其重新萌发新枝，并且进行换盆工作。

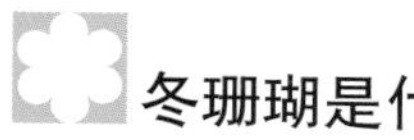

冬珊瑚是什么样的植物？

冬珊瑚（*Solanum pseudocapsicum*），茄科茄属，又名吉庆果、珊瑚樱、玉珊瑚，多年生常绿小灌木，原产欧、亚热带地区。冬珊瑚株高可达1.2米，因为通常作为一、二年生栽培于盆中，株高只有几十厘米。茎半木质化，茎枝具细刺毛，全株有毒。叶互生，狭矩形至倒披针形。花单生或成蝎尾状花序，白色，夏、秋开花。花后能结球形浆果，稀有黄色毛。幼果绿色，然后转黄再到橙色，最后转为深橙红色。果实直径为1～1.5厘米，果柄长约1厘米。果实有毒，不能食用。种子小而扁平，黄色，千粒重约3.4克。

春季播种的植株在夏秋开花，初秋至春季结果，是元旦、春节花卉淡季难得的观果花卉佳品。每一果实从结果到成熟、再到落果，时间可长达3个月以上，是盆栽观果花卉中观果期最长的品种之一。所结的果实多，一株可结果数十个甚至上百个，果实分布均匀，橙红浑圆，玲珑可爱，光洁亮丽，极富观赏价值。

种植冬珊瑚需要注意什么？

冬珊瑚全株有毒，如果我们误食了冬珊瑚，就会感到头晕、恶心，严重的话会感到肚子疼痛，瞳孔放大。所以人们会担心冬珊瑚的毒性会不会随着植物的呼吸散发出来。其实，冬珊瑚虽然全株有毒，但是毒性并不会挥发出来，人们不会因为呼吸而中毒，只要我们不食用冬珊瑚的任何部分，

就不会中毒。因此冬珊瑚虽然有毒，但是还是可以在室内栽植的。但需要注意：如果有宠物和儿童的家庭，建议不要种植！

神秘果喜欢什么样的生长环境?

神秘果（*Synsepalum dulcificum*），山榄科神秘果属，常绿灌木或小乔木，原产于西非加纳至刚果一带的热带丛林地区。

神秘果生长适温为22 ～ 32℃。耐寒力差，在冬季最低气温降到3 ～ 5℃时，幼枝和叶就会产生冷害。所以在我国，神秘果露地栽培主要适合于南方热带、亚热带地区，在北方栽培则需要使用温室。喜半阴，宜把盆株放置在有适当遮阴的地方进行栽培。适宜的土壤为排水透气性好而又有保水保肥能力的沙壤土，pH4.5 ～ 5.5。使用一般的土壤作为盆栽基质时，可先向其内混入约1/3量的富含有机质的材料，如泥炭、堆沤过的蘑菇渣、锯末等，这些材料能够改善盆土的排水透气以及保水保肥性。另外，在上盆时，盆底如果能施入一些有机肥，对植株将来的生长更佳。

神秘果如何养护?

在盆栽管理中，平时盆土要经常保持稍湿润的状态，盆土表面约1厘米深处干时就可进行浇水，在冬天可等盆土全干了再浇水。平时每隔20天左右施1次少量的氮、磷、钾复合肥，冬季约35天施1次。如果施肥过度，会导致叶片畸形、蜡质化及变小。北方地区盆栽，为防止叶片出现生理性黄化，可在其浇灌用水中加入0.1%的硫酸亚铁粉末。在盛花期喷施1次0.2%硼砂，对促进结果有很大的作用。平时还要注意进行松土除草，雨季来临时要特别注意防止盆内积水。在南方一些地区由于气候变化无常，如台风或寒潮（冬天植株宜保持在5℃以上）等，此时需把盆株移至室内或阳台，以保护植株免受其害。

朱砂根是什么样的植物?

朱砂根（*Ardisia crenata*），紫金牛科紫金牛属，又名富贵籽（仔）、红罗盘、黄金万两、圆齿紫金牛、铁凉伞等。常绿灌木，产于我国长江流域及福建、台湾、广东、广西等地区，日本也有分布。秋季结果，果实为球形浆果，开始为淡绿色，成熟时呈鲜红色，具斑点，果径6 ～ 7毫米。果实可食，微甜。

朱砂根如何养护?

（1）土壤。朱砂根最适宜生长在富含有机质的沙质壤土中，土壤pH宜

为5.5 ～ 6.5。使用一般的土壤来作为盆栽基质时，向其混入约1/3量的富含有机质的材料，如泥炭、腐叶土、堆沤过的蘑菇渣等，能够改善盆土的排水透气以及保水保肥性，对于朱砂根的生长是十分有利的。

（2）温度。朱砂根性喜冷凉至温暖的气温，生长适温为15 ～ 25℃。在夏季需要放在阴凉通风处，温度太高会使植株生长停滞；冬季温度宜保持在3 ～ 5℃以上，0℃以下气流的侵袭会致使茎基裂皮，植株枯死。

（3）光照。性耐阴，日照以50% ～ 60%为佳，忌强烈阳光直射。

（4）肥水。朱砂根喜湿润、通风的环境，平时表土一干即需浇水，冬季在15℃以下时可等盆土至少一半干后再进行浇水。喜欢较高的空气湿度，天气干燥时需经常向叶面进行喷水，特别在温度高时空气湿度也要高，否则果实未成熟即会脱落。进行家庭种植时，可用一浅盘装上小石砾或粗沙子，再倒入水，水面不要高过石面，然后把花盆放在石上，如此通过盆内的水不断蒸发来提高植株周围的空气湿度，盆内的水快要蒸发完时再及时进行补充。每个月向盆中施1次氮、磷、钾复合肥，冬季可不进行施肥。现蕾时，可用0.3%的磷酸二氢钾溶液进行叶面喷雾，半月1次，连续2 ～ 3次，能提高结果率。每年春季要把植株换入大一号的花盆中。

石榴喜欢什么样的生长环境？

石榴（*Punica granatum*）果实色泽艳丽，古人把它比作“雾壳作房珠作骨，水晶为粒玉为浆”，称之“水晶珠玉”，列为果中珍品。除了这种食用的果石榴，还有花石榴，兼具观花和观果的效果。石榴生长在亚热带及温带的果树。性喜温暖，在生长期内的有效积温要在3 000℃以上。在冬季休眠期，则能耐低温，但如冬季气温过低，枝梢将受冻害或被冻死。石榴最喜光，不怕日晒，宜于疏枝修剪。因此光照强、通风好的地方，对石榴生长是有利的。石榴抗风力不强，切忌风害。石榴较耐干旱，但在生育季节，需要有充足的水分。石榴对土壤的要求不严格，平地、山地均可栽培，对酸碱度的适应范围也大，pH4.5~8.2均有石榴的栽培。在土质上一般以沙壤土或壤土为宜。

石榴上盆用什么土？

石榴在盆栽时，为使植株生长、开花和结果良好，盆栽基质最好使用疏松肥沃、排水透气和保水保肥的沙壤土或壤土。无论使用什么样的土壤，向其内混入约1/3的富含有机质的材料，如泥炭、腐叶土、堆沤过的蘑菇渣等，都能够增加土壤的排水透气性或保水保肥性。如1份豆科作物秸秆堆肥土+1份园土+1份沙土，1份沙土+4份腐殖质土+5份园土，6份园土+2份炉灰+2份河沙，8份沙壤土+1份腐叶土+1份沙土，7份腐叶土或腐殖土+2份草皮土+1份沙土等。

石榴上盆后如何养护？

上盆后及时浇透定根水，把盆株放在有遮阴的地方约1周时间，期间要保持土壤湿润（但是不要过湿），以让植株恢复生长。之后再把盆株放在阳光充足而通风的地方进行正常的栽培管理。石榴喜光，每天不能少于6小时直射阳光照射，尤其是开花结果前一段时期，否则容易引起徒长，植株难以开花结果。石榴耐旱能力较强，最怕渍水。在水分管理中，在生长期可等到盆土完全干后再进行浇水，浇水过多会导致植株徒长，不容易开花，以及开花期容易引起落花，结果期容易引起落果及果熟后果皮易开裂；在休眠期使土壤干后数天才进行浇水。平时如见盆内有积水，应将盆倾斜排水，并且疏松盆土。

上盆时盆底最好施入一些有机肥作为基肥。从春季至秋季，每个月要追一次含氮、磷、钾全面的复合肥。不能偏施氮肥，特别在5 ～ 6月开始的花芽分化期，否则会影响植株的开花结果。如果植株未能及时开花，应当进行摘心，以抑制营养枝的生长，促进花芽的形成。在结果期可喷2次0.1%磷酸二氢钾，有利果实膨大及增加果实色泽。

石榴如何修剪？

在整形修剪上，石榴一般采用开心的自然杯状整枝，即在幼苗定植后，留约1米高剪去主干，留3 ～ 4新梢作主枝，其余新梢均剪除，两主枝间高低距离约20厘米即可。对当年生长过旺的新梢应行摘心使之生长充实，冬季将各主枝剪去1/3 ～ 1/2。次年在各主枝先端留延长枝，并在主枝下部留1 ～ 2新梢作为副主枝，对过密枝应疏剪。经2 ～ 3年即可形成树冠骨架并开始结果。以后可任其生长，不必施行精细的修剪。对老树可通过重剪刺激隐芽萌发，进行更新。

如何防止石榴裂果？

石榴9月成熟期遇天气较干燥为好；多雨高湿会引起裂果、腐烂，严重影响果品的商品价值。石榴果实膨大期可采取如下方法预防裂果现象的发生。

（1）补高能钙。钙能提高石榴果皮韧性和抗裂能力，从8月初开始向果面喷施0.5%高能钙，每周1次，连喷3次。

（2）贴胶布条。7月下旬至8月上旬，在石榴果实萼洼处，贴上用10 ～ 30毫克/升赤霉素液浸泡的胶布条。

（3）喷施尿素。8月上中旬，树体喷施0.3%的尿素溶液，每周1次，连喷3次。

多肉植物

什么是多肉植物？

“多肉植物”这个词由瑞士植物学家Jean Bauhin在1619年首先提出。从植物形态的角度来说，多肉植物是指根、茎、叶三种营养器官中至少有一种是肥厚多汁、贮藏着大量水分的植物。从生理生态的角度来说，多肉植物至少具一种肉质组织，这种肉质组织能贮藏水，在根系不能从土壤中吸收水分时，使植物能暂时脱离水分供应独立生存。从生长习性的角度来说可以分成夏型、春秋型和冬型。

类型	特点	代表种类
夏型	在长江流域及以北地区，一般3月上旬陆续进入生长期，11月底或12月初进入休眠期。在盛夏气温35 ~ 38℃时，很多种类生长停滞呈半休眠状态，待秋凉后再恢复生长。每年4 ~ 5月和10 ~ 11月是生长最旺盛的季节。要求较高的温度。气温在12 ~ 15℃时开始生长，低于此温度，则生长停滞，冬季基本上处于休眠状态。	刺戟木科、夹竹桃科（棒槌树除外）及龙舌兰属、丝兰属、大戟属（少数种除外）、豹皮花属、马齿苋属和芦荟属的大部分种类
春秋型	最佳生长季节是春季和秋季。夏季生长迟缓，但休眠不很明显或休眠期较短。冬季如能维持较高温度也能生长，但其耐寒性较差。	番杏科中一些肉质化程度不高的草本或亚灌木、景天科的大多数种类、百合科的十二卷属、萝藦科的大部分种类、夹竹桃科的棒槌树、马齿苋科中回欢草属的大叶种
冬型	生长季节为秋季到翌年春季。冬季应维持较高的温度，最好能保持在12℃以上。夏季有长时间的休眠，通常气温达到28℃以上时即进入休眠阶段	番杏科大部分肉质化程度较高的种类、马齿苋科回欢草属中具纸质托叶的小叶种、景天科奇峰锦属和青锁龙属的部分种、百合科的大苍角殿和曲水之宴、百岁兰、佛头玉等

多肉植物如何选购？

网购、花店、大棚甚至超市商场都能买到多肉，网购和实体店购买都有各自的优、缺点。网购虽然方便、便宜，但是看不到实物，大多网上挂的图片很美，你收到的肉肉却相差千里。网购一定要选择信用度高的店家，同时要多看花友们的评论，你会收到最真实的反馈。最好是先少买一两颗，看看是否状态好，这样就算网购失败，也不会太心疼口袋里的银子。

实体店买的话，需要注意以下几个方面：

（1）选择健康且无病虫害的植株。叶子饱满，色泽正常。出锦非常罕见，价格也高。但是不法商家用药物使叶子变异，产生药锦。这样的植株可能你买回去的时候很健康，很可能过不了多久就死了。健康的多肉植物是没有病虫害的，若发现多肉里有白色的小虫子，那很可能是介壳虫，它经常隐藏在叶子下面，或在叶心的生长点里面，或在多肉植物的根部，对多肉危害非常大。

（2）新移栽的植株尽量不选购。选购已经入盆的植株时，要注意是不是新栽的。新栽的植株盆土松软，轻轻摇晃植株会发现晃动比较大，新栽的植株根系尚未生长，买回家时应该注意，避免强光照射，控制水分，一般等待1～2个月就可以完全服盆了。

如何区分正常锦和药锦？

出锦是多肉植物的一种基因突变，因其发生概率小，因此出锦的多肉植物身价也是水涨船高。

最简单的就是锦的方向，用药后几天到几周时间慢慢从中心开始发白的，而且锦的方向是横的。自然锦锦的方向是竖的或者覆轮的。季节锦也是竖锦，虽然季节锦也有可能会褪，但是和药锦会褪的本质不同。吉娃娃全锦夏天的时候叶绿素会增多哦，秋天会再长回来，很多花友会误认为是药锦。如果保险起见，建议还是买覆轮锦。毕竟喷药是出不了覆轮锦的，当然，有的品种例如彩虹是特例，彩虹夏季的时候有可能锦会退，秋季能再长出来的。

如何给多肉配土？

种类	配比
常见多肉植物	园土：河沙：泥炭：珍珠岩=1：1：1：1
老桩	全颗粒土即泥炭：赤玉土：鹿沼土：绿沸石：火山岩：蛭石：硅藻土：稻壳灰=6：4：2：2：2：2：1：1
番杏科植物	园土：河沙（粗）：椰糠=1：1：1，再加稍许稻壳灰

多肉如何上盆？

（1）清洗修根。上盆前清洗干净多肉植物，自然晾干后对多肉植物进行修根，修剪掉过长的主根或者受伤的根、干根、烂根。然后再进行栽种。

（2）铺底填土。在花盆底部排水孔处放一片塑料网片，将陶粒填满盆底，大约2厘米厚。将配好的多肉营养土填满花盆的3/4。

（3）种植。用小锥子或小铲子

在盆土的中央挖一个洞。将植物的根系小心地种入土中，用多肉营养土把花盆装满。轻轻摇动花盆让土壤下沉。然后再在土壤的顶部放上一层陶粒、火山岩或其他铺面颗粒。用镊子去除多肉植物表面遗留的铺面颗粒，再用气吹球轻轻吹去表面的残留土壤。

（4）浇水。一般用潮土上盆，上盆一天后浇少水，再3天后浇透水。如果用的土比较干，用尖嘴喷壶在铺面颗粒上适量补水即可。注意新栽的多肉植物禁暴晒，禁大量浇水，禁施肥和喷药。

夏型多肉如何养护？

常见的夏型种有乌羽玉、翠冠玉，龙舌兰科的王妃雷神、吉祥冠锦、绿威麒麟、金琥、白雪光、龙王球、新天地、帝国缀化、布纹球、泷之白丝、姬吹上，大戟科的皱叶麒麟、飞龙、彩春峰等。

浇水时间以清晨、傍晚为宜，避免中午高温时浇水。夏、秋季见干见湿，浇则浇透。冬季停止浇水，春季少浇水。

夏型种多肉在生长季节可根据品种的不同，每10 ～ 15天施1次腐熟的稀薄液肥或低氮高磷钾的复合肥。冬春两季不施肥。

夏型种多肉应给予充足的阳光，放在光线充足处，但在6 ～ 8月中午要避免阳光直射。它虽然喜欢高温的环境，但夏季温度持续高温也要注意通风降温，或者搭盖遮阳网。如果有条件还可安装换气扇或电风扇，以加强通风。还可在盆土表面铺设白色或浅色石子，以反射阳光，避免盆土吸收过多的热量。

春秋型多肉如何养护？

春秋型多肉在8 ～ 9月开始生长，初期生长速度较为缓慢，可适当浇水，但不宜多，也不要施肥。植株恢复生长之后，见干见湿，浇则浇透，对空气湿度要求稍高的十二卷属、鲨鱼掌属的多肉可在早晚向植株喷雾，也可在植株上罩一个透明罩子，以增加空气湿度，使叶片肥厚饱满、色泽靓丽。

植株彻底恢复生长后再进行正常的水肥管理，可根据品种的不同每15 ～ 20天施一次稀薄液肥。8 ～ 9月将植株放在光照充足且无太阳直射的地方。夏季的时候要注意，把其放在一个通风良好的地方养护，避免直射，注意遮阴，温度要保持适宜，不能太高。夏季和冬季要停止浇水和施肥，用喷壶喷湿土表。

冬型多肉如何养护？

春季冬型种多肉开始进入旺盛生长期。由于初春常有寒流侵袭，因而天气冷暖多变，需要保温，同时给予充足的阳光，按照“不干不浇，浇则浇透”的原则进行浇水，此外，番杏科的生石花、肉锥花的生长比较慢，并处于“脱皮期”，因此对水分的要求不多，浇水不宜过多。根据不同种类进行施肥，每月施肥1次。

夏季高温天气，特别是闷热而昼夜温差小的环境，对冬型种多肉植物的生长非常不利。需要注意避免阳光直射，进行遮阴，加强通风，停止浇水和施肥，但需用喷壶喷水。

秋季植株开始恢复生长。由于初秋阳光过强仍需进行遮阴，逐渐增加浇水量。但生石花、肉锥花、对叶花等具有极端肉质叶片的种类，则需要给予充足的阳光，以使植株生长健壮。

冬天注意温度，夜间维持10℃左右，白天维持20℃以上的条件下。按照“不干不浇，浇则浇透”的原则进行浇水，每月施肥1次。

多肉如何播种？

选择充实饱满的种子，然后进行消毒，可将种子用医用酒精浸泡1 分钟左右马上取出，让酒精挥发后晾干即可播种。土壤可以用泥炭、蛭石按1 ： 3的比例混合调制。用喷水壶把土壤浇透，也可以把花盆放到水中，等到土壤完全浸湿后再拿出来，晾干1 小时。生石花、肉锥花这类种子十分细小的多肉植物，可以均匀撒在土壤里；如果种子较大，可以直接点播，也就是用小竹签扎一些排列整齐的小凹槽，每个凹槽播入1粒种子。种子种上后需要再撒上一层薄土，慢慢等待多肉发芽即可。

多肉如何繁殖？

多肉常用的繁殖方法是扦插和分株，扦插主要是叶插和枝插，叶插是指用多肉植物的叶片作为插条的繁殖方法；枝插指将剪下的多肉枝条作为插条称为枝插。

（1）叶插。选取肥厚的叶片，先轻轻地将叶片从茎上摘下，取下一定数量的叶片，放置1 ～ 3天，然后将叶片正面朝上放在配好的营养土上，叶插后2天再浇水，只要土壤干燥就用喷壶浇，不要浇太多水。约1个月叶片慢慢长出根系并自动伸入土壤内部。

（2）分株繁殖。将丛生株连根拔起，接着用手疏通根系，把粘在根部的泥土弄掉，再用剪刀剪掉病叶、病根，在将丛生株掰成几个小丛株，每丛要留有根系。注意不要弄伤根部，然后上盆即可。

多肉播种需要注意什么?

播种管理种子、用具、基质应先消毒杀菌。基质用微酸性、低肥力及透性好的材料。水分是播种成败的重要环节，水质应为微酸性且无菌，可用雨水或煮沸后的自来水。播种后保证基质和空气湿润。播种后要不断检查，注意水分状况及病虫发生情况。

多肉扦插繁殖需要注意什么?

（1）以春季扦插为宜。

（2）从健康的植株或部位采插条，刀、剪等用具先消毒，以免切口受感染。

（3）采下的插条不能立即扦插，应置于干燥通风、温暖和有散射光处，使切口产生愈伤组织封闭后再插入基质中。

（4）扦插后少浇水或不浇水。过湿很容易造成腐烂，干燥并不会引起萎蔫。

（5）未生根的插条不宜强光直射。

金琥如何养护?

金琥（*Echinocactus grusonii*），仙人掌科金琥属，原产墨西哥中部干燥炎热的沙漠地区。金琥茎圆球形，单生或成丛，花生于球顶部黄色绵毛丛中，钟形，黄色，花径4～6厘米。

金琥比较容易栽培。喜肥沃并含石灰质的沙壤土。喜阳光，但夏季仍应适当遮阴。春、秋季生长期应给予充足的水分，冬、夏季休眠期节制浇水。生长初期1周浇一次水。应从盆沿处浇水，宜在上午9～10时或下午4～5时。自来水最好放置2天后再浇。4月下旬至6月需水量增大，早、晚各浇一次水，要浇透。多雨季节谨防盆土过湿，积水会导致烂根。7～8月进入休眠，宜节制浇水。9月下旬至10月生长期，3～4天浇一次水。11月生长趋于停滞，可10天浇一次水。12月进入休眠期，不浇水，可增强抗寒能力。越冬温度10℃左右，并保持盆土干燥。温度太低时，球体上会产生黄斑。在肥沃土壤及空气流通的条件下生长较快，4年的实生苗可长到直径9～10厘米，20～40年植株直径可达到70～80厘米。栽培中宜每年换盆1次。

蟹爪兰如何养护?

蟹爪兰（*Zygocactus truncactus*），仙人掌科蟹爪兰属，原产巴西东部热带森林。蟹爪兰喜半阴、潮湿环境。盆栽用土要求排水、透气良好的肥沃壤土。蟹爪兰忌浇水过多，否则极易烂根，要待盆土较干后再浇水。开花后及夏季高温季节进入休眠时，尽量不要浇水，但要每天为其喷水。每月施颗粒复合肥1 ～ 2次，每次5 ～ 10粒。温度太高或太低的季节可停止施肥。夏季要遮阴、避雨，秋凉后可移到室内阳光充足处，同时要对植株进行修剪，对茎节过密者要进行疏剪并去掉过多的弱小花蕾。冬季室温不宜过高或过低，以维持15℃为宜。蟹爪兰是短日照植物，在短日照（每天日照8 ～ 10小时）条件下，2 ～ 3个月就可开花。春季剪取生长充实的变态茎进行扦插，很容易生根。

绯牡丹如何养护？

绯牡丹（*Gymnocalycium mihanovichii* var. *friedrichii* 'Rubra'），仙人掌科裸萼球属，原产南美洲巴拉圭干旱的亚热带地区。绯牡丹是牡丹玉瑞云变种的一个斑锦变异品种，喜温暖和阳光充足的环境，但夏季高温时应稍遮阴，土壤要求肥沃而排水良好，越冬温度不低于8℃。宜选用盆径较球茎大 1 ～ 2 厘米的盆栽培。秋末、冬季、春初绯牡丹处于半休眠状态，不施肥，严格控制浇水。使盆土干而不燥，盆土干透后略浇水即可。春季气温上升后开始生长，可逐渐加大浇水量使土壤保持湿润。夏季气温炎热时生长停滞，应见干见湿地浇水。生长期每月施肥1次。主要采用嫁接繁殖，春季或初夏进行，砧木用仙人掌、仙人柱等。

鸾凤玉如何养护？

鸾凤玉（*Astrophytum myriostigma*），星球属，原产墨西哥。形态奇特，观赏价值较高。鸾凤玉喜阳光充足环境，耐强光照射，要求排水良好、富含石灰质的沙质土壤，应保持湿润，耐寒性一般，冬季注意保暖。春、秋季是生长旺季，以“土干浇水，不干不浇，浇则浇透”的原则浇水。春、秋季各追施1次复合肥或有机肥。鸾凤玉主要采用播种繁殖，也可采用嫁接繁殖，砧木用量天尺等。

生石花如何养护？

生石花（*Lithops* spp.）外形奇特，开花非常美丽，属番杏科生石花属，原产南非及非洲西南的干旱地区。生石花的换盆、栽种均在秋季进行。换盆时将植株从土壤中取出，并将已经腐烂干枯的老根剪掉，然后用新的培养土栽种。生石花3～4月开始生长，原来的老植株皱缩并被长出的新植株胀破裂开。植株蜕皮后施1次复合肥，促进幼株健壮生长。生石花性喜温暖、干燥及阳光充足，生长适温20～24℃。夏季高温时呈休眠或半休眠状态，此时要稍遮阴并控制浇水，防止腐烂。浇水时间一般在晚上或清晨温度较低的时候，不要在白天温度较高的时候浇水，以免因温度突然降低对植株造成伤害。冬季要求充分阳光，维持室内温度13℃以上。生石花多在春季进行播种繁殖。

鹿角海棠如何养护？

鹿角海棠（*Astridia velutina*），番杏科鹿角海棠属，原产非洲西南部。

鹿角海棠冬季开花，花色为白或粉色，喜温暖，耐干旱。栽培要求沙质壤土。夏季高温时节呈休眠或半休眠状态，此时应放阴凉处并控制浇水，保持盆土不过分干燥。鹿角海棠缺水时叶子会皱，此时要及时补水。当叶子皱得厉害的时候，建议把根拔出来水培，或者直接浸盆。冬季生长较旺，要求室内维持在15℃以上，适当浇水。鹿角海棠采用播种或扦插繁殖。

石莲花属植物如何养护？

石莲花属（*Echeveria* DC.）是景天科的一属，又名拟石莲花属，肉质叶倒卵匙形，排列成标准的莲座状生于短缩茎上。喜温暖、干燥和阳光充足的环境，耐干旱，不耐寒，稍耐半阴，大多属于夏型。每1～2年翻盆1次，在春季或秋季进行。

夏季高温时期处于休眠或者半休眠状态，生长缓慢或完全停止。夏季注意遮阴和通风。可将花盆摆放在高空苗床或通风良好处，并要避免烈日暴晒。浇水时间要在日落之后的傍晚或晚上，并停止施肥。

春、秋季节是石莲花属植物的主要生长期，以“不干不浇，浇则浇透”为浇水原则。空气干燥时可经常向植株周围洒水，以增加空气湿度。但叶面特别是叶丛中心不宜积水，以免造成烂心。生长季节每20天左右施1次低氮高磷钾复合肥。施肥时不要将肥水溅到叶片上。施肥一般在天气晴朗的早上或傍晚进行。施肥当天的傍晚或第二天早上浇1次透水，以冲淡土壤中残留的肥液。

冬季应给予充足的阳光。若夜间最低温度在10℃左右，并有一定的昼夜温差，可适当浇水，酌情施肥，使植株继续生长。如果保持不了这么高的温度，则需控制浇水，维持盆土干燥，停止施肥。

玉露如何养护？

玉露（*Haworthia obtusa* var. *pilifera*）是百合科十二卷属植物中的“软叶系”品种。该系品种繁多，比较常见的有草玉露、玉章、姬玉露等。

玉露喜凉爽的半阴环境，主要生长期在较为凉爽的春、秋季节，要求有一定的空气湿度。忌高温、潮湿和烈日暴晒，怕水湿，生长适温18～22℃。夏季高温时植株呈休眠或半休眠状态，生长缓慢或完全停滞，可将其放在通风、凉爽、干燥处养护，并避免烈日暴晒和长期雨淋，也不要浇过多水，停止施肥。生长期浇水“不干不浇，浇则浇透”，避免积水。空气干燥可以将植株用透明塑料罩罩起来，可以使得“窗”更通透。在生长期对于长势旺盛的植株可每月施一次腐熟的稀薄液肥或低氮高磷钾的复合肥，新上盆的植株或长势较弱的植株则不必施肥。夏季高温或者冬季温度较低时的休眠期也不必施肥。施肥时间宜选择天气晴朗的上午或傍晚。

寿如何养护？

寿（*Haworthia emelyae*）是百合科十二卷属软叶品种中的一大类，它们具有透明的“窗”，且有不同纹路和突起，变化丰富。常见的寿有西山寿、日月潭寿、帝王寿、玉露寿、白银寿、磨面寿等。喜干燥凉爽，耐干旱，怕积水，不耐寒。需要散光照射，避开阳光直射，而过度遮阴会使叶片褪色。要求疏松、排水良好的沙壤土。但长期缺水会使叶片萎缩；酷热会使生长停止；适宜生长的温度为15 ～ 25℃，低于10℃以下停止生长。生长期在春、秋季，浇水“见干见湿”，半个月施肥一次。冬季注意防寒，不施肥，少浇水，防止发生冻害。夏季高温时植株生长几乎停止，应放于通风凉爽处，就应该少浇水、不施肥。寿系列主要用分株和扦插繁殖。

龙舌兰如何养护？

龙舌兰（*Agave americana*），天门冬科龙舌兰属，原产美洲热带，多年生常绿大型草本植物。喜阳光充足，稍耐寒，不耐阴，喜凉爽、干燥的环境，生长适温15 ～ 25℃，越冬温度在5℃以上。对土壤要求不严，以疏松、肥沃及排水良好的湿润沙质土壤为宜。

需放置在阳光充足、通风良好的地方。夏季需适当遮阴。4 ～ 5月和10 ～ 11月是龙舌兰的生长期，必须给予充分的水分，一个月施1次薄肥，切勿经常喷洒肥料，否则容易引起肥害。在夏天，次数要稍微多些，每隔10天左右一次。浇水时不可将水洒在叶片上，以防发生褐斑病。入冬不宜浇太多的水，不可施肥。盆栽苗期每年翻盆、换土一次，保证土壤肥沃、基肥充足，株形形成以后可每2年翻盆、换土一次。换土时要把母株周围的小芽去掉。注意龙舌兰换盆适宜在每年的4月。常用分株繁殖。

龙舌兰开花吗？

很少人见过龙舌兰开花，有的人养了很久，也许都没机会看见龙舌兰花开。但是它其实是可以开花的，只不过开放要经过很长时间。大部分龙舌兰一生只开一次花、只结一次果。花期为夏季，一般开花过后就会死亡。龙舌兰在开花时有着巨大的花序，可高可达7～8米，有的甚至10米以上，非常壮观。

山地玫瑰是什么样的植物？

山地玫瑰（*Aeonium aureum*），原景天科山地玫瑰属（*Greenovia*），现已归入莲花掌属。山地玫瑰也之所以叫这个名字，是因为山地玫瑰属植物原产地的海拔比较高。山地玫瑰喜凉爽、干燥和阳光充足的环境，耐干旱和半阴，怕积水和闷热潮湿，具有高温季节休眠，冷凉季节生长的习性。繁殖可通过播种、分株、砍头。生长期为秋季至晚春，宜给予充足的阳光，如光照不足会使得植株徒长，从而造成株型松散，叶片变薄。

山地玫瑰的代表品种‘Greenovia aurea’的英文名是Mountain Roses，直译就是山地玫瑰。其他常见英文名还有Golden Rose（黄金玫瑰）、Green Rose Buds（绿玫瑰花苞）等。鉴于其原产地的高海拔，山地玫瑰度夏会稍有麻烦，新手尽量别在夏季入手。

山地玫瑰如何爆盆？

（1）土壤。山地玫瑰对土的要求不高，但是它比较喜欢疏松、透气性的土壤。因此使用的基质里非颗粒部分用量很少，只有大概1/6的砻糠壳和泥炭；其余5/6全是各种颗粒，包括蜂窝煤渣、兰石、轻石、陶粒、珍珠岩、小石子等；另外用2毫米直径的麦饭石和小石子铺面。垫盆底的颗粒大一

些，但中间的颗粒尺寸最好控制在3毫米以内，因为山地玫瑰的根系比较细，颗粒过大，不利于根系生长。

（2）光照。生长期为秋季至晚春，此时宜给予植株充足的阳光，如果光照不足会使得植株徒长，从而造成株形松散，叶片变薄。平时我们看到的山地玫瑰大多是翠绿色的，但是如果我们经常把它拿出来给它充分的光照，就会出现紫红色，非常美丽

（3）浇水。一般浇水遵从“见干见湿”的原则。生长期盆土保持微湿状态，土壤积水和过于干旱都不利于植株生长，但1 年内小苗的基质不能干透，一般给水量要比成株至少多1倍。可浸盆给水，水面大概在盆的2/3高度，浸几秒钟就捞出，保持基质表面常年干燥，这样能尽量避免烂心。注意别在叶子中心积水，否则很容易烂心。如果不慎叶心积了水，要赶快用棉签吸干，再尽量多通风。

（4）施肥。施肥与否要求不严，一般在土壤中放些颗粒缓释肥就能满足生长需要。

（5）通风。夏天要注意开窗通风，其他季节在室内正常摆放就行，不需要刻意开窗通风。冬季基本不需要通风。

法师常见的品种有哪些？

法师是景天科莲花掌属植物。原种莲花掌产于加那利群岛，肉质叶在茎顶端排列成莲座状，叶缘和叶面有毛。总状花序高大，花后全株枯死。法师中黑法师最常见，价格也最亲民，还有紫羊绒、绿羊绒、韶羞、翡翠冰法师、法师锦、巧克力法师、伊达法师等。

法师如何养护？

春、秋温度不高，浇水时间可以随意点，见干见湿即可。冬天温度低，浇水最好在中午进行，夏天或者春末温度高的时候，浇水要在晚上浇，而且浇水一定要浇透，即浇到有水流出来为止。

（1）春季。当温度合适，就可以将冬季在室内过冬的法师搬出来露养了，但是要注意早春的倒春寒！多留意天气，不要让法师刚度过寒冷的冬天，却冻死在美好的春天。

（2）夏季。法师最美的季节是夏

天，此时法师会休眠。一般温度不超过30℃，就可以继续正常养护。当白天最高温度高于30℃，但夜间温度不超过25℃时，还是可以浇水的，不过要稍微拉大浇水间期，逐渐减少浇水频率，且稍微遮阳，如果你家是朝北阳台或者是朝东阳台或者其他地方，只要一天差不多到了12点的时候阳光直射不到了，就可以不用遮阳。当白天最高温度34℃以上，夜间温度有27℃以上了，这个时候，就要给法师遮阳通风或者是将法师搬到无阳光直射但光线明亮、阴凉且通风的地方，记住通风好重要，还有就是要果断给法师断水了，大概1个多月只给叶子喷喷水。

（3）秋季。法师最好秋、春季节买，服盆快，好养活。法师最适合的生长温度是15 ~ 30℃，秋季的温度正好合适，生长旺盛。

（4）冬季。当气温低于0℃的时候，要把法师搬到室内不低于0℃且光线明亮的地方。南方地区，入室后浇透，40天之内不浇水也没问题。北方室内由于有暖气，法师冬天还再生长，所以养护同秋季。由于室内光线是不均匀的，植物都有向光性，为了避免法师歪头偏向一边生长，所以要隔一段时间转转盆，使其长的相对均匀一点。

肉锥花有哪些品种？

肉锥花属（*Conophytum*）隶属于番杏科（Aizoaceae），全属有400多种，绝大多数品种产于南非，喜凉爽

寂光　口笛　碧玉　少将

干燥和阳光充足的环境，怕酷热，怕水涝，耐干旱，不耐寒冷。

肉锥花属品种繁多，常见的有3种类型：

（1）鞍形。其裂口不明显，仅在顶部中央有一很短的浅沟，成为球状、扁球状或陀螺状的植株体。主要品种有清姬、雨月、小纹玉等。

（2）球形。裂口较明显，宽而不深，两边凸起部分比较圆钝。主要有群碧玉、口笛、阿多福等品种。

（3）铗形（剪刀形）。裂口较深，两边耸起较高，而且多为圆锥形。主要有少将、舞子、小公主等。

肉锥花如何养护？

（1）生长期。肉锥花在春、秋属于旺盛生长期，浇水掌握干透浇透的原则即可，期间可以略施薄肥促进生长。

（2）休眠期。冬季气温过低时和夏天气温过高时肉锥花都会进入休眠状态。一般休眠期不能浇水，但这也不是一成不变的，特别针对小型肉锥花，长期不浇水可能会枯死。所以定期地给些小水还是非常有必要的，前提是不要往肉锥植株上浇，浇土上就可以了。

（3）蜕皮期。肉锥花一般在春夏之交时开始蜕皮，有些肉锥花在夏季前就可以完成蜕皮，但是有些肉锥花则会带着老皮过完夏季。这个和品种有关系，不要强行给肉锥花做“剖腹产”手术。如果在夏季前蜕完皮的肉锥花或被提前“剖腹产”的肉锥花一定注意不要放在强光照下，否则容易晒伤。另外值得一提的是，肉锥花在蜕皮前期可以完全断水，但是进入蜕皮后期，给点小水可以帮助新生宝宝加快生长，破皮而出。

（4）开花期。肉锥花秋季开花，这个时候可以施点薄肥促进生长，浇水时不要把水直接往花上面浇。

绿之铃如何养护？

绿之铃（*Senecio rowleyanus*），菊科千里光属，又名珍珠吊兰、翡翠珠、圆佛珠。颗粒圆润饱满的肉质叶，宛如珍贵的碧玉制作的佛家念珠一样，富有节奏而别具韵味。

绿之铃属于春秋型，生长季节为春、秋两季，较喜水，喜欢沙质类疏松透气的中性栽培基质。生长季节给予明亮的全日照环境。只要在通风条件很好的情形下，观察叶片不亮时就

可以浇水。

冬季注意保持不受冻，温度保持在10 ～ 12℃，但夏季酷暑期往往由于管理上的疏忽，就会成为植株死亡的高峰期。温度高时，移到通风凉爽且半日照的环境，待介质全干时才浇水。夏季最低温度在25℃以上时十分衰弱，尤其是夏季日温差过小时，极怕闷热和不通风。进入休眠期后，最好将植株置于半阴通风处并节制浇水，否则肉质叶极易脱落或腐烂。

绿之铃、情人泪、紫玄月如何区分？

（1）绿之铃。叶片像豌豆的，有一明显纵线，呈半透明状。

（2）情人泪。叶片倒泪滴形，末端尖。

（3）紫玄月。叶片细长弯弯像香蕉的，茎干是紫色的。

木本花卉

什么是木本花卉？

木本花卉是以观花、观果为主的木本植物，具有木质化程度较高的茎，寿命较长，在园林景观上的应用极为广泛，有些可作庭园或道路美化、绿篱、花坛布置或盆栽，有些可作庭园绿荫树、行道树。花开时节，繁花满树，姹紫嫣红，美不胜收，为造园的优良树木。木本花卉主要包括乔木、灌木、藤本3种类型。

月季是什么样的植物？

月季是（*Rosa hybrida*）世界上最古老的花卉之一。据资料记载波斯人早在公元前1200年就用作装饰。月季别名蔷薇、玫瑰，蔷薇科蔷薇属，广泛分布在北半球寒温带至亚热带，主要在亚洲、欧洲、北美及北非。

月季是常绿或半常绿灌木，直立、蔓生或攀缘，大都有皮刺。奇数羽状复叶，叶缘有锯齿。花几朵集生，稀单生，直径4 ~ 5厘米。萼片与花瓣5，少数为4，栽培品种多为重瓣；萼、冠的基部合生成坛状、瓶状或球状的萼冠筒，颈部缢缩，有花盘。聚合果包于萼冠筒内，红色。花期4 ~ 9月，果期6 ~ 11月。可用播种、扦插、嫁接和组织培养等方法繁殖。

月季怎么分类？

类型	特点	代表种类
自然种月季	未经人为杂交而存在的种或变种，故又称为野生月季。每年一季花，单瓣，抗性强	野蔷薇、峨眉蔷薇、光叶蔷薇、金樱子、缫丝花等
古典月季	18世纪以前，即现代月季的最早品系——杂交茶香月季育成之前庭院中栽培的全部月季，多种是现代月季的亲本	法国蔷薇系、突厥蔷薇系、百叶蔷薇系、白蔷薇系、中国月季系、波旁蔷薇系、包尔苏蔷薇系、密刺蔷薇系等
现代月季	1867年第一次杂交育成茶香月季系新品种“天地开”（‘La France’）以后培育出的新品系及品种，是当今栽培月季的主体	大花（灌丛）月季群、聚花（灌丛）月季群、壮花月季群、攀缘月季群、蔓性月季群、微型月季群、现代灌木月季群、地被月季群

月季喜欢什么样的生长环境？

月季性喜温暖湿润、光照充足的环境。光照不足时生长细弱，开花少甚至不开花，夏季烈日下宜适当遮阴。适宜的空气相对湿度为70% ～ 75%。适宜温度为白天20 ～ 28℃，夜间16℃左右，如果夜温低于6℃，将严重影响其生长发育。一般在5℃以下或35℃以上停止生长。性喜富含有机质、疏松透气、排水良好的微酸性沙质壤土。生长环境要通气良好，无污染，若通气不良易发生白粉病，空气中的有害气体，如二氧化硫、氯、氟化物等均对月季有毒害。

月季如何选购？

在购买之前做一番快速的健康检查还是很必要的。盆栽月季的盆土应干湿适中，盆土表面应没有苔藓和杂草，如果表面长满了杂草，就说明植株在盆中栽培时间太久，很可能遭受干旱或营养亏缺胁迫。选取具有健康、灰白色根系的植株，不要挑选那些根系球结、盘结在盆土表面，或者从盆底穿出来的植株。细心栽植，以给月季生长创造一个良好的开端。建议种植后进行覆盖。

裸根月季的选购：裸根月季多在休眠季出售和栽植。购买时应选择根系强壮并带有发达须根、嫁接接合部位完好、枝条分布匀称的植株。栽植前用水浸泡根系1小时。千万不要购买那些根系干枯或正在萌芽的植株，因为这类植株成活率不高。

哪些月季品种适合阳台种植？

在阳台上盆栽月季，要选择生长健壮、植株矮小、株形较紧凑的品种。其次要开花期比较长、开花比较多的品种。以下品种仅供参考：

微型月季品种如小五彩缤纷，还有聚花月季类如伦巴、荣誉、满园春色、马戏团、洗红妆、金背大红、情歌、雪中火光、幸福等，都属于优质的盆栽品种。

茶香月季类，植株高大，不是阳

台盆栽月季的理想品种。如和平、冰山、映雪、芝加哥和平、摩洛哥、信用等品种，都具有开花勤、花期长等特点，在高超培植、修剪技术控制下，也可制作适合阳台盆栽月季。

盆栽月季如何栽植？

只要盆土没有冻结，干湿度适中，盆栽月季可以在任何时候种植，正确浇水直至月季成活。种植穴的宽度足以让根系舒展，不受约束，深度足以满足嫁接部位（主茎基部很明显的接合部位）低于土表2.5厘米左右为宜。在栽植穴中施入半桶充分腐熟的有机肥和一把骨粉或缓释肥。放入月季植株，回填土，同时轻轻压实。如果月季处于生长季，摘除任何开放的花；如果处于休眠季，修剪茎干，以便早春旺盛生长。

裸根月季如何栽植？

用干净、锋利的剪刀剪除所有的瘦弱枝、交叉枝、伤残枝、枯枝。并将受伤的根系缩剪至洁净健康的活根系处。

挖种植穴，宽度足以让根系充分舒展，不受约束，深度足以使得嫁接部位低于土表2.5厘米。穴底施入腐熟的有机肥。放入月季植株，并用一根竹竿平放在穴口以衡量栽植深度；嫁接接合部位必须低于竹竿2.5厘米。轻轻地回填土，同时压实，确保根系与土壤紧密结合，浇水，修剪。

树状月季如何栽植？

由生长势旺盛的砧木培育出长而直的茎干，将灌丛月季嫁接其上育成月季树。

像种植裸根月季一样挖栽植穴，打入一根深达45cm的木桩。放入月季，在穴顶放一根杖衡量栽植的深度。最终的深度应与栽植前的深度相同，可用茎干上原有的土痕作为参照。

木桩的顶端必须达到嫁接接合部位，而且支杆必须在向风的一面。这样可防止植株倒向支杆，引起树皮的擦伤甚而导致整个树冠在强风中断裂。

将月季绑缚到支撑桩上，在茎干与支杆间应使用橡胶缓冲物。一条绑扎绳固定在上部以支撑顶部枝条，另一条固定在中部。不要绑得太紧，留一些可伸展的空间。剪除瘦弱枝或交叉枝。

藤本月季如何栽植？

种植藤本月季时，很重要的一点就是不能像对待灌丛月季一样重度短截。很多藤本月季是灌丛月季的攀缘突变种，修剪得太重，它们将恢复灌丛月季的习性。相反，一些蔓生月季茎基有很强的萌蘖力，在种植时则需要进行重度修剪。这样，它们就能抽生出一些健壮的萌条，再用绳子把这些萌条固定在支撑物上。在离墙壁或支撑物45厘米的地方种植藤本月季或蔓生月季，避开墙基部较干的土壤，其萌条再用绳子或竹杖牵引到支撑物上，稍后，可将这些绳子和竹杖去除。

对藤本月季与蔓生月季来说，栽植穴应便于植株以45°角放入时根系自由伸展。用一根竹杖量一下栽植深度，确保种植时的深度和原来树干上的土痕平齐。

留4～5个开张的强壮枝条，并把它们系到竹杖上。这些竹杖的基部埋入土壤。并且将其绑在最低的水平线上。用夹子或柔软的麻绳来绑扎，但是要定期检查所有的绳子以避免茎受到缢缩。

在藤本月季种植后的第一个夏季进行壁式整形和修剪，提前进行诱引的目的在于通过将枝条铺向水平方向而获得良好的覆盖效果，以便植株上下有花。

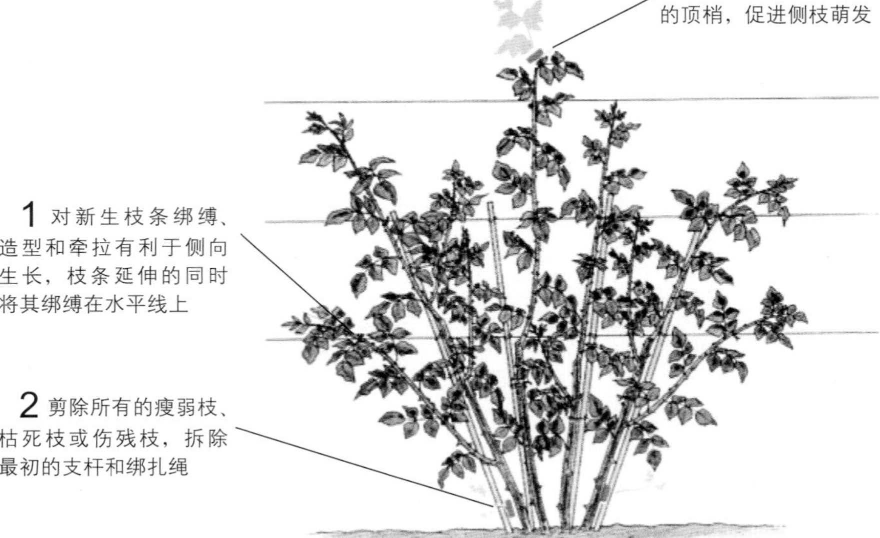

月季花期如何养护？

月季花期需要放置在有充足的光照、通风透气的地方。同时还要及时的修剪枝条，不然一些长在里面的花蕾接受不到阳光，植株也不能很好的生长。每开一次花之后就将开花处的枝条剪掉一半或一大半，这样才会生长出新的花蕾。而且还有利于根部营养不会输送到无用的枝条上。

花期的月季一定要保证养分的供给，新的盆栽可以直接施肥到花盆里，如果是老盆栽此时最好的方法是换盆换土。对于多年生盆栽月季应每2 ~ 3年换一次盆，以满足其生长发育的需要。时间就是在10天左右就要补充一次肥料，给地上部茎叶源源不断地运送养分，这样才能使得月季花期开放地更加繁盛。夏季高温时节进行一定的光照遮蔽处理。

月季修剪需要注意什么？

为月季健康起见可随时进行修剪，各种类型的月季均或多或少地得益于每年1次的或季节性的修剪。

通常修剪要整洁、正确，使用正确的工具；剪刀适用于直径小于等于1厘米枝条的修剪，长柄剪适合于直径大于2.5厘米的枝条，再粗的枝条则应该用锯子修剪。月季剪枝为使修剪效果理想，剪口应在芽上方约5毫米，切面稍稍向无芽侧倾斜，斜面基部与芽基部平齐，这样雨水不会冲淋到芽。剪刀刀身薄的一面是剪切面，因此应尽量使刀刃靠近要修剪的芽处，否则将会挤压茎干，留下易被感染的锯齿状伤口。

（1）剪口要整洁。正确的剪切方式适于枯枝、枯梢的去除及所有的年度修剪。剪口要整洁，以保持剪刀锋利。如果碰巧枝条被剪成锯齿状或剪口太靠近芽，那么重新剪留一个完好、健壮的芽。

（2）挤压枝条而造成的不平的剪口易受感染，不适合的剪口角度使得雨水冲淋新芽，剪口距芽太高，芽上部枝条容易干枯。

（3）直径1厘米或1厘米以下的茎干用剪刀修剪，过粗的枝条会造成刀口处损坏和枝条的擦伤或挤伤。用长柄剪修剪较粗的茎干。

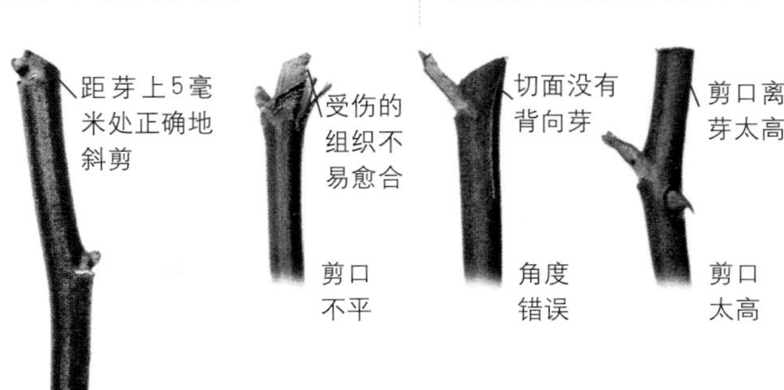

定植成活的月季如何修剪？

定植成活后的小苗，新芽迅速生长，嫩梢拔节伸长，展叶、现蕾。当花蕾长到黄豆大小时，及时进行摘心、摘蕾，切勿使新枝开花，以免消耗养分。同时，从根部发出的砧芽也要及时地全部除掉。为使株形丰满，摘蕾工作要反复进行多次，当芽苗积累充足的养分后，会从基部发出粗壮的脚芽，待其长到40 ～ 50厘米高时进行摘心，促使其萌发分枝，养成第一个开花的主枝。每株苗要养出3 ～ 5个开花主枝，枝条要壮实。

大苗月季如何修剪？

剪掉老枝、弱枝、病枝及基部砧木的分蘖枝等。修剪的最适宜时间是接近发芽、停止休眠之际，或接近休眠而尚未休眠之时，各地区的修剪时间不同，但都是比较短暂的几天，两者比较起来，秋季开花结束，雨季已过，冬季尚未来临，最适合修剪作业。除了为调整树形而修剪外，每次开花后也要进行适当修剪。一般早春第一次修剪后，大约2个月即见花，花后进行轻微修剪，以后依温度升高情况，每隔6 ～ 8周又开一次花，周而复始乃至秋后。修剪的形式有轻剪、中剪和重剪3种。轻剪即是对健康枝条短剪，去掉向内扩展的2 ～ 3个芽。中剪是将去年生长的健康枝条齐基部剪掉或剪短一半。重剪是全株只留3 ～ 4根去年生枝条，然后离地面20厘米短剪，差不多只保留基部3 ～ 4个芽，这种剪法是促进幼株在明年生出新枝，而植株不致逐年高大。修剪时用利剪在芽的上方0.5厘米处剪断。选向外的芽予以保留，以便新枝的生长向外伸延，不致遮挡中部的光线，剪口要剪成斜面，以免存水伤及髓部，表面要光平。修剪后要保护好伤口，以免病虫入侵。

成形月季如何修剪？

类型	修剪方法
大花丛生月季（杂种茶香月季）	秋季或春季月季还处于休眠时修剪。首先剪去枯死枝条、染病枝条、受损枝条、瘦弱枝条。剪去自上一次修剪所留下的不开花的老桩。保留的枝条，强者剪去一半，弱者保留一小半，使之留下开展的、匀称的骨干枝，以保证空气流通。在温和的气候下，要将主枝截短20 ～ 25厘米，在较为温暖的地区，不要修剪过重，达45 ～ 60厘米即可。开白花和黄花的杂种茶香月季，要求比较轻度的修剪，也有些品种要中剪。因此，修剪前预先了解品种的习性非常重要
丰花月季	其修剪的目的是为了取得更多的花，产生群体观赏效果。因此，一般都用轻剪。在秋季或春季剪去交叉枝或拥挤枝及徒长枝，剪去枯死、染病或受损枝，修剪主枝使其高于地表约30厘米，将侧枝短截1/3 ～ 2/3，要在强健的芽前截短。原则上对幼枝不太修剪或轻剪，其他枝条则比较严格修剪。基部去年生枝条，能开花的只将顶梢2 ～ 3个芽去掉。基部已开过花的枝条，剪口要在花枝之下和芽之上。如果基生枝太多，应当全部齐根剪掉，以免过分拥挤

（续）

类型	修剪方法
小花矮灌月季	小花矮灌月季都有大量开小花的习性，修剪的目的是为了多开花和维持冠形的完整，所以只轻剪即可。将顶端剪掉，去掉死枝、弱枝、密枝、中部的乱生枝等不好看的枝条，使全株看起来优美。但品种之间仍有习性上差别，应予注意
微型月季	常长出大量的纤细枝条及从基部长出的破坏植株对称美和过长的旺盛枝条。这种月季常用以下两种方法中的一种进行处理。第一种方法是修剪要控制在最低限度，将所有的杂乱枝、枯死条、染病条与受损枝除去即可，并剪短任何破坏植株对称美的过长枝。另一种方法是剪去除最壮枝条外的所有枝条，然后将剩下的枝按其全长短截约1/3
藤蔓月季	去掉死枝、弱枝、密枝，有些品种在老枝上开花，但有些并不开花，前者只剪短顶端即可，后者将老枝齐根剪除

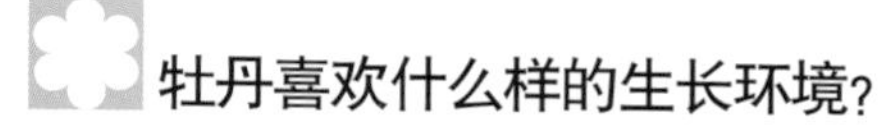

牡丹喜欢什么样的生长环境？

牡丹（*Paeonia suffruticosa*），芍药科芍药属，中国是牡丹的原产地。牡丹为落叶半灌木，花单生枝顶，花径10 ~ 30厘米，萼片绿色，宿存；野生种多为单瓣，栽培种有复瓣、重瓣及台阁花型；花色丰富，有黄、白、紫、深红、粉红、豆绿、雪青、复色等变化。花期4 ~ 5月。牡丹寿命较长，50年以上的大株，各地均有发现。

牡丹喜凉恶热，具有一定的耐寒性；喜向阳，怕酷暑；喜干燥，惧烈风，怕水浸渍；喜欢疏松肥沃、通气良好的土壤；宜中性或微碱性土壤，忌黏重土壤；最适生长温度18 ~ 25℃，生存温度不能低于－20℃，最高不超过40℃。植株前3年生长缓慢，以后加快，4 ~ 5年时开花，开花期可延续30年左右。牡丹花芽需满足一定低温要求才能正常开花，开花适温为16 ~ 18℃。牡丹常用分株、嫁接繁殖。

牡丹如何养护？

（1）选择位置。选择光照充足、地势高、排水良好、土质肥沃的沙壤作为栽培用地。

（2）栽植时间。一般在秋季（寒露前后）结合分株，待伤口阴干后栽植，使土与根系密接，栽后浇一次水。入冬前根系有一段恢复时期，能长出新根。一般不在春季栽植，但当需要延长牡丹栽植季节时，也可春栽，需要采取适当措施，精心养护。

（3）浇水。一般干旱不需浇水，但特别干旱时应浇水。北方地区在春季萌芽前后、开花前后和越冬前要保证水分充分供应，雨季要注意排水。

（4）施肥。一年内需施肥3次，分别在早春萌芽后、谢花后和入冬前施入，称作花肥、芽肥和冬肥。花肥、芽肥以速效肥为主，冬肥是值得重视的一次，施肥量要足，并以长效肥为主。

（5）修剪。一般采用丛状树形，每株定5～7个主枝（股），其余枝条疏除。每年从基部发出的萌蘖，若不作为主枝或更新枝使用，应除去。成龄植株在10～11月剪去枯枝、病枝、衰老枝和无用小枝，缩剪枝条1/2左右，并注意疏去过多、过密、衰弱的花蕾，每枝最好仅留1个花芽。

山茶是什么样的植物？

山茶（*Camellia japonica*），山茶科山茶属，我国山茶栽培至少有2 500多年的历史，早在隋唐时期就开始栽培。郭沫若先生曾盛赞曰“茶花一树早桃红，百朵彤云啸傲中”。山茶原产我国西南至东南部，日本也有分布。山茶为常绿灌木或小乔木，叶片革质，互生。花瓣5～7片，多可达60余片；花径6～10厘米；花色有朱红、桃红、粉红、红白相间和纯白等色。花期10月至翌年3月。蒴果。

山茶喜欢什么样的生长环境？

山茶喜温暖湿润的气候，忌烈日，喜半阴的散射光照，较耐阴。最适生长温度18～24℃，不耐严寒和高温酷暑，长时间高于35℃或低于0℃会造成灼伤或冻害、落花落蕾和花芽无法分化。喜空气湿度大，忌干燥，要求土壤排水良好、疏松肥沃、富含有机质且pH5～6.5的壤土。山茶天生丽质，婀娜多姿，盆栽具有很高观赏价值。在园林中，可孤植、群植和用于假山造景等，也可建设山茶景观区和专类园，还可用于城市公共绿化、庭园绿化、茶花展览以及插花材料等。

山茶的盆土该如何配制？

山茶根肉脆弱，要用疏松、排水良好的微酸性土壤，黏性、碱性土均不适合，石灰质土更是忌用。盆土按腐叶土：菌根土：细沙=4：3：2的比例配制，再添加少量的磷、钾肥或复合肥。混合后的土壤最好用2%甲醛或其他药物进行灭菌处理。将以上材料稍加水湿润，然后充分混合，堆制30天便可使用。不管哪种基质，应该保证浇水后盆面不能积水。浇水后很快渗透下去的基质是较好的。

山茶如何上盆和换盆？

（1）上盆。宜在春季进行。栽植地点宜选在半阴地，切勿种在整天被阳光直射的地方，以免灼伤树叶和花朵。移栽时，尽量使其根系舒展，压实土，浇透水。盆栽山茶时，要注意盆底的排水孔不能堵塞，否则排水不良，山茶就会"湿脚"，造成致命危害。因此，摆放花盆时最好离地面有一定距离。

（2）换盆。山茶在盆内种植2年就应换盆，否则根系盘结，浇水时不易浇透。每换一次盆，花盆须大一号。换盆时，将山茶植株连同盆土全部取出，用小木棒将近盆边的土挑松，使其根系舒展。须根太长的，可适当剪短。换盆前，在新植入的花钵底部小孔处放塑料网片，然后放入将陶粒填满盆底，大约2厘米厚。再加入新配制的盆土，最后将带有土团的山茶放入盆内，用新配制的盆土将花盆四周空隙填满，压实，浇水。

山茶如何整形修剪？

多年盆栽的山茶极易形成单干型，很少产生分枝。长势过偏、形态不佳、生长瘦高的植株必须进行修剪，促使多发新枝，从而形态匀称、开花多。修剪的基本原则：一是要把病枝、死枝、徒长枝、密枝全部剪除；二是根据造型需要进行适当的修剪；三是把主枝剪除，让其多发侧芽，防止生长过高。山茶盆景如过快生长会失去观赏价值，因此除修剪外，还要控制水肥施用量，有的甚至需要施用15%粉剂溶液浇灌多效唑进行矮化处理。

山茶一年只开花1次，花蕾孕育期很长。在孕蕾到开花期间需消耗大量养分，如不及时、大量地疏蕾，就难以保证有足够的养分供后期花蕾发育和开花之需。疏蕾要及早进行，当花蕾长到如黄豆大小时即需疏除，不能等膨大再除。一般够5片叶以上的枝条，每枝只选留1个顶蕾，不要吝惜。5叶以下的枝条最好不留蕾。只有这样，才能使养分集中，花蕾发育充分，正常开花。

山茶如何养护？

山茶对水分要求较严，要尽量使土壤湿度保持在半湿状态。土壤过干会导致生长不良、落叶，甚至死亡；太湿易引起根系腐烂。浇水量和浇水次数要根据季节不同而有差异。春季和秋季浇水量较多，每次浇水以土壤在浇完后捏能成团、放可松散为宜。冬季少浇，山茶盆景只需浇至盆土湿润4厘米深左右。夏季浇水量最大、浇水次数最多，每次浇水要将土壤全部浇湿浇透，但不能积水。对盆景浇水时，不可对准根部，以免冲击根部使根外露。

山茶不可多施肥，施肥量因季节的更替而变化：春季，树体生长势复苏，在开花后开始浇肥，随着生长加快，逐渐增加浇肥次数；5～6月，每月浇肥4～5次；7月是生长最盛的季节，浇6～8次；8月以后逐渐减少，9月下旬开始停止施肥，直到第二年春季。施肥与浇水要轮流进行。忌浇水过多和施浓肥，应做到“氮肥催春梢，磷钾促花蕾”。此外，山茶是喜酸性花卉，为了改善盆土的酸碱度，在生长期每20天左右应施一次稀薄硫酸亚铁水，以保持叶片繁茂翠绿，促进植株健壮、花色娇艳。

杜鹃花喜欢什么样的生长环境?

杜鹃花（*ododendron simsii*）别名映山红、满山红、山鹃，杜鹃花科杜鹃花属。云南、西藏和四川是杜鹃花属的发祥地和世界分布中心。我国杜鹃花以长江以南地区种类较多，长江以北很少，新疆、宁夏属干旱荒漠地带，均无天然分布。

杜鹃花为常绿或落叶灌木，花期3～6月。杜鹃花喜凉爽、湿润气候，畏酷热干燥，最适宜生长的温度为15～25℃，气温超过30℃或低于5℃则生长趋于停滞。杜鹃花一般在春、秋两季抽梢，以春梢为主。喜阳光，但忌烈日暴晒。要求富含腐殖质、疏松、湿润、pH5.5～6.5的酸性土壤，在黏重或通透性差的土壤中生长不良。杜鹃花以扦插、嫁接繁殖为主。杜鹃花的花语是爱的喜悦。据说喜欢此花的人纯真无邪。杜鹃花的箴言是当见到满山杜鹃盛开，就是爱神降临的时候。

盆栽杜鹃花如何养护?

（1）栽培场地。有阳光、通风良好、不能积水，土壤酸性为宜。

（2）盆土的配制。以30%园土、20%沙、28%泥炭、20%椰糠或锯末、2%珍珠岩为宜。配制培养土时，还可加入腐熟的油饼、少量复合肥及微肥。培养土混合均匀后应进行严格的消毒杀菌。

（3）上盆。盆以瓦盆和紫砂盆为宜。一般1～2年杜鹃花植株用10厘米口径盆，3～4年用15～20厘米的盆，5～7年用20～30厘米的盆。上盆时，应在盆底垫入碎瓦片或3厘米厚的大块煤渣，以利于根系通水通气。上盆压土时，应从盆壁向下压，以免伤根，上盆后应透浇一次酸化水，然后放于阴凉处。

（4）浇水与施肥。生长旺盛期多浇水，梅雨季节防止盆面积水，7～8月高温期随干随浇，并于午间、傍晚向地面洒水，冬季生长缓慢，5～7d天浇水一次。肥料要薄肥勤施，主要在3～5月，可用沤熟的稀薄麸水、菜籽饼等，20天左右施一次，同时为防止盆土碱化，1个月施1次1% ~ 2%的硫酸亚铁液。

（5）修剪。一般植株成形后，平时主要是剪除病枝、弱枝及重叠紊乱的枝条，均以疏剪为主。

杜鹃花叶片发黄怎么办？

出现这种症状，通常是因为缺铁。常发生在土壤偏碱的地区，病情轻时，只出现植株迟绿现象；严重时，叶组织可全部变黄，叶片边缘枯焦。以植株顶梢的叶片表现最为明显，一般由内部缺铁所致。防治方法是改变土壤缺铁状况，降低土壤碱度。增施有机肥，改造黏质土壤。对缺铁植株可直接喷洒0.2% ~ 0.3%硫酸亚铁液，也可在其周围土壤上用筷子扎几个深15厘米左右的孔，用1 ∶ 30的硫酸亚铁水溶液慢慢注入，将孔注满，以增加土壤酸度。

杜鹃花落蕾是什么原因造成的？

（1）水肥不当。生长期间水肥过量，引起枝叶徒长，繁殖器官缺乏养分，影响花芽形成，从而导致不开花或开花很少。即使能开花，也易落花落蕾。另外，施氮肥过多而又缺乏磷肥的情况下，会影响花芽形成。因此，要注意增施含磷肥较多的花肥或0.2%磷酸二氢钾溶液，有利于花芽的形成和孕蕾。

（2）光照或温度不适宜。

（3）土壤偏碱。可用硫酸亚铁或者食醋加以调整。

杜鹃花落叶是什么原因造成的？

（1）环境不适。市场上出售的杜鹃花大都是在温室中培育的，购回后对家庭自然环境不能适应。因此，要设法保持空气和盆土湿润，适当遮阴，空气要流通但又不能寒风直吹，也不能急于换土、施肥，尽量使其安全度过适应期。

（2）盆土不适。培养土一定要用通气性好、腐殖质丰富的酸性土，pH5.5 ~ 6.5最为合适。平时应适当施些矾肥水，或水中加入少许硫酸亚铁施用。

（3）肥害。一旦发现肥害，要立即停施肥料，并浇水冲洗掉土中的大部分肥分。

（4）涝害。杜鹃花根系纤细，如根系受损、腐烂，也会造成落叶。

桂花喜欢什么样的生长环境？

桂花（*Osmanthus fragrans*）又名木犀、岩桂、九里香、丹桂，木犀科木犀属，原产中国西南部喜马拉雅山东段，印度、尼泊尔、柬埔寨也有分布。桂花为常绿阔叶灌木至小乔木。株高可达15米，花具有芳香。花色因品种而异，有浅黄白、浅黄、橙黄和橙红等。花期9 ~ 10月。桂花适生于我国北亚热带和中亚热带地区，耐高温，不很耐寒。桂花属于喜光树种，但也有一定的耐阴能力。幼苗期要有一定的遮阴，成年后要求有相对充足的光照。桂花在富含腐殖质的微酸性沙质壤土中生长良好，土壤不宜过湿，尤忌积水，在黏重土上也能正常生长，但不耐干旱。桂花对空气湿度有一定的要求，开花前夕要有一定的雨湿天气。革质叶有一定的耐烟尘污染的能力，但污染严重时常出现只长叶不开花的现象。桂花每年春、秋两季各发芽一次。春季萌发的芽生长势旺，容易分枝；秋季萌发的芽，只在当年生长旺盛的新枝顶端上萌发后，一般不分叉。花芽多于当年6～8月形成，有二次开花的习性。通常分两次在中秋节前后开放，相隔2周左右，最佳观赏期5～6天。

桂花如何养护？

桂花作为珍贵的观赏花木，自古就享有“独占三秋压众芳”的美誉。桂花更适宜大苗栽植，宜浅栽而不能深植。栽植时必须带完整的土球，同时要求适当修剪。

（1）土壤肥沃。桂花喜欢肥沃、排水性好的微酸性土壤，可以用腐殖土或泥炭、园土、沙土或河沙混合调制。

（2）光照充足。桂花是长日照植物，所以要使其充分接受阳光照射，如果光照不足，花芽很难形成。

（3）温度适宜。适合桂花生长的温度为15～28℃，最低温度可以接受-13℃。幼苗不能生长在高温环境，要采取遮阴养护措施，不然很容易造成其枯萎。

（4）浇水和施肥。桂花在新梢长出之前要少浇水，只要土壤处于微微湿润状态即可。雨季要减少浇水。夏季高温季节要增加浇水量，每天早晚各浇一次水，阳光强烈的时候可以适当喷些水雾，盆内不要有积水。9月上中旬，花芽开始萌动时宜保持土壤湿润，适量浇水，以利于正常开花。

桂花有两次萌芽、两次开花的习性，耗肥量大，应于11～12月施以基肥，使翌春枝叶繁茂，有利于花芽分化。7月二次枝发前施追肥，有利于二次枝萌发，使秋季花大茂密。

（5）换盆。盆栽桂花，要注意防寒越冬。每隔2～3年进行换盆与修根。

栀子花是什么样的植物？

栀子花（*Gardenia jasminoides*），又名栀子、黄栀子。属茜草科，原产于中国，为常绿灌木，枝叶繁茂，叶色四季常绿，花芳香，盛开时枝头如雪，为重要的庭院观赏植物。

单叶对生或三叶轮生，叶片倒卵形，革质，翠绿有光泽。花冠高脚碟状，花期4～6月。浆果卵形，黄色或橙色样的植物。栀子花是良好的绿化、美化、香化的材料。栀子花的花语是"永恒的爱,一生守候和喜悦"，更是青春美好回忆的象征。

栀子花如何养护？

（1）摆放位置。栀子花喜温暖、湿润气候，不耐寒，适宜放在光照充足处，除7～8月太阳直射需遮阴。

（2）土壤。栀子花宜采用肥沃、排水良好、pH5～6的酸性土壤，不耐干旱瘠薄。常选择腐叶土、泥炭土加一半的园土，或者直接购买栀子花专用土。

（3）浇水。北方碱水地区，浇水时，将自来水放置1天后浇灌。3～5天，浇一点柠檬酸水溶液，可保叶片碧绿。浇水要及时，但不可过湿，夏季多浇水以提高湿度，入秋后浇水不宜过多，否则会造成黄叶甚至落叶。

（4）施肥。栀子花喜肥，种植时在土壤中加入腐熟的饼肥作基肥。盆栽时，生长期宜经常浇以矾肥水，4～5月为栀子花孕蕾和花蕾膨大期，

要及时追施氮、磷结合的肥料1～2次。夏季温度35℃以上，秋季15℃以上，停止施肥。

绣球是什么样的植物？

绣球（*Hydrangea macrophylla*）又名八仙花、粉团花，虎耳草科八仙花属。原产中国、日本、朝鲜。绣球为半落叶灌木。小枝粗壮，皮孔明显，叶大而略厚，对生，边缘有细锯齿，叶面鲜绿色，叶背黄绿色。花序大如华盖，由许多不孕花组成球形伞房状聚伞花序，初开时白色，渐次变淡红色或浅蓝色，开时花团锦簇。5～7月开花。以扦插繁殖为主。

绣球喜欢什么样的生长环境？

绣球喜温暖阴湿，不甚耐寒，适宜在透光稀疏的荫棚下培育，要求土质肥沃、湿润、排水良好的土壤。土壤酸碱度直接影响花色，pH4～6时呈蓝色，pH＞7.5时呈红色。浇水过多易烂根，萌蘖能力强，对二氧化硫抗性较强。

绣球有哪些种类？

亚洲绣球	园艺绣球	原生大叶绣球经过杂交而成的绣球品种，有的带有山绣球或其他绣球血统。特点是喜水，不耐寒
	山绣球	大部分从泽八绣球的自然变异选育而成，在日本和欧洲的栽培品种较多。因为形态多变，也用于育种
北美绣球	圆锥绣球	从圆锥绣球选育和杂交的品种。花色较少，目前只有红、白两种，特点是特别耐寒
	乔木绣球	从乔木绣球选育和杂交而成的品种，代表品种“安娜贝拉”，特点是耐寒，新枝开花
	栎叶绣球	从栎叶绣球选育和杂交而成的品种，白色为主。特点是植株大，花多
	其他绣球	其他原种绣球选育品种，欧美国家对于原种绣球情有独钟，例如藤绣球等都有栽培

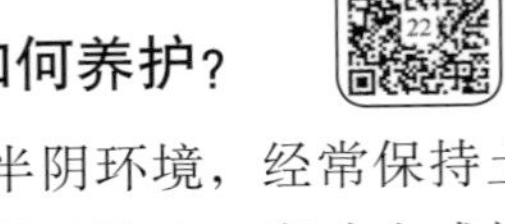

绣球如何养护？

宜选择半阴环境，经常保持土壤湿润，盆土常用壤土、腐叶土或堆肥土等量配合，并混入适量河沙，南方则以泥炭代替腐叶土。

2 ～ 3月扦插苗生根后移入5 ～ 7厘米盆中，4月下旬换10厘米盆，5月下旬至6月上旬定植于17厘米盆中，缓苗1周后进行第一次摘心，则7月底至8月上旬可形成花芽。若摘心过迟，当年不能开花，因此，以早摘心为宜。

绣球需水量较多，在生长季要浇足水分使盆土经常保持湿润状态。夏季天气炎热，蒸发量大，除浇足水分外，还要每天向叶片喷水。绣球忌盆中积水，否则会烂根。进入秋季后要逐渐减少浇水量。

生长期每2 ～ 3周施液肥一次，以促进生长和花芽分化。北方碱性土地区，宜经常适量施硫酸亚铁水溶液或硫酸亚铁与其他有机肥料一起沤制的矾肥水，以中和碱性。春暖后移室外荫棚下培养，10月底移入温室。

含笑如何养护？

含笑（*Michelia figo*），木兰科含笑属，常绿灌木。花单生于叶腋，直立，乳黄色，有水果香味，不完全开张。花期3 ～ 4月。

（1）栽培条件。含笑性喜温暖湿润条件，冬季室内保持在12℃以上，防止冻害。喜半阴，不耐强光照射，喜肥沃、酸性土壤，不耐石灰质土壤，耐寒能力较弱。无论地栽还是盆栽，都必须带土团。地栽选择半阴环境，并施入大量有机肥。

（2）盆土。含笑为肉质根，要求盆土通透性良好，可用腐叶土4份、园土3

份、腐熟厩肥土2份、沙土1份配制。

（3）浇水施肥。在生长期（4 ～ 9月）花前后需要水分较多，缺水植株枯萎，叶色变黄。3 ～ 6月，每隔2天浇一次水，阴雨天适当延迟。晴热、高温、干燥天气每天浇水一次，必要时在叶面和地面喷水，制造湿润环境，保持较高的空气湿度，但又不能使盆内积水。秋冬季节只要保持盆土湿润即可，不要多浇水。新芽萌发前施一次基肥，生长期每隔10天左右择晴天施一次稀薄液肥。开花期后停止施肥。

白兰花喜欢什么样的生长环境？

白兰花（*Michelia alba*），木兰科含笑属，原产印度尼西亚爪哇。常绿乔木。花单生于叶腋，极香。花期4 ～ 8月。白兰花喜阳光充足、暖热湿润和通风良好的环境。不耐阴，也不耐酷热和日灼，怕寒冷，冬季温度低于5℃即受冻，喜富含腐殖质、排水良好的微酸性沙质土，不耐水湿，尤忌涝。白兰花以嫁接繁殖为主。

白兰花如何养护？

白兰花露地栽培时，只要场地不积水，其他管理可较粗放。若需翌年花繁叶茂，可以在入秋时沿树冠周围掏沟，切断部分根系，晾根1周后，施以腐熟厩肥或复合肥于沟中后再回填土。长江流域以北多盆栽，一般于10月中旬左右移入温室，翌年谷雨前后出室。在温室内，应严格控制浇水，保持盆土湿润即可。施肥在出室后抽发枝叶时进行，进温室前1个月停止施肥。

白兰花如何越冬？

因白兰花喜温暖，不耐寒，在北方的冬季及早春养护至关重要，应注意以下几点：

（1）白兰花冬季进入休眠期，要停止施肥，并控制浇水，盆土宁干勿湿。因为白兰花的根系为肉质根，冬季生理活动降低，浇水过多，会引起烂根，造成落叶及新芽坏死。

（2）白兰花喜阳光，不耐寒，因此当气温降至10℃左右时即应入室，置于阳光充足处，保持5 ～ 10℃，最高温度不宜超过15℃。否则在冬季易产生新梢，影响第二年的生长。

（3）入春后温度逐渐回升，注意室内通风。清明前后可搬到室外向阳背风的地方进行出房锻炼，晚上搬回室内，待气温稳定在10℃以上时，即可在室外正常养护。

白兰花怎样才能花多味浓？

白兰花一般4 ～ 10月陆续开花，花期长，开花时花香四溢。想要花多且花香四溢，需注意以下几个方面：

（1）光照充足。白兰花每天要求有10小时以上的光照，即使冬季入室，也不能长期过阴，否则会引起枝叶徒长，花少而味淡。

（2）水分适宜。白兰花对水分较敏感，喜欢较高的空气温度，要求土壤稍湿润，不能积水与过湿。夏、秋季水分蒸发较快，浇水要及时，保持土壤稍湿为佳；冬季温度较低，保持土壤稍干燥为宜；雨季控制浇水与淋水。如果盆土久湿不干，会导致局部根系受损或死亡，影响植株的正常生长，最终开花减少，淡而无味。

（3）配制盆土。南方可用塘泥、泥炭土、有机肥及大粒河沙配制，北方可用腐叶土、泥炭土、沙质壤土、有机肥及大粒河沙配制。除营养土含有足够的养分外，还应在生长期每10天左右施用腐熟的有机肥或叶面施用化肥一次，可交替进行，施肥的原则是勤施薄施，不可施用浓肥。另外在北方栽培养护时每年要施用3 ～ 5次的矾肥水，以防止缺铁症状的发生，并在施肥后松土。

（4）换盆。白兰花树体高大，开花期长，对养分消耗较多，一般2年需换盆一次，换盆可于春季进行，用盆不可过大。换盆时不要对根系重剪，只需对一些病根及残根适当修剪即可，同时摘除枝条上的一些老叶，保持枝条匀称，通风透光，有利于促生新枝，多开花。

米兰为什么不开花？

米兰（*Aglaia odorata*），楝科米仔兰属，原产中国、越南、印度、泰国、马来西亚等国。常绿灌木。植株分枝多而密。叶面亮绿。花为黄色，小而繁密，故名米兰。花瓣5枚，极香。但家庭栽培常会出现不开花的现象。

（1）土壤pH。米兰喜欢微酸性土壤，忌盐碱性土壤。如果土壤呈中性或碱性，不仅很难开花，而且容易出现叶片黄化脱落，甚至死亡。特别是在北方水偏碱，应该在其生长季节浇3 ～ 5次矾肥水。南方栽培时一般不会出现碱性过高的问题。

（2）偏施氮肥。在养护中施用了过多的氮肥，而磷、钾肥不足，氮肥过多，营养生长过于旺盛，生殖生长受到抑制，造成枝叶徒长，叶色淡。磷、钾肥少，不利于花蕾的产生，造成肥力不足而不开花。应在早春开始生长时施用1 ～ 2次氮肥，然后施用磷、钾复合肥，同时可与有机肥交替施用，效果更佳。

（3）光照不足。米兰喜阳光充足，如过分荫蔽，枝叶会徒长而影响开花。

（4）越冬温度过高。冬季米兰进入休眠期，如果这个时期室温高于

12℃，新枝新叶就会萌发，不仅会大量消耗树体内的营养，而且春季出室时易出现干梢现象而影响开花。

米兰叶片变黄脱落的原因是什么？

（1）浇水不当。如果米兰的盆土经常过湿，通透性不良，局部根系就会坏死而引起叶片黄化、落叶。另外在高温季节如果浇水不及时，盆土过干，短期内叶片会大量黄化而脱落。米兰越冬时盆土宜保持稍干燥，这样可以利于植株的安全越冬，但不宜过干，否则会引起叶片反卷、黄枯而脱落。

（2）温度过低。米兰性喜温暖，越冬时如果长期低于5℃。会产生大量黄叶而脱落。

（3）过于荫蔽。米兰喜充足的阳光，如果长期置于室内荫蔽之处，影响光合作用，也会引起叶片黄化脱落。

（4）土壤偏碱。米兰为酸性土花卉，栽培时忌碱性土壤，如果土壤偏碱则会引起黄化落叶。

（5）冷风吹袭。在每年开春时节，米兰不要急于搬到室外晒太阳，否则遇寒风吹袭，易受风寒，造成大量落叶甚至死亡。

茉莉喜欢什么样的生长环境？

茉莉（*Jasminum sambac*），木犀科茉莉属，原产印度、伊朗、阿拉伯，常绿灌木。

茉莉喜光，稍耐阴，夏季光照强的条件下，开花最多且最香。喜温暖气候，不耐寒，最适生长温度为25～35℃，在0℃或轻霜等冷胁迫下叶片受害。喜肥，在肥沃、疏松、pH5.5～7.0的沙壤中生长为宜。茉莉可采用压条、扦插和分株繁殖。

茉莉如何养护？

（1）配制盆土。一般用园土2份，堆肥和砻糠灰1份，配制而成。盆土要疏松、肥沃、偏酸性。盆以素烧盆或紫砂盆为好，盆底垫上塑料网片，要保证透水透气。换盆时，要进行修根、整枝、摘叶，除去部分旧土，换上新的培养土。

（2）肥水。不干不浇，见干见湿，浇则浇透，要防止盆中积水。进入盛花期，每日浇水1～3次，浇水一定用稀矾肥水，秋凉后浇水逐步减少。茉莉生长开花时对肥料要求高。自5月中旬开始到8月底，每周用复合肥和磷酸二氢钾施1～2次。肥后第二天早晨浇1次水。在开花前1周，花蕾绿豆大小时，进行扣水，让盆土干到发白，嫩叶和花蕾稍萎蔫时再浇水，以控制枝叶生长，扣水结束后每周施1～2次肥。

（3）适时修剪。3月上中旬换盆后，一般枝条可留20厘米长短截，太旺的枝条、密生枝、徒长枝及时剪掉。因为茉莉栽后当年即开花，2 ～ 3年最盛，以后逐年衰老，5年左右要更新。花期之后及时留下3 ～ 5节剪去顶梢，要及时留1 ～ 2节，使萌发强壮花枝。再结合整枝，剪去枝端两对叶片及第三对叶片上的细弱枝，使植株高低相宜，匀称美观。然后将老叶全部摘除，摘时勿伤叶片，还要注意，空气湿度过大时勿摘。通过修剪摘叶，使多孕花蕾。当春梢长到4 ～ 5节时，还要摘心。对不长花蕾的枝条，也需要摘去顶端两对瘦弱的嫩叶。

紫藤喜欢什么样的生长环境？

紫藤（*Wisteria sinensis*），豆科紫藤属，原产中国，大型缠绕性木质藤本，大多为室外野生。花叶同时开放，总状花序下垂，紫色。花期4 ～ 5月。紫藤适应性强，喜欢湿润气候，也能耐 –20 ～ –25℃的低温，还具较强的耐旱能力。对土壤要求不严，以深厚、肥沃、湿润的沙壤土或壤土为佳，也能耐瘠薄，并具有一定的耐碱能力。

紫藤为暖带及温带植物，对气候和土壤的适应性强，较耐寒，能耐水湿及瘠薄土壤，喜光，较耐阴。以土层深厚、排水良好、向阳避风处栽培最适宜。主根深，侧根浅，不耐移栽。生长较快，寿命长。缠绕能力强，对其他植物有绞杀作用。

紫藤如何养护？

（1）光照管理。紫藤喜光照充足，也耐半阴环境。生长季节要有充足的强光照射，才能使其生长良好、枝繁叶茂。

（2）肥水管理。紫藤消耗水分大，但土壤过湿不利于开花。浇水要掌握“不干不浇，浇则浇透”的原则。特别是8月花芽分化期，应适当控水，9月可进行正常浇水，晚秋落叶后要少浇水。紫藤施肥应薄肥勤施，才能枝繁叶茂。在生长期，可结合浇水，每半月施1次稀薄饼肥，直至7 ～ 8月停止施肥。9月继续施肥，但次数、浓度均应适当减少。开花前，可适当增施磷、钾肥。

（3）树体管理。紫藤在定植后，选留健壮枝作主枝培养，并将主枝缠绕在支柱上。第二年冬季，将架面上的中心主枝短截至壮芽处，促进翌年发出强健主枝。骨架定型后，应在每年冬季剪去枯死枝、病虫枝、缠绕过分的重叠枝。一般小侧枝留2 ～ 3个芽进行短截，使架面枝条分布均匀。紫藤生长较快，为防止枝蔓过密，应在冬季或早春萌芽前进行疏剪，使支架上的枝蔓保持合理的密度。盆栽紫藤，除选用较矮小种类或品种外，更应加强修剪和摘心，控制植株大小。如作盆景栽培，需加强整形修剪，必要时还可用老桩上盆，嫁接优良品种。

龙船花是什么样的植物？

龙船花（*Ixora chinensis*）别名英丹、仙丹花、水绣球，茜草科龙船花属，原产中国南部地区、马来西亚、印度尼西亚。

端午节举行划龙船活动，人们为了避邪驱魔、去病瘟、求吉祥，就把龙船花与菖蒲、艾草并插在门栏上，久而久之就把它称为龙船花。因此，龙船花在民间被认为是一种能够避邪纳福、保家庭安康的吉祥植物。

龙船花为常绿小灌木，花叶秀美，花色丰富，有红、橙、黄、白、双色等；龙船花花期较长，每年3 ～ 12月均可开花，终年有花可赏。

喜温暖、湿润和阳光充足环境，不耐寒，生长适温15 ～ 25℃，冬季温度不低于0℃。相反，龙船花耐高温，32℃以上照常生长。

龙船花如何养护？

盆栽土用酸性腐叶土加粗沙、骨粉等。生长期每月施肥1次。幼苗盆栽，用直径12厘米盆，生长期每月追施淡饼肥水1 ～ 2次。株高15 ～ 20厘米时进行摘心，盆栽出房后，1 ～ 2年翻盆1次，如发现叶片发黄，可施矾肥水，冬季需移入温室越冬，室内保持不低于0℃。每2年换盆1次，并整形修剪，剪除弱枝和徒长枝，控制植株高度。

铁线莲是什么样的植物？

铁线莲（*Clematis tlorida*），多年生落叶蔓性藤本或灌木状，原产地中国、印度。铁线莲因具有攀附他物生长的特性，就好比夫妻之间的相互扶持，故常被喻为“爱情”之花。铁线莲为多年生落叶蔓性藤本或灌木状植物，藤蔓可攀爬他物生长至数米长，且又细又硬有如铁线一般。叶对生，为二回三出复叶，小叶卵状倒披针形，全缘或具少数裂刻。夏季开花，丰姿逸雅美观，花有单瓣和重瓣之分，但事实上我们所见到的美丽花瓣是它的萼片，它可是道地的“无花”哦！而重瓣的花瓣，则是由雄蕊瓣化而来的，不可思议吧！栽培变种有重瓣铁线莲和蕊瓣铁线莲，园艺品种甚多，根据国际铁线莲协会的准则，分为重瓣和复瓣、大花栽培、晚花栽培等9个群。铁线莲常生于低山区的丘陵灌丛中。喜肥沃、排水良好的碱性壤土，忌积水或夏季干旱而不能保水的土壤。繁殖的方法有播种、压条、嫁接、分株、扦插等。

铁线莲如何养护？

地栽宜选用排水良好、疏松肥沃的壤土。盆养可使用由腐叶、粗沙、园土所配成的混合基质，比例按体积计依次为1 ∶ 1 ∶ 2。地栽铁线莲种苗多于春季进行定植。定植操作最好在阴天进行。盆栽铁线莲种苗多在春季进行定植，当其长出较多新根后即可上盆。最好使用中型花盆作为容器。在上盆后尽快浇水缓苗。通常在2 ~ 3周内不宜追肥，无需进行遮阴，可使植株立刻接受正常的日光照射。铁线莲喜微潮偏干的土壤环境，忌渍水，生长旺盛阶段应保证水分的供应。其对肥料的需求量较多，除在定植时施用基肥外，生长旺盛阶段可以每隔2 ~ 3周追肥1次。铁线莲喜半阴之处，每天最好使其接受数小时的散射日光。喜温暖，较耐寒，在18 ~ 28℃的温度范围内生长较好。

铁线莲如何修剪？

根据铁线莲品种的开花习性，可分为三类：

第一类：花期开始于5月底之前，

花梗短，通常于叶腋着生2朵以上花朵。栽植后第一年2 ～ 3月，将所有枝条各留30厘米短截。第二年2 ～ 3月，将所有枝条各留1米短截。第三年以后，每年在开花后剪除弱枝和枯枝。

第二类：花开于去年生枝条叶腋萌发的短枝上。每枝1花，花期开始于6月底之前。栽植后第一年2 ～ 3月，将所有枝条各留30厘米短截。第二年2 ～ 3月，将所有枝条各留1米短截。第三年以后2 ～ 3月，将所有枝剪短在第一对饱满侧芽之上。

第三类：花开于当年生新枝上，每枝具花数朵，花期开始于7月。栽植后第一年2 ～ 3月，将所有枝条留30厘米短截。第二年以后每年2 ～ 3月，将所有枝条在上一年生长的基点之上剪断，不超过离地表75厘米处。

倒挂金钟开花少怎么办？

倒挂金钟（*Fuchsia magellanica*）喜温和、湿润气候，适宜温度15 ～ 25℃。冬季需光照柔和充足，夏季忌暴晒、雨淋，温度达30℃时进入半休眠状态。开花少的原因及相应措施主要有以下几方面：

（1）土壤黏重。土壤黏重，通水透气性差，易积水导致根部呼吸困难，影响地上部新梢生长和开花。盆栽土壤应选疏松、肥沃和排水通气性好的壤土，促使地上部旺盛生长、开花繁茂。

（2）修剪不当。倒挂金钟的花芽着生在新梢叶腋间，适期摘心能促使新枝的萌发，分枝多则开花繁茂，否则会大大减少开花量。具体做法应该从苗期开始摘心，第一次在幼苗长出3对叶时进行，留2对叶摘心，当新枝长出6～8片叶时，进行第二次摘心，保留5～7个枝，生长期隔2～3周摘心一次，使植株分枝多而均匀，开花繁茂。花谢后进行摘心，通常在摘心后20天长出新梢，形成新的花蕾。秋后，疏掉生长过密的枝条，短截过长的枝条，这样有利于萌发强健的新枝，促进多开花。

（3）施肥不当。倒挂金钟生长较快，且有连续开花的特点，如施肥不足或休眠期施肥都容易导致开花少。正常施肥应该是在春、秋季每10～15天施1次稀薄腐熟饼肥水或复合肥料，夏季高温停止施肥。施肥后要喷1次水，以免液肥沾在叶片上引起腐烂。

（4）浇水不当。盆土不能过干过湿，否则易引起落叶、落蕾、落花。春、秋季保持土壤湿润，夏季控制浇水。摘心与重剪后也应控制浇水，待新枝萌发后进行正常浇水。

樱花是什么样的植物？

樱花遍布日本各大岛屿，且在其国民中广受欢迎，因此被列为日本国花。由于樱花在日本栽植广泛且世界闻名，因此很多人误以为樱花原产于日本。其实，樱花的原产地不是日本，而是中国。樱桃在我国有近3000年的栽培历史。樱花为落叶乔木或小乔木，高4～25米，作为庭园栽培时

一般高4 ～ 10米。其树皮暗栗褐色至灰色，光滑而有光泽，具横纹。小枝淡紫褐色，无毛，嫩枝绿色。幼叶在芽中为对折状，单叶互生，叶椭圆形或倒卵形，长6 ～ 15厘米，叶柄向阳面紫红色。花先叶开放或与叶同放，花瓣顶端内凹，有单瓣、复瓣、重瓣、菊瓣之分；花色通常为白、红、深浅不一的粉红，也有黄绿色的变种；花径1.8 ～ 6.2厘米，多数为2.5 ～ 4厘米；花瓣香或无香，花萼多筒状。花期3~4月，各地花期随早春气温不同而变化。少数品种在秋冬可开花。果实红色或黑色，5~6月成熟，复瓣、重瓣、菊瓣品种多不结实，单瓣品种可结实。

樱花如何栽植？

我国南方地区，春、秋两季均可进行栽植，但以秋栽为宜。因为秋栽的树木，其根部伤口当年可以愈合，并能发生部分新根，有利于第二年加速生长。南方秋栽应于落叶后至严冬到来前进行。我国北方地区，由于冬季寒冷宜行春栽。若秋栽，如果防寒措施不到位或土壤沉实不好，容易抽干或严重冻害，从而影响成活。北方春栽应于早春土壤解冻后至萌芽前进行。

（1）樱花是喜光树种，成片栽植时应采取适宜布置和栽植密度，以使每株樱花树都能接受到阳光。另外，樱花喜排水良好之地栽植，5% ～ 15%的坡地栽植樱花最佳。

（2）在土壤黏重之地栽植樱花时，应在黏重土壤中掺入适量的腐叶土、木炭粉等改良土壤，土壤改良时注意必须将原有黏土块全部打碎，否则起不到改土作用。

（3）如果是移栽干径较粗的大株樱花，为了提高成活率应在移栽前进行断根处理，方法是：在距离树体基部80厘米左右的地方，挖一条宽20厘米、深50厘米的环状沟，将树根切断，然后回填，促使断根处萌生新根。

（4）定植后苗木易受旱害，每次浇水后应及时中耕松土，夏季最好用草将地表薄薄覆盖，以减少水分蒸发。

（5）樱花根系分布浅，在樱花树周围特别是根系分布范围内，切忌人畜、车辆等踏实土壤，践踏会使土壤表层过度密实，影响根系的生长发育，造成树势衰弱，寿命缩短，甚至烂根死亡。所以旅游景区栽植的樱花，其树盘应经常进行中耕松土。

夹竹桃如何养护？

夹竹桃南方多地栽，北方多盆栽室内养护，但栽培中应注意夹竹桃有毒，不可误食。

（1）光照。夹竹桃喜光照，也耐阴，夏季可以放在室外阳光下养护，冬季放入室内时最好置于光线充足的地方。

（2）温度。夹竹桃的耐寒力较强，短期内能忍耐0 ～ 5℃的低温，冬季室内养护最好保持在8 ～ 15℃。

（3）土壤。夹竹桃性强健，管理较粗放，对土壤要求不严，能耐弱碱。因夹竹桃的树体较大，土壤最好疏松、肥沃。2年翻盆一次，北方营养土可用田土、腐叶土、有机肥及河沙按3 ∶ 4 ∶ 2 ∶ 1比例配制而成，南方可用塘泥直接上盆栽培。每年在其花后及春暖时施用3 ～ 5次有机肥或化肥即可。

（4）湿度。喜湿润环境，特别是夏季，要勤浇水，保持土壤湿润，但不能积水，也不能过于干旱，积水过多及过于干旱，植株下部老叶会发黄脱落。并经常向叶面喷水，以保持叶片清洁。

桃花是什么样的植物？

桃花（*Prunus persica*），蔷薇科李属，落叶小乔木。原产我国，现世界各地多有栽培。小枝红褐色或褐绿色。叶椭圆状披针形，先端渐长尖，基部阔楔形。花单生，几无柄，多粉红色，5 瓣。变种有深红、绯红、纯白及红白混色等变化，也多复瓣与重瓣种。花多与叶同发，而开花常略占先。

桃花以嫁接繁殖为主。南方多用毛桃、李、杏的实生苗作砧木，北方以山桃为砧进行切接（春季）或芽接（夏秋）。桃花芳菲烂漫，妖媚鲜丽，瓶插水养期持久，为一种优良的切花材料。

桃花喜欢什么样的生长环境？

桃花喜光，耐旱，喜夏季高温。有一定的耐寒力。喜肥沃、排水良好的土壤，碱性土、黏重土均不适宜。不耐水湿，忌洼地积水处栽培。根系较浅，但发达，须根多。

盆栽桃花如何养护？

定植桃花宜在落叶后至翌春萌芽前进行，挖大穴，以有机肥作为基肥。此后在萌芽前、开花及6月前后、秋末分别施入猪粪或饼肥，促进花芽形成和开花。春季注意浇水，雨季注意排水防涝。修剪以疏枝为主，为桃花的生育创造通风透光的环境条件。生长期应及时松土、除草、防除病虫。

（1）浇水。不干不浇，浇时要适量，防止积水造成烂根。

（2）施肥。上盆前以有机肥作基肥。每年开花花后各施1 ～ 2次液肥,其余时可不施肥。每年春分时进行换盆，在盆底放些磷肥作为基肥，剪除过密的根系，填入新的盆土。

（3）修剪。修剪以疏枝为主，为桃花的生育创造通风透光的环境条件。桃花7月间分化花芽，第二年春季开花，因此要注意修剪，幼桃以养成桃冠为主，开花后及时进行修剪，对开过花的枝条，只保留基部2 ～ 3个芽，其余全部剪除。夏季对生长过旺的枝条进行摘心，促使花芽形成。对于长势不大好的植株，应避免修剪过多，应抑强扶弱，并注意枝条分布均匀，形成优美的株形。

桃花瓶插如何保鲜?

桃花花枝通常在花苞期采切。用0.5毫克/升三十烷醇喷带花蕾的花枝，再插入上述溶液中，可使花大且艳，并延长桃花在枝上的着花时间。

梅花有什么独特之处?

梅花（*Prunus mume*）是我国民族传统名花，自古就和国人的生产、生活和文化结缘。梅花“铁骨冰心，香傲苦寒”，香幽、色雅、韵胜、格高。国人爱梅、寻梅、赏梅、谈梅、咏梅的高雅风尚，世代绵延。梅花之所以成为我国的传统名花，是因为较之其他花木有许多独特之处。

其最可贵之处，在于花期早，能在较低温度下开放而又可在开花期忍受一定程度的冰雪与低温，一旦天气转晴，又可继续开放。梅花从南到北，花期可拉长至5个月之久，梅花这种花期特早，花期甚长，不畏冰雪，在百花凋零的隆冬时节先叶开放的特点，乃植物界之奇观。

梅花是少数神、态、色、香俱为上乘的花木之一，其枝干苍劲，疏影横斜，花形文雅，花色庄丽，异彩纷呈，花香隽永，暗香浮动。

梅花还是不可多得的长寿树种，可享千年以上高龄。

梅花适应性很强，对土壤、肥料、温度、水分和栽培管理都有较宽的适应能力,从南到北均有梅花飘香。这在花木中实属罕见。

梅花用途很广，既可在适生地区布置不同规模的专业园、梅林、梅岭，又适在宅园、庭院“四旁”丛植、列植、孤植，还可栽为盆梅，制为梅桩，用于切花（插瓶等花卉装饰）和催延花期，四季均可赏梅。

梅花插花有哪些方式?

主要包括3种：花瓶式插梅、盆景式插梅和壁挂式插梅。

(1) 花瓶式插梅。可用净雅古朴的深色陶瓶、瓷瓶和铜瓶等器皿，进行传统式的瓶插；也可采取浅身阔口的素色陶、瓷水盘，作写景、写意、写情的盆景式插花；还可利用形状各异、生动活泼的竹器、藤器及其他日常生活中合适的器具，制作自由式的梅花插花等。切勿用华丽的花瓶，以免喧宾夺主。如瓶口太大花枝摆动，可剪几根短枝架设瓶口，也可将花枝基部的中间切开，使它能夹住瓶内的小横木，以固定花枝。如花瓶较轻不易立稳，瓶中可投铅、石等，以防倒伏。梅花有红、白、绿等色，可一色单插，也可几色合插；但必须以一色为主，以免纷杂。插梅时也可适当配些天竹、文竹等，以调和色彩与层次。

(2) 盆景式插梅。一种插器是浅身阔口的水盆器皿，一种是用以制作小型写意盆景的各种观赏浅盆。用水盆器皿插梅，必须借助于花插座，它是由金属铸制而成的。圆形或方形平底，向上一面有较多针刺，用来固定花枝之间。根据自己的立意要求进行构图。在插“岁寒三友”图时，由于竹枝易干枯，必须将它尽量低插，近于水面为好。若松杆过于笨重粗大，不能平稳放置，可选将其基部钉在方块木板上。置于盘中后用卵石盖压木板，用刀切成十字形，切隙深度应比剑山的针约长2倍，切好后再插。

(3) 壁挂式插梅。采用竹器、陶瓷等悬挂式的花器。斜垂的梅枝，配以文竹或常春藤的长蔓，这样刚毅的梅枝与摇曳的长藤在合适的背景前交相互映，一刚一柔，别具风格。若梅枝不斜垂，可以适宜弯曲处，据1 ~ 2个缺口，用三角形硬木填塞巩固其隙以符合所需角度。

盆栽梅花如何养护？

梅花喜干燥，忌潮湿，好阳光，喜肥沃，耐寒，一般能经受-10℃低温，是一种栽培区域最广的花卉。盆栽梅花的管理要特别细致。

（1）翻盆换土。新栽盆梅宜在9～10月进行，因为这时花芽已经分化，花苞已经初步形成，这时上盆植株还能经过较长一段时间的生长，同时，通过部分根切，能促进开花，但是梅花翻盆换土，则应在花后的3月为宜。梅花的根条发达，再生能力强，要求年年换盆。换盆时要剪除腐根，填上底肥（豆饼、禽粪、马掌或羊蹄壳），换上培养土，这样才能保证年年开花。同时，在营养生长期，最好用普通瓦盆栽培，置于室外，或者埋于

地下，绽花期再掘起，装于瓷质或宜兴花盆里（套盆），置于室内，这样既能增加观赏价值，又不影响长势。梅花通过年年翻盆换土，对培养古老梅桩特别有利。每次换盆都可以适当提高植株的位置，使基部曲根一次一次地露出土面。如有雅兴还可嵌入山石，使之达到悬根露爪或盘根错节的目的，不但能提高造型技艺，而且还能增添梅桩的风姿和美态。

（2）适度施肥。梅花是一种喜肥植物，在生长过程中，需要大量的氮、磷、钾等营养元素。在露地栽培的梅花，在春夏营养生长期间，可以采用环状开沟的方法，施一次人粪尿为主，适当增加豆饼、酱渣等。具体操作是：在离梅树20厘米的周围，挖一条15～20厘米的深沟，将肥料施入沟中，然后填平泥土，第二天再浇1次透水。盆栽梅花，可以结合浇水，10天左右施1次腐熟的豆饼水。秋季花芽分化时，应停止施用氮肥，增施少量的磷肥，或者施用0.2%的磷酸二氢钾，以保证花芽的正常分化所需要的养分，10月上旬，不论地栽或盆栽，还可施1次液肥，能促使早春开花鲜艳和延长开花期。

（3）合理浇水。梅花是一种耐旱植物，水分过大会引起伤根、落叶，不死也会影响花蕾的形成。一般露地栽培的梅花，除较长时期（春季干风季节）没有下雨，需要浇水外，一般不需单独浇水，只需地下土壤的自然湿润，就能满足梅花对水分的要求。

但是，盆栽梅花由于盆土有限，在春夏干风或高温季节，也要注意浇水。具体地说，天旱时，每天下午浇水，有的盆土过干，上午也要浇水，一定要保持盆土的湿润。要掌握不干不浇，见干浇水的方法。

（4）修枝整形。梅花的花芽形成在当年新生枝条上，欲使梅枝多着花，可以采取修剪的方法，促使多生新枝。栽植实践得知新枝过长反而花蕾少，新枝短壮而花蕾最多。对梅花进行修剪，就是根据梅花这一特定规律而进行的。春季花后主枝长出的新侧枝中，有徒长枝（细长枝）、纤弱枝、病虫枝，应从基部剪去，这就是通常所说的疏剪。到了秋季，这些新侧枝的叶腋中就有花芽萌生，凡发芽的枝条，入冬以前还要进行一次修剪，一般保留10厘米长最为适宜。开花以后，还要剪短枝条，配合浇水施肥，促进多生新枝、壮枝，这样才能多开花。

图书在版编目（CIP）数据

家庭养花小百科 / 新锐园艺工作室组编．—北京：中国农业出版社，2018.9

（扫码看视频·轻松玩园艺）

ISBN 978-7-109-24389-7

Ⅰ．①家… Ⅱ．①新… Ⅲ．①花卉-观赏园艺-手册 Ⅳ．①S68-62

中国版本图书馆CIP数据核字（2018）第169123号

中国农业出版社出版

（北京市朝阳区麦子店街18号楼）

（邮政编码 100125）

责任编辑　郭晨茜　浮双双　孟令洋

北京通州皇家印刷厂印刷　　新华书店北京发行所发行

2018年9月第1版　　2018年9月北京第1次印刷

开本：880mm×1230mm　1/32　　印张：8

字数：280 千字

定价：46.00 元